アジャイルプラクティスガイドブック

チームで成果を出すための開発技術の実践知

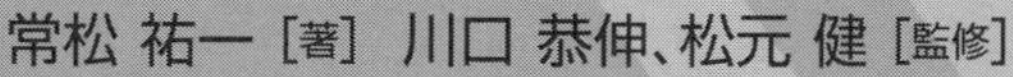

常松 祐一［著］ 川口 恭伸、松元 健［監修］
author and supervisor

はじめに

この本はどんな本ですか?

この本を手に取ったみなさんは「プロダクト開発で成功を収める」ためには何が一番大事だと思いますか？「ビジネスモデルが優れている」「チームメンバーのスキルが高く、経験豊富である」「市場投入のタイミングが適切である」「運がいい」……などなど頭の中にはさまざまな要因が思い浮かぶことでしょう。筆者は特に**「素早く実験し、経験から学び、もっとうまくなる」**という点を強く信じています。プロダクト開発という仕事は、機械やソフトウェアだけでなく、多くの人と一緒に取り組む必要がある複雑な仕事です。手強い競合相手も存在し、こうやれば絶対にうまくいくという方法がありません。**「今の状況を把握し、目標に向けて小さな一歩を踏み出す。経験からの学びに基づいた改善を繰り返す」**……このような考え方は「アジャイル」と呼ばれ、広く受け入れられるようになってきました。

アジャイルという言葉が使われるようになったのは、2001年の「アジャイルソフトウェア開発宣言」(※1) が始まりです。これは従来の重厚な開発プロセスよりも軽量な、よりよいやり方を試行錯誤していた人が集まり議論して、お互いの考えにある共通点をまとめたものです。

図　アジャイルソフトウェア開発宣言

アジャイルソフトウェア開発宣言

私たちは、ソフトウェア開発の実践
あるいは実践を手助けをする活動を通じて、
よりよい開発方法を見つけだそうとしている。
この活動を通して、私たちは以下の価値に至った。

プロセスやツールよりも**個人と対話**を、
包括的なドキュメントよりも**動くソフトウェア**を、
契約交渉よりも**顧客との協調**を、
計画に従うことよりも**変化への対応**を、

価値とする。すなわち、左記のことがらに価値があることを
認めながらも、私たちは右記のことがらにより価値をおく。

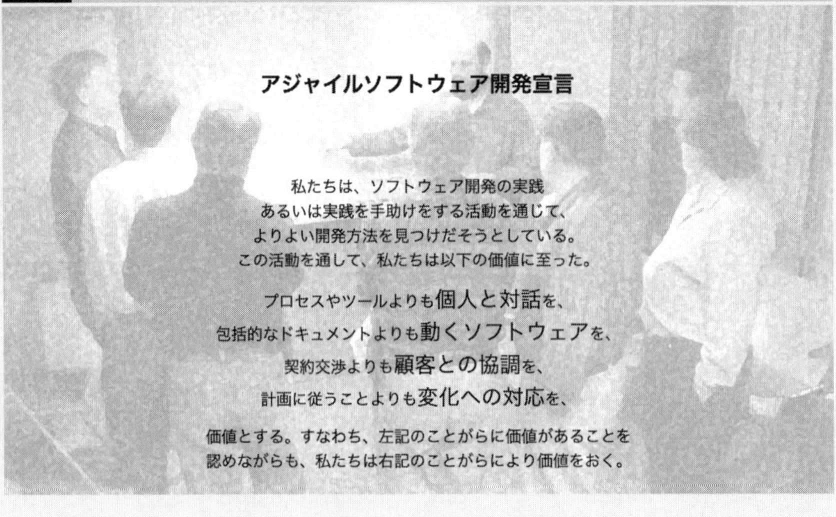

アジャイルソフトウェア開発宣言から20年以上が経った今日では、アジャイル開発を実現するさまざまな知識やプラクティス（習慣的な取り組み）がまとめられ、容易に学べるようになりました。例えば、複雑な問題に立ち向かうための役割やイベントを定義したフレームワークであるスクラム、自己組織化されたチームを育むリーダーシップやチームマネジメント、チームメンバーの目線を定期的に揃え改善を促すふりかえりなどがあります。これらはチームの協働でゴールに向かうための「プロセスやチーム運営」に関するプラクティスです。一方、**アジャイル開発は変化に追従していくことを前提としているため、着実に素早く開発を進めていくには「技術やツール」に関する技術プラクティスも重要です。**

現在も多くの現場では、開発者によるアジャイルプラクティスの探求、模索が行われていることでしょう。「チームメンバーと力を合わせるため」「より早く学びを得るため」「開発速度を落とさないため」など、各プラクティスにはそれが生まれた背景や重視する価値、原則があります。しかしそれらを忘れ「プラクティスだけが一人歩きし、それに従うことが目的化する」ことが起きてしまうと、狙っていた効果が得られないばかりか、マイナスの影響が出ることもあります。

本書は、ソフトウェア開発の現場でアジャイル開発を実践してきた筆者が、アジャイルプラクティスの探求、模索に日々取り組む開発者のみなさんに向け、**技術プラクティスを中心とした実践知を体系立てて、背景の説明と現場での具体例を交えて紹介するガイドブック**です。本書で紹介するプラクティスは3～10人程度の1チームで行う開発でも、50名程度が複数のチームに分かれて行う大規模な開発でも、筆者自身が現場で適用してきたものです。みなさんの現場や状況においても、きっと役に立つと思えるものを選びました。目指すべき姿とプラクティスの関係をきちんと理解し、アジャイル開発を継続して実践できる力を身につけましょう。

※1　出典：https://agilemanifesto.org/iso/ja/manifesto.html

この本の対象読者

本書は以下のような読者を対象としています。

組織内でアジャイル開発を推進している担当者

- これまでの取り組みと比べて、
  呼び名が変わったぐらいの変化しか感じられず、閉塞感を抱えている
- プロダクトの価値向上やデリバリー期間の短縮など、
  目に見える成果が感じられない
- アジャイル開発を阻害する課題に気がつけていない

チーム開発の経験が浅いジュニアエンジニア

- 業務で開発に携わるようになってから日が浅い
- プラクティスが生まれた背景や、利用目的を知らない

開発現場やチームを預かるテックリード、シニアエンジニア

- どんなプラクティスがあるのかあまり知らない
- 状況に合わせたプラクティスの選択、導入のやり方がわからない
- プラクティスを実践しているが、その取り組みが適切なのか、確証を持てない

この本の読み方

本書は、まず第１章でアジャイルのプラクティスに関する基本的な考え方を説明します。第２～４章では、技術プラクティスおよび、その上に成り立つ応用を紹介します。そして、第５～６章で他のチームやステークホルダーが関わるような、より広いプラクティスを扱います。はじめから通して読めば、開発現場にプラクティスを導入していく流れがつかめます。また、今まさに困りごとが発生しているのであれば、該当する章から読み始めるのでもよいでしょう。読者のみなさんにとって、本書がアジャイル開発の技術プラクティスを導入し、広げていくためのガイドブックになれば幸いです。

個別の章の内容を、詳しく紹介します。

第１章　アジャイル開発を支えるプラクティス

アジャイル開発のゴールとプラクティスの関係、プラクティスを理解する上で役立つ考え方を紹介します。

第２章　「実装」で活用できるプラクティス

実装方針、ブランチ戦略、コードレビュー、テストといった工程で必要となるルール作りや、チームメンバー間のコミュニケーションを密に行うための技術プラクティスを紹介します。

第３章　「CI/CD」で活用できるプラクティス

プロダクトの品質を開発プロセス全体で維持または改善するために、いかに全体を統合し続け、自動化するかの取り組みを紹介します。

第４章　「運用」で活用できるプラクティス

システムを安定稼働させ、アジャイル開発を継続していくために必要な運用に関する技術プラクティスを紹介します。

第５章　「認識合わせ」で活用できるプラクティス

開発の内外で認識を揃えるためのプラクティス、また開発を進めながら計画を見直していくためのプラクティスを紹介します。

第６章　「チーム連携」で活用できるプラクティス

顧客価値のデリバリーに適したチームの編成方法、チーム間でコミュニケーションをうまく取るプラクティス、ステークホルダーを巻き込んで認識を揃えるプラクティスを紹介します。

おわりに

この書籍で紹介できなかったプラクティスを見つけることができるようなサイトや情報源を紹介します。

各章とトピックのはじめには、開発現場の状況や課題をストーリー形式で紹介しています。続く解説と合わせて読むことで、開発の仕組みがどう変わり、問題解決につながるのかが理解しやすくなるでしょう。

本書で取り扱うプラクティスについて

プラクティスは以下の区分で、各項目の冒頭で紹介しています。

出典のあるプラクティス

著名な書籍で紹介されるなど、出典が明確な広く知られているプラクティス

慣習的に知られているプラクティス

出典は明らかでないが、いくつもの現場で実践が観察されるプラクティス

この本で提案しているプラクティス

上記以外のプラクティスで筆者の経験に基づき紹介するプラクティス

プラクティスの説明では、特定のプログラミング言語やツールに依存する内容や、特定業種の開発にしか適用できない内容は、極力避けるようにしています。また、いくつかのトピックでは、著者の経験以上の事例がカバーできるよう、その領域で深い知識と経験をお持ちの方々にコラムを寄稿いただきました。

開発の流れと用語

本書では開発プロセスや開発期間にかかわらず、多くの現場で活用できるプラクティスを紹介しています。例として取り上げるチームの開発の流れは「計画、実装、テスト、リリース」のサイクルを2週間で繰り返し、3ヶ月程度の期間である程度まとまった機能を開発するプロジェクトを想定しています。開発に関連する用語は現場によって複数の呼び方がありますが、本書では以下のように整理して用いています。

プロダクトは企業が顧客に販売、提供する製品や商品であり、複数のシステムで構成されます。例えば、ECサイトプロダクトはWebアプリケーションやスマートフォンアプリケーションなど複数のシステムから構成されます。**システム**は複数のサービ

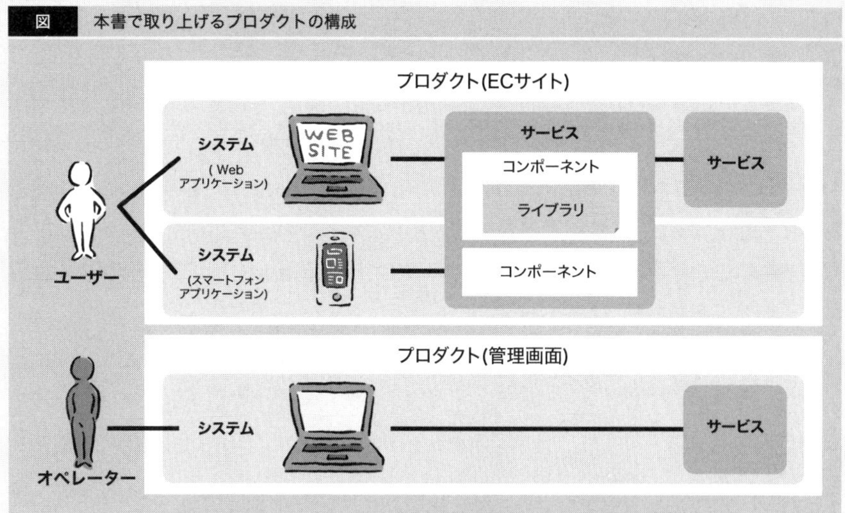

図　本書で取り上げるプロダクトの構成

スが組み合わさって動作します。簡単な管理画面システムは複数の機能を1つのサービスが提供しているかもしれませんし、多機能なスマートフォンアプリケーションは注文／発送／検索／決済といった目的ごとにサービスが分かれているかもしれません。**サービス**は機能や構成要素を大きい単位でまとめた**コンポーネント**や、特定の機能を再利用できるようまとめた**ライブラリ**を内部で利用します。

プロダクトに追加する機能や要求はユーザー視点で簡潔にまとめ、これを**ユーザーストーリー**（※2）と呼びます。それぞれのユーザーストーリーは、単独でユーザーにとっての価値を含み、プロダクトとして利用できる粒度で記載します。実際に開発を進める際は、ユーザーストーリーから必要な作業を洗い出し、複数の**タスク**に分割してチームで着手します。

開発を進めることでサービスに機能の追加や変更が行われますが、それを利用環境に配置することを**デプロイ**と呼びます。デプロイの中でもシステムを本番環境に反映し、顧客が利用できる状態にすることを**リリース**と呼びます。デプロイとリリースにより、ユーザーに価値を届けることを**デリバリー**と呼びます。

※**2** プロダクトが実現する価値や機能を表現する際、一般的にユーザーストーリー形式が広く採用されています。本書でもこの用語を使用します。ユーザーストーリーは、元々カード（Card）に書かれ、会話（Conversation）を通じて伝えられ、確認（Confirmation）によって完了を確認する、関係者間の会話記録のようなもので、アジャイル開発における要求や仕様について、多様な意見を引き出すために利用されます。「<ユーザー>として、<欲しいもの>が欲しい。なぜなら<理由・目的>だからだ」というフォーマットが有名であり、単にストーリーとも呼ばれます。

監修者序文

私たちはソフトウェアプロダクトの開発を中心に活動してきました。アジャイルについては、2009年頃を境にスクラムを試行することから始め、その後は、普及促進活動に軸足を移し、10年ほどが経ちました。これまでの経験から、アジャイル開発を組織にしっかりと浸透させるためには、技術プラクティスを「チーム全体で」学習することが重要だと認識しています。

本書の監修のご相談を頂いた際に「マネージャーとして実際に技術プラクティスを組織に導入する仕事をされている常松さんが書くなら、多くの悩める組織人にとって助けになるだろう」と思い、お引き受けしました。しかし、技術プラクティスはアジャイルの達人たちが異なる見解を持つ分野であり、不完全な出版は厳しい批判（マサカリ）を招くことが予見されました。そんな中で、初心者にも読みやすく、アジャイル実践者にも受け入れられる内容をどのように作るか、そこに私たちの貢献があると考えました。したがって、本書のレビューはアジャイルコミュニティの実践者にお願いしました。彼らからの厳しいフィードバックにより、多くの修正を施すことができました。また、いくつかのコラムも彼らに寄稿してもらいました。著者の経験に基づく主要なストーリーラインをシンプルに保つ一方で、各種の実践についてのコラムを追加することで、読者の方に役立つ「幅」を持たせることを目指しています。いずれも読みごたえがあるものに仕上がっていると思います。ぜひ、お楽しみください。お名前のリストはあとがきに譲ります。

「アジャイルの技術プラクティス」と聞くと、TDDやクリーンコードが思いつく方も多いでしょう。しかし、この本では特定の手法を深堀りするのではなく、全体像を明確に理解することを重視します。全体像は組織やプロダクトにより変化するため、ここで提示するのは「著者の実践に基づいた一例」だとお考えください。より具体的な手法については、参考文献でご確認いただけます。あなたの環境に合わせて学び、導入していただければ幸いです。

また、本書ではシステム運用についても取り扱っています。2009年に生まれたDevOpsという領域をご存じの方も多いと思います。ソフトウェア開発者（Dev）とシステム運用者（Ops）が円滑に連携し、補完し合うためのツールや文化がDevOpsの核です。この領域を具体的にするため、パブリッククラウドの開発・運用で世界をリードする実践者からのコラムも取り入れました。

さらに、チームで働くために必要なコミュニケーションや組織作りのプラクティスも紹介します。アジャイルは、自ら学び、自ら進化するプロセスです。常に変化する状況に適応し、1つずつ新しいことを試し、うまくいった技術を採用し、信頼を積み上げる。これこそがアジャイルです。そして、そのサイクルを絶えず繰り返していくのです。

最後に、本書は悩めるマネージャーと開発者のみなさんに向けて、アジャイル開発とその周辺の技術プラクティスについて説明を試みたものです。専門家の間でもさまざま見解がありますので、どれが正解というものもありませんし、現代は正解すら刻々と変化します。その中でも安定したサービスやビジネスを行っていくために、読者のみなさんの「検査と適応」が必要です。日々の問題解決への新たなアイデアを導き出す一助になれば幸いです。

監修
川口恭伸・松元健
アギレルゴコンサルティング株式会社 シニアアジャイルコーチ

はじめまして！

**「アジャイル開発を
始めてみたけれど……」**

私の名前は「ユウ」。
27 歳のソフトウェアエンジニアです。
今の会社に新卒で入社してから、もう 5 年が経ちました。
これまで、いろんなプロジェクトにアサインされてきた私ですが、
現在はこの会社の主力である「ペット用品の通販システム」の開発に携わっています。私自身も犬を飼っているので、公私共にお世話になっている自分たちのサービスは大好きですし、一緒に働く会社のメンバーもいい人ばかり。会社もサービスも、もっともっとよくしていきたいなと感じている毎日です。

そんな私ですが、なんとこれまでの経験を評価してもらえて、新しく「プードルチーム」のリーダーを任されることになりました！　新チームとして会社からも期待をされていますし、何より、チームには自分より若いメンバーが多いので、リーダーとしてみんなを引っ張っていかなきゃと責任を感じています。

さて、実はここからが本題です。プードルチームではアジャイル開発を取り入れているのですが、私もチームのみんなも、自分たちが進めている開発に「いまひとつしっくりこないモヤモヤ」を感じているんです。

これまでに私が参加したプロジェクトのアジャイル開発では、当時のリーダーや先輩たちが丁寧なサポートをしてくれましたし、開発も目に見える成果が得られていて、少なくとも新人の立場だった私は迷いや不安を感じることは少なかったように思います。ただ、リーダーという立場になって、新しいチームで開発を進めている現在は、「このアジャイル開発には本当に効果があるのかな？」と感じる場面が増えました。

特に、私たちはアジャイル開発を進めるために、さまざまな「プラクティス」を積極的に実践しています。しかし、どうにもそれぞれのプラクティスに「形だけ取り組んでいる」感覚がぬぐえないんです。チームとして、メンバーのバランスや結束は優れているはずと思っているのですが、いざ具体的に開発を進めようとすると手法や技術、ツールをうまく使いこなせずに、から回ってしまうというか……。自分たちに合っているプラクティスを選べているのかどうか、また、その取り組み方が適切なのかどうか、メンバーはもちろん、リーダーである私も確かな自信が持てていないような状況なんです。

本や勉強会で学んだり、先輩に話を聞いたりもしたのですが、結局は「自分たちで試行錯誤する」のが大切みたいです。ただ、どちらへ向かうのが正解なのかわからないまま、暗闇の中を手探りで進むような開発を続けていくのは、みんな疲れてしまうだろうなあと悩んでいます。暗中模索の助けとなる、道標のようなものが何かあればいいんですが……。

……と、あれこれ悩んでいるうちに、プードルチームが始動してから、あっという間に３ヶ月が経ちました。このままではモヤモヤを抱えたまま、ずるずると時間が過ぎていってしまいそうです。今日は、チームのみんながオフラインで集まっての定例会議。勇気を出して、みんなと率直な意見を交換してみたいと思います！

プードルチームの定例会議
…最後にちょっといいかな

結成から３ヶ月経ったけど、みんなはこのチームでの開発を率直にどう感じてる？
ユウさん

スクラムに、ふりかえりに、チームビルディングのワークショップに……
いろいろな新しい開発手法や技術に取り組めて楽しいですよ？
カタチくん
ツールくん

ただ…
いろんな取り組みをなんとなくこなしている感じはあるかもです
ルーキーさん

うん。
実は私もいまひとつチームが噛み合ってない感じがしてるんだよね

う〜〜ん….
ただ、何が足りないのかはわからなくて…

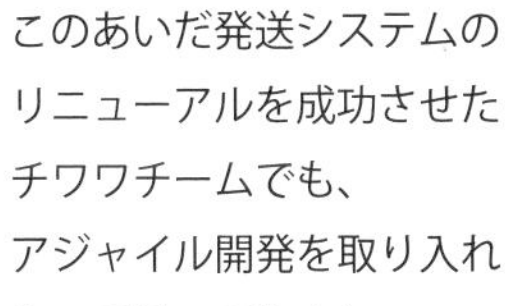

このあいだ発送システムのリニューアルを成功させたチワワチームでも、アジャイル開発を取り入れたって言ってたよね
向こうではどんなふうに進めていたんだろう？

あ！
そのチームなら、相談できそうな人に心当たりがあります！

通称「ベテラン」さん！
ゴゴゴ…
チワワチームでは、この人を中心にいろいろな開発手法や技術に取り組んでいたとかで…

その人、私も聞いたことがある！
もし助けてもらえるなら、いろいろ相談してみたいですね

私からメッセージしてみよう！

そのころ
へくしっ!!
ベテランさん

一方そのころ……

新チームから救援要請！

こんにちは。自分で言うのは恥ずかしい気もしますが、周りからは「ベテランさん」なんて呼ばれています。
今の会社には転職で入っていつの間にか入社してから 2 年が経ちました。

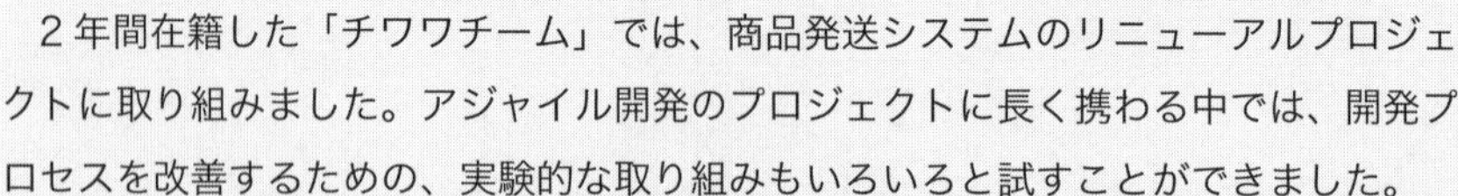

2 年間在籍した「チワワチーム」では、商品発送システムのリニューアルプロジェクトに取り組みました。アジャイル開発のプロジェクトに長く携わる中では、開発プロセスを改善するための、実験的な取り組みもいろいろと試すことができました。

さて、チワワチームでの発送システムのリニューアルがひと段落し、自分の役割も他のメンバーに任せられるようになってきたところで、今度は「プードルチームをサポートするように」と会社から話がありました。新しくできた若手メンバー中心のチームだそうなのですが、何やらアジャイル開発の進め方に悩んでいるとのこと。チームリーダーのユウさんからは、こんなメッセージをもらいました。

【ご相談】チームを助けていただけないでしょうか！

TO：ベテランさん

プードルチームのリーダーを務めている、ユウです。
チームでアジャイル開発に取り組んでいるのですが、
開発の進め方がこれで合っているのか、ずっと迷っています……。
頑張ってくれているメンバーのためにも、なんとか改善したいのですが、
ベテランさんのお力を貸してもらえないでしょうか？

現在はこんなプラクティスに取り組んでいるのですが……

こんなメッセージを受け取ったら、私もやる気を出さないわけにはいきませんよね。
新しい環境やメンバーでも同じようにチーム改善ができるかどうかは、私にとってもチャレンジです。自分の経験や知識を道標にしてもらいながら、よりよいチーム開発を目指して、みんなで切磋琢磨できるのが今からとても楽しみです。

プードルチームの仲間たち

カタチくん

何事も「形」から入るタイプのチームメンバー。過去の開発経験から気になることが多いようで、いろいろな質問を投げかけてくれる。

ベテランさん

経験豊富なテックリード。過去に別のチームでアジャイル開発に取り組んだ経験を生かして、ユウさんたちにさまざまなアドバイスをしてくれる。

ユウさん

この物語の主人公。リーダーになったばかりで、プロダクトのことを誰より気にかけている。チームメンバーみんなに楽しく開発をしてもらうことが一番の願い。

ツールくん

開発を便利にするのが趣味で、新しいツールを取り入れるのが大好きなチームメンバー。

ルーキーさん

チームメンバーの中で一番の若手。前向きな性格で、新しいことに取り組むのが好き。経験不足から、時には迷ってしまうことも。チームのムードメーカー。

はじめに …… ii
この本はどんな本ですか？ …… ii
この本の対象読者 …… iv
この本の読み方 …… iv
本書で取り扱うプラクティスについて …… vi
監修者序文 …… viii
はじめまして！ …… x
一方そのころ…… …… xiv

第1章 アジャイル開発を支えるプラクティス

1-1 プラクティスの実践 …… 4
アジャイルの「ライトウィング」と「レフトウィング」 …… 5
技術プラクティスの実践を通じ、文化を定着させる …… 6
1-2 高速に石橋を叩いて渡る …… 8
早く気がつく …… 9
小さい単位で完成させる …… 9
継続的に見直す …… 10
1-3 広く知られたアジャイル開発手法とプラクティス …… 11
スクラム …… 12
エクストリームプログラミング …… 13
カンバン …… 14
1-4 プラクティス理解に役立つ考え方 …… 16
同時に取り掛かるタスクを絞る …… 17
P WIP 制限 …… 17
P リソース効率とフロー効率 …… 18
小さい単位で完成させつつ、全体バランスにも目を配る …… 21

P イングリメンタル 21
P イテレーティブ 22
動作する状態を保ちつつ、変化させていく 23

第2章
「実装」で活用できるプラクティス

2-1 実装方針 32
実装前に方針を話して手戻りを防ぐ 33
P 実装前に方針を話す 33
ユーザーストーリーをタスク分解する 35
P タスク分解 36
P カンバン 36
完了基準を明確にする 42
P 準備完了の定義（Definition of Ready） 42
P 完成の定義（Definition of Done） 43
P 受け入れ基準（Acceptance Criteria） 44
P 未完了作業（Undone ワーク） 44
コメントで実装のガイドラインを用意する 46
P 疑似コードプログラミング 46
2-2 ブランチ戦略 48
並行して修正を進めるための運用規約 49
P ブランチ戦略 49
細かく頻繁に直接コミットを積み重ねて開発を進める 52
P トランクベース開発 52
動く状態を保ったまま小さくマージしていく仕組み 55
P フィーチャーフラグ 55
長命ブランチが必要な場合 57

P 長命ブランチへの定期マージ …… 57
2-3 コミット …… 59
標準的なコミットメッセージを書く …… 60
P 読み手に配慮したコミットメッセージ …… 60
異なる目的の修正を 1 つのコミットに混ぜない …… 61
P コミットを目的別に分ける …… 61
P コミットにプレフィックスを付与する …… 62
コミット履歴を書き換える方法 …… 64
P コミット履歴を書き換える …… 64
読み手に受け取ってほしい流れでコミットを並べる …… 71
P 物語のようにコミットを並べる …… 71
2-4 コードレビュー …… 73
コードレビューの目的 …… 74
P ソースコードの共同所有 …… 74
コードレビューの取り組み方 …… 75
P コードレビューにも積極的に参加する …… 75
P ソースコード全体を見てコードレビューする …… 76
P レビュアーはグループにアサイン …… 77
P コードオーナーの設定 …… 77
ツールにできる指摘はツールに任せる …… 78
P linter、formatter の活用 …… 78
P ツールの出力結果をプルリクエストにコメントする …… 81
作業が確認できる場を早期に用意する …… 82
P 実装の着手と同時にプルリクエストを作る …… 82
P 親ブランチを使ったコードレビューとマージ …… 83
建設的なコミュニケーションのための心構え …… 84
P レビュアー／レビュイーから伝える努力 …… 84
P プルリクエストテンプレート …… 85

協働作業でソースコードをよくする 86
コードレビューのやり方を見直す 87
コメントにフィードバックのニュアンスを含める 88
コードレビューでコメントが思いつかない状態を乗り越える 88
質問することで学ぶ姿勢を持つ 89
2-5 協働作業 91
1つのユーザーストーリーに多くの関係者を巻き込む 92
スウォーミング 92
2人で協働し開発を進める 95
ペアプログラミング 95
リアルタイム共同編集機能のある開発環境を使う 98
複数人で協働し開発を進める 100
モブプログラミング、モブワーク 100
2-6 テスト 107
検証（Verification）と妥当性確認（Validation）の観点 108
検証（Verification）と妥当性確認（Validation） 108
妥当性確認はステークホルダーと一緒に進める 109
テストの自動化に関する技術プラクティスの違い 110
自動テスト 110
テストファースト 112
テスト駆動開発 113
テストコードを長く運用するためにできること 114
読みやすいテストコードを書く 114
テーブル駆動テスト 115
テストコードの分量を適正に保つ 117
必要十分なテストコードを用意する 117
ミューテーションテスト 119

2-7 長期的な開発／運用ができるソースコード …… **122**
日々の開発からソースコードの品質に気を配る …… 123
P 長期的に開発／運用できるソースコード …… 123
ソースコードを長期的に開発／運用できるようにする …… 124
P リファクタリング …… 125
P リアーキテクチャ …… 125
元のソースコードよりも綺麗にする …… 126
P ボーイスカウトルール …… 126
P 機能の取り下げ方を身につける …… 127
ソフトウェアの依存関係を見直す …… 127
P 依存関係の自動更新 …… 129

第3章 「CI/CD」で活用できるプラクティス

3-1 継続的インテグレーション …… **138**
ビルドやテストを繰り返し、問題を早期発見する …… 139
P 継続的インテグレーション …… 139
ローカル環境で頻繁にチェックを動かす …… 141
P フックスクリプト …… 141
ドキュメントの継続的な更新 …… 144
P ツールによるドキュメント自動生成 …… 144
3-2 継続的デリバリー …… **146**
常にデプロイ可能な状態にシステムを保つ …… 147
P 継続的デリバリー …… 147
CI/CD パイプラインの構築 …… 148
P CI/CD パイプライン …… 148
利用環境をブランチ戦略と紐づけ自動更新する …… 150

P ブランチ戦略と利用環境との紐づけ …… 152
ブランチ保護を設定し、リリースできる状態を保つ …… 156
P ブランチ保護 …… 156
3-3 継続的テスト …… 159
自動テストの望ましいテスト分量 …… 160
P テストピラミッド …… 160
ユーザー環境に近しいシステム全体のテスト …… 162
P E2E テストの自動化 …… 162
開発にまつわるすべての工程でテストする …… 165
P 継続的テスト …… 165

第４章

「運用」で活用できるプラクティス

4-1 デプロイ／リリース …… 172
デプロイ戦略の選択 …… 173
P ローリングアップデート …… 174
P ブルーグリーンデプロイメント …… 176
P カナリアリリース …… 176
データベーススキーマの管理とマイグレーション …… 176
P データベーススキーマの定義と管理 …… 176
誰でもデプロイ／リリースできるように整備する …… 178
P デプロイツール …… 178
P ChatOps …… 179
定期リリースを守るリリーストレイン …… 180
P リリーストレイン …… 180
4-2 モニタリング …… 182
メトリクス／ログ／トレース …… 183

メトリクス 183
ログ 183
トレース 184
モニタリングとオブザーバビリティ 185
モニタリング、オブザーバビリティ 185
有用なログを出力する 187
ログレベル 187
JSON によるログ出力 188
4-3 ドキュメント 192
チームのためにドキュメントを書く 193
チーム内のコミュニケーションのためのドキュメント 193
README ファイル 194
Playbook ／ Runbook 194
目的を意識してドキュメントを書く 195
Diátaxis フレームワーク 195

第5章
「認識合わせ」で活用できるプラクティス

5-1 関係者との認識合わせ 204
関係者を集め、ゴールやスコープを揃える 205
関係者を揃える／ゴールを揃える／スコープを揃える 205
ユビキタス言語 210
実例による仕様 211
話題が減るまで毎日話す 213
進め方の認識を揃える 214
不確実性の高いものからやる 215
コントロールできる事項は早めに決定する 215

コントロールできない事項の決定はできるだけ先送りする 215
進捗状況の認識を揃える 216
関係者の期待値を聞いて認識を合わせる 216
報告フォーマットを揃える 217
技術プラクティスを適用する余力を確保する 219
5-2 開発内での認識合わせ 221
設計を事前に協議する 222
事前の設計相談 222
リスクがあるユーザーストーリーは「スパイク調査」 223
スパイク調査 223
大きめの開発は Design Doc で目線を合わせる 225
Design Doc 225
5-3 計画の継続的な見直し 227
ユーザーストーリーを小さく分ける 228
ユーザーストーリーの分割 228
INVEST 229
ユーザーストーリーを整理して見通しをよくする 230
ユーザーストーリーの定期的な棚卸し 230

第6章 「チーム連携」で活用できるプラクティス

6-1 チームの基本単位 238
チームで仕事を担う 239
フィーチャーチーム 242
フィーチャーチームがよく受ける疑問や誤解 244
コンポーネントメンターを任命する 245
会社組織とチーム体制の合わせ方 246

6-2 属人化の解消 248
危険のサイン「トラックナンバー＝1」を避ける 249
トラックナンバー 249
スキルマップを作成し、属人化スキルを特定する 250
スキルマップ 250
6-3 パフォーマンスの測定 253
メトリクスを最大化する力学を避ける 254
相関のあるメトリクスの組み合わせを複数見る 254
“Four Keys Metrics” でチームのパフォーマンスを測る 255
Four Keys Metrics 255
6-4 円滑なコミュニケーションのアイデア 257
必要なときに直接やりとりする 258
ただ話す 258
トラベラーがチームを渡り歩く 259
トラベラー 259
声に出して働く 261
Working Out Loud 261
リモートワークを前提とした仕組み 262
同期コミュニケーションを柔軟に取り入れる 262
ワーキングアグリーメント 263
オンサイトをリモートと同じ条件にする 263
コラボレーションツールの活用 265
6-5 認識を揃えるワークショップ 267
ユーザー目線で優先順位を確認する 268
ユーザーストーリーマッピング 268
短時間で見積もり、実績に基づいた進捗を示す 274
サイレントグルーピング 274
バーンアップチャート 275

アイデアが生まれてからデリバリーまでを短くする ………… 276
P バリューストリームマッピング ………… 276

おわりに ………… 286
コラム執筆者紹介 ………… 294
著者・監修者紹介 ………… 296

索引 ………… 298

コラム

■チームで 1 つずつ終わらせよう
椎葉光行 ………… 26
■ペアプログラミングの効果と影響
安井 力 ………… 104
■テスト駆動開発では TODO リストがテストよりも先
大谷和紀 ………… 121
■技術的負債—問題発見までの時間とリスクをビジネス側に説明する
川口恭伸 ………… 133
■インフラ構築を自動化しよう
吉羽龍太郎 ………… 158
■ Logging as API contract
牛尾 剛 ………… 191
■ AI フレンドリーなドキュメントを書こう
服部佑樹 ………… 198
■開発と運用、分けて考えていませんか？—ダッシュボードのその先へ—
河野通宗 ………… 199
■開発項目をコンパクトに保つには、クリーンなコード
大谷和紀 ………… 234
■チームに命を吹き込むゴール設定
天野祐介 ………… 247
■グラデーションで考える 12 年間のアジャイル実践
きょん ………… 292

1

第 1 章

アジャイル開発を支えるプラクティス

アジャイル開発はいきなり上手にできるものではありません。アジャイル開発のゴールを明確にした上でそれを理解し、プラクティスを適切な形で継続的に実践していく必要があります。第1章ではアジャイル開発のゴールとプラクティスの関係、プラクティスの理解に役立つ考え方を紹介します。

今日からベテランさんが
チームに加わります
よろしく
お願いします！

開発に課題を感じていると
聞いたんですが…

今取り組んでいる
アジャイル開発が、
本当に効果があるのか
わからないんです

アジャイル開発って
何でしたっけ？
短いサイクルで開発
していくとか、
変更をどんどん
取り入れていくとか…

ツールくんがいろいろ
新しいことを取り入れて
くれたけど、
アジャイルな開発に
なったのかな？
まあまあ

でも確かに、
僕もいまいち違いが
わかってないん
ですよね。
呼び名が変わった
だけというか
ヤレヤレ…

ベテランさんは
前のチワワチームでも
アジャイル開発に
取り組んでたん
ですよね？

ええ、スクラムで
やっていました

目的を意識して、
自分たちのプロセスを
一歩一歩見直して…
!

目的を意識する…。
もしかしたらそれが
私たちとの違いなの
かな？
あの、具体的には
どうやって…

開発の中で、みんなで
試行錯誤するんです。
みなさんもできるはずです！
頑張って
いきましょう！
おー！

1-1 プラクティスの実践

今はどんなプラクティスを取り入れていますか？

スクラムに、
ふりかえりに、
朝会に…
チーム環境の
あたりはできて
そうですね。
なるほど

もっといろいろ
取り組んでみても
いいですよね。
テスト駆動開発とか、
モブプログラミングとか！

プラクティスを
取り入れればいいって
ことじゃないんですか？

いろいろと
取り組むのも
いいんですが…
その目的が大切
なんです
ほ？

ふふ。
そのあたりの話から
始めていきましょう

アジャイルの「ライトウィング」と「レフトウィング」

アジャイル開発を端的に表現すると**「小さなステップを踏み出し、経験からの学びに基づいて改善を繰り返す開発」**といえます。開発の初期段階からプロダクトを完璧に計画するのは困難です。そこで、実際にユーザーに価値を提供しながら学びを得て、プロダクトの方向性を都度見直していくことが必要です。

では、そのような開発はどうしたら実現できるのでしょうか。アジャイル開発を実践していくにはチーム運営だけでなく、開発プロセスやツールも改善していく必要があります。広く知られた仕組みやプラクティスを整理した図として、「アジャイルの『ライトウィング』と『レフトウィング』」1-1 を紹介します（図 1-1）。この図ではアジャイルのゴールに向かうアプローチとして**「チーム環境の改善」を扱ったレフトウィング（プロセスやチーム運営に関するプラクティス）**と**「技術／ツール」を扱ったライトウィング（技術プラクティス）**の２つをまとめています。この図が意味するのは「左側か右側か、攻め上がる道のどちらかをメンバーやチームが選ぶ」ということではありません。**チームメンバーはアジャイルのゴールに辿り着くため、状況に応じてどちらにも取り組む必要があります。**この分類方法では、技術プラクティスがアジャイルのゴールに向かう道筋の一翼を担うほど重要視されています。生産性を落とすことなく開発を継続し、機能を追加してユーザーへ価値を届けていくには技術的なプラクティスが重要です。

図 1-1　アジャイルの「ライトウィング」と「レフトウィング」

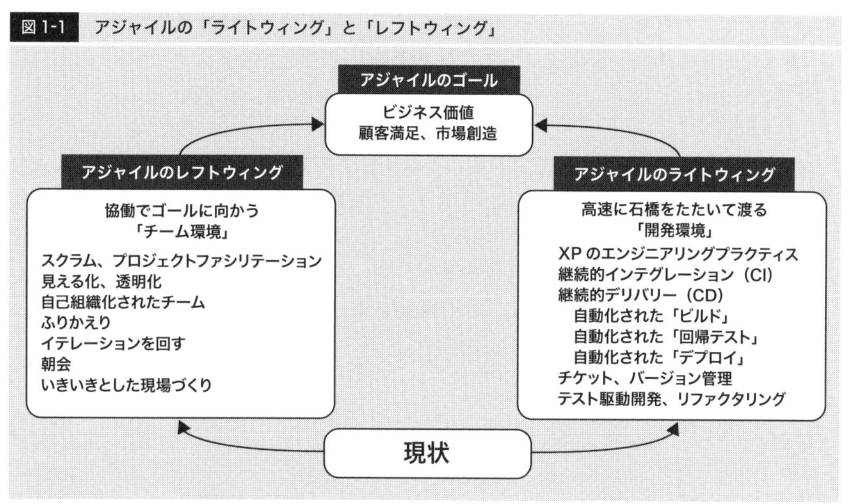

技術プラクティスの実践を通じ、文化を定着させる

先ほどの図 1-1 でもいくつかの技術プラクティスが示されています。本書で紹介するものだけに絞っても以下のものがあります。実際にはもっと多くの技術プラクティスが世の中には存在しているでしょう。

- 継続的インテグレーション
- 継続的デリバリー
- バージョン管理
- テスト駆動開発
- リファクタリング

開発者にとって、技術プラクティスの導入はプロダクトや開発プロセスの改善ができ、新しい考え方や知識の獲得にもつながる、楽しくやりがいがある仕事です。技術プラクティスを取り入れた後の状態も想像しやすく、取り組みやすい仕事といえます。

しかし既存の開発プロセスと衝突して導入につまずいたり、導入できたとしても技術プラクティスの効果が出なかったりします。開発のルールが増えただけで、むしろ実際にビジネスに価値を生むスピードは遅くなってしまうといった、マイナスの影響が出ることもあります。技術プラクティスには生まれた背景があります。**すべての現場で同じように適用でき、効果が出るとは限りません。**次のように技術プラクティスの導入が目的化してしまうケースもあります。

- プロジェクト管理ツールを入れ、どんな小さなタスクも管理しようとする
- すべてのソースコードにテストコードを用意しようとする

これを避けるには、アジャイル開発で目指すゴールに即して技術プラクティスの導入方法を見直していくことが必要です。技術プラクティスを導入し、効果を出すまでの流れは以下のようになるでしょう。

1. 本章で紹介する基本的な考え方を考慮する
2. 技術プラクティスを導入する目的を意識する
3. 不安や疑いの気持ちがあっても、実験として本気で取り組む

「アジャイルにおける技術的プラクティスの重要性」1-2 という記事でロバート・C・マーチン氏は「“文化は価値の表現”であり、“実践するプラクティスは文化の発現”である。」と語っています（※1-1）。少し難しい表現ですが「アジャイル開発を目指す自分たちの現場が、何に価値を置いているかを全員が深く理解する。次に、それを実現できる技術プラクティスを探し、身につけていく」という順番を踏むことで効果が出るということです。とはいえ文化を育むことには時間がかかります。文化が育まれ定着すると信じ、技術プラクティスに本気で取り組みながら学んでいく必要があります。「技術プラクティスの中から、自分たちに合いそうなものだけをかいつまんで導入して終わり」とするのではなく、**「技術プラクティスの意図を一つ一つ学びながら、常に自分たちの開発のやり方を見直し、文化として定着するまで続けていく」**という意識こそが、まさにアジャイルなチームの姿勢なのです。変化に対応し、継続して改善していける文化を作る。これが本書の目的です。

※**1-1**　原文には「You can't have a culture without practices; and the practices you follow identify your culture.」と記載されています。

1-2 高速に石橋を叩いて渡る

先に紹介した「アジャイルの『ライトウィング』と『レフトウィング』」では、ライトウィングを「高速に石橋を叩いて渡る」と表現しています（※1-2）。**「動いているシステムを壊さずに、高速に、着実に、製品をインクリメント**（※1-3）**していく」**ことが、アジャイル開発で達成したい状態です。大きな変更を一度に実現しようとしても、うまくいかないことは読者のみなさんも経験からわかるのではないでしょうか。この制約を踏まえて達成したい状態を実現するには、プロダクトが変化することを受け入れ、その変化の過程で開発の生産性やプロダクトの品質が落ちないようにする必要があります。そのために重要なのが**「早く気がつく」「小さい単位で完成させる」「継続的に見直す」**の３つであり、それぞれを具現化するために一つ一つのプラクティスを実践していきます。

早く気がつく

アジャイル開発では、作業を進める上で課題や改善点に早い段階で気づくように心がけます。そのためには、開発方針の認識を早めにチームで揃え、後々の問題や手戻りを回避するようにします。またチームメンバーは一緒に作業することで、問題が発生した場合に素早く対処することができます。さらに、テストやチェックを自動化し、何度も繰り返すことでソースコードの問題やサービスのバグに早く気がつくことができます。

小さい単位で完成させる

アジャイル開発では、大きな成果物を一度に作り上げるのではなく、小さな単位に分割して、順次完成させていきます。少しずつ開発しながら、きちんと動作するかを確認し、開発したものをこまめに統合してリリースします。このように進めることで、失敗しても影響を最小限にとどめられます。

※**1-2**　記事の中では「『ライトウィング』は、CIを中心とする技術的なプラクティスだ。『高速に石橋を叩いて渡る』というのは最近あまのりょーさんに聴いた表現なのだが、あまりにぴったりなのでここに書いてみた。つまり、『動いているシステムを壊さずに、高速に、着実に、製品をインクリメントしていく』技術だ。アジャイルにはこれらの技術が必要だ。」と紹介されています。
※**1-3**　インクリメント：プロダクトの増分のことで、検査可能な成果を指します。

継続的に見直す

アジャイル開発では、常に見直しと改善を行い、ソースコードや設計、開発プロセスを徐々に改善していきます。その結果、継続的な開発／運用が可能となり、属人化の解消にもつながります。同時に、提供する価値が目標に合っているか、プロダクトの進む方向が正しいかを確認し、価値提供の流れを可視化して改善していきます。

1-3 広く知られたアジャイル開発手法とプラクティス

技術プラクティスの取り組みを
増やしていく前に、
スクラムも含めて関連知識を
おさらいしておきましょう

スクラムは
本を読んで
勉強したんですが、
わからないことも
多くて
個別のプラクティス
と何か関係が
あるんですか？

広く知られたプラクティスには
スクラム、エクストリームプログラミング、
カンバン由来のものが多くありますよ

カンバン？
Coffee

カンバンはボードを使った
タスク管理の手法です。
アジャイルの目的を
意識するためにまとめて
おさらいしましょう！

本書で紹介するプラクティスは既存のアジャイル開発手法に由来するものがあります。代表的な開発手法として、スクラム、エクストリームプログラミング、カンバンの３つを紹介します。

スクラム

「**スクラム**」はアジャイル開発手法の１つで、複雑な問題に適応するためのフレームワークです。開発はスプリント（1ヶ月以内の固定の期間）で区切り、限られた時間内で小さい単位で価値を作り込みます。また都度フィードバックを得て、プロダクトや計画を見直し、開発を進めます。スクラムでは３つの作成物、３つのロール、５つのイベントといったルールが、「スクラムガイド」1-3 で定義されています。

[3 つの作成物]

1. **プロダクトバックログ**
   プロダクトで実現する価値や機能を項目としてまとめ、順序をつけて並べたもの
2. **スプリントバックログ**
   スプリントでチームが取り組むことや作業の計画をまとめたもの
3. **インクリメント**
   スプリントの成果物。動作するソフトウェア

[3 つのロール]

1. **プロダクトオーナー**
   チームが生み出す価値を最大化するために、プロダクトバックログの各項目の明確化や順序に責任を持つ
2. **スクラムマスター**
   スクラムが機能するようにチームや組織の全体を支援する
3. **開発者**
   開発を行い、スプリント終了時にリリース判断可能なインクリメントを用意する

[5 つのイベント]

1. **スプリント**
   開発期間の区切り。固定の期間を繰り返し価値あるインクリメントを作り込む
2. **スプリントプランニング**
   スプリントで実現するゴールや項目を選び、そのための作業の計画を立てる
3. **デイリースクラム**
   チームは毎日集まってスプリントゴールに対する進捗を検査し、達成するための再計画を行う
4. **スプリントレビュー**
   スプリントの成果をレビューし、フィードバックを得る
5. **スプリントレトロスペクティブ**
   今回のスプリントをふりかえり、次のスプリントで実施する改善を探る

また、スクラム由来で広く知られたプラクティスには以下があります。

- **プロダクトバックログ**
- **スプリントバックログ**
- **プロダクトオーナー**
- **スプリント**
- **スプリントプランニング**
- **デイリースクラム**
- **スプリントレビュー**
- **スプリントレトロスペクティブ**
- **完成の定義**

エクストリームプログラミング

「**エクストリームプログラミング**（XP：eXtreme Programming）」1-4 もアジャイル開発手法の 1 つです。プラクティスをエクストリーム（極端な）レベルで実践することで、ソフトウェア品質の向上と変化する顧客の要求への対応力を高めることを目的としています。プラクティスは技術やチーム、ビジネスといった複数領域がカバーされており、テスト駆動開発、リファクタリング、継続的インテグレーションなどの本書で紹介する内容も含められています（図 1-2）。

図 1-2　エクストリームプログラミングのプラクティス

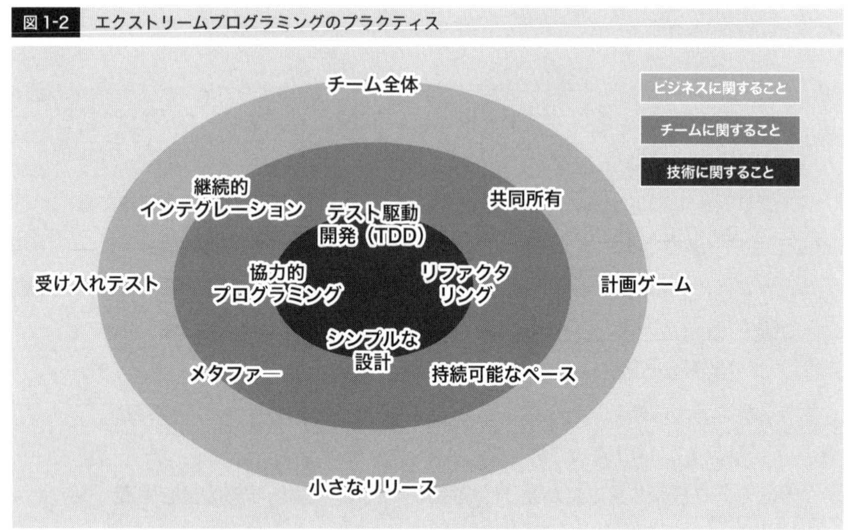

エクストリームプログラミング由来のプラクティスには以下があります。

- ペアプログラミング
- テスト駆動開発
- リファクタリング
- 継続的インテグレーション
- 共同所有
- 受け入れテスト
- ユーザーストーリー

カンバン

「カンバン」 1-5 はトヨタ生産方式から着想を得たソフトウェア開発手法です。方法論としてのカンバンと、ツールとしてのカンバン（カンバンシステム）があります(図 1-3)。

- **方法論としてのカンバン**
  仕事の流れを見える化し、同時に進めるタスク数（WIP : Work In Progress）に制限を設けて、仕事の流れの改善を継続的に行っていく
- **カンバンシステム**
  仕事の流れを視覚化し開発プロセスを管理するツール

図 1-3 ツールとしてのカンバン

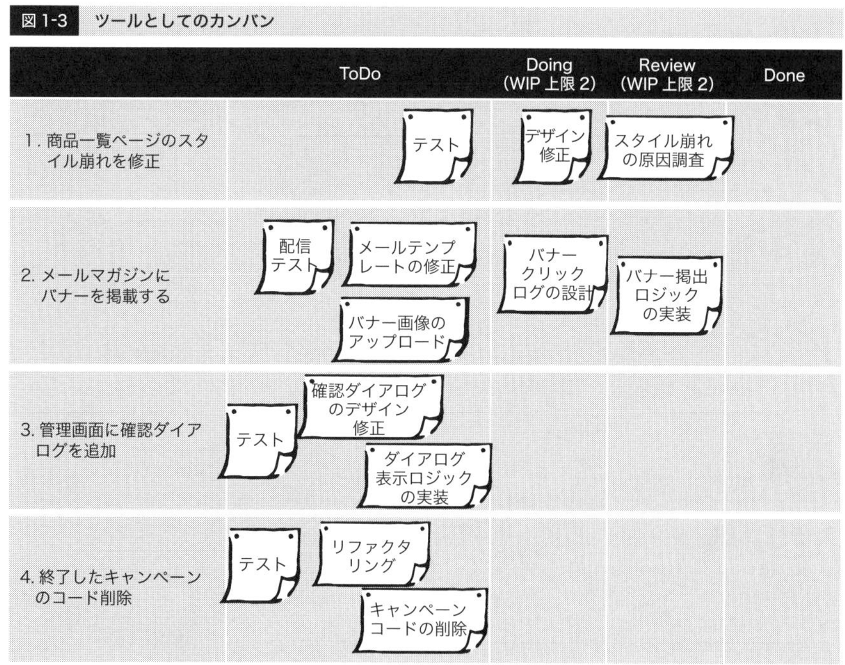

カンバン由来のプラクティスには以下があります。

- WIP 制限
- ツールとしてのカンバン

1-4 プラクティス理解に役立つ考え方

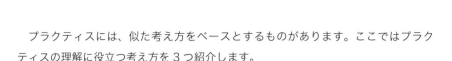

プラクティスには、似た考え方をベースとするものがあります。ここではプラクティスの理解に役立つ考え方を３つ紹介します。

同時に取り掛かるタスクを絞る

同時に取り掛かるタスク数には厳しめの制限を設けます（図 1-4）。同時に取り掛かるタスクを絞ることで以下のメリットがあります。

- **１つのタスクに集中することで、複数のタスクを同時に進めるよりも、必要な時間が短くなる**
- **協力してボトルネック解消に取り組むことで、プロセス全体の流れがよくなる**

図 1-4　同時に取り掛かるタスク数に制限を設ける

WIP 制限

同時に取り掛かるタスク数の制限のことを、「**WIP 制限**」1-6 とも呼びます。制限の設け方はいろいろなやり方があるので、自分たちのチームに合うやり方を模索するとよいでしょう。個人で制限を設ける場合は、１人が同時に取り掛かれるタスク数を１～２に制限します。これは、複数タスクを同時に進めてしまう傾向のあるメンバーに効果的です。タスクの現在の状態ごとに制限を設ける場合は、例えば実装は３タスクまで、レビューは２タスクまでなど、各状態において同時に進められるタスク数を制限します。また、後工程に空きができるまでは前工程に着手できないようにすることもあります。これにより、実装に集中してレビューが溜まってしまうことを防げます。チーム全体で制限を設ける場合は、チーム全体で同時に進められるタスク数を２〜３に制限します。こうすることで、新しいタスクを始める前に、進行中のタスクを協力して終わらせようという意識が働き、チームメンバーの協働作業が促せます。

タスク数の制限についての疑問

並行していろいろ進めていますが、どれもいつかやる予定があることです。無駄にはならないので、途中までの状態で残しておきますね。

優先順位が変わって無駄になるかもしれませんし、再開するときには思い出すための時間のコストがかかります。１つずつ終わらせていきましょう。

リソース効率とフロー効率

　ユーザーに価値を届けてそこから学び、方向を都度修正していきたいのであれば、プロダクトの一部であっても、早期にリリースできることには大きな価値があります。リリースまでのリードタイムをできるかぎり短く保つために、必要な技術プラクティスを学び、活用していくという視点が重要です。

「リソース効率」を重視するアプローチでは、開発者などリソースの稼働率を高くします。**「フロー効率」**を重視するアプローチでは、作業を終え価値が付加できるまでのリードタイムを短くします。図 1-5 は、２人の開発者がＡとＢの２つの作業を行う際、それぞれのアプローチで担当した結果を表しています 1-7 。リソース効率を重視する場合、開発者の手が空くのを避けるため、作業の切り替えや管理上のオーバーヘッドが少なくなるように担当を決めます。例えばＡとＢの作業を２人で分担せず、それぞれが担当すれば、２つの作業は３週間で完了します。作業全体も３週間のリードタイムとなります。２つの作業を両方リリースすることが最も重要であれ

ば、これでよさそうです。

しかしＡを少しでも早くリリースすることで、ユーザーが早くから使える、フィードバックが早く得られる、開発のリスクが抑えられるといったメリットが見込めます。フロー効率を重視する場合は、ＡとＢの作業を互いに協力して行うことで、Ａの作業を２週間で完了させます。ただし、作業の準備として勉強やキャッチアップが必要になったり、タスクの受け渡しがあったりすると、オーバーヘッドが増え、作業全体のリードタイムが長くなる場合があります。実際には多くの場合で、フロー効率のほうが全体のリードタイムは長くなるでしょう。

リソースの効率的な活用は重要ですが、それがリードタイムの長さにつながる場合は、リードタイムの短縮を優先する必要があります。リソース効率を意識しながらリードタイムを短縮しようとすると、リソースに制限があるため、改善の余地が制限されるケースがあります。**一方、フロー効率だけを重視してリードタイムの短縮を考えるほうが、リソースの制限を考慮せずにボトルネックの解消に向き合うことができるため簡単です。**リードタイムが十分短くなってから、同時に取り掛かるタスク数の

図 1-5　リソース効率とフロー効率

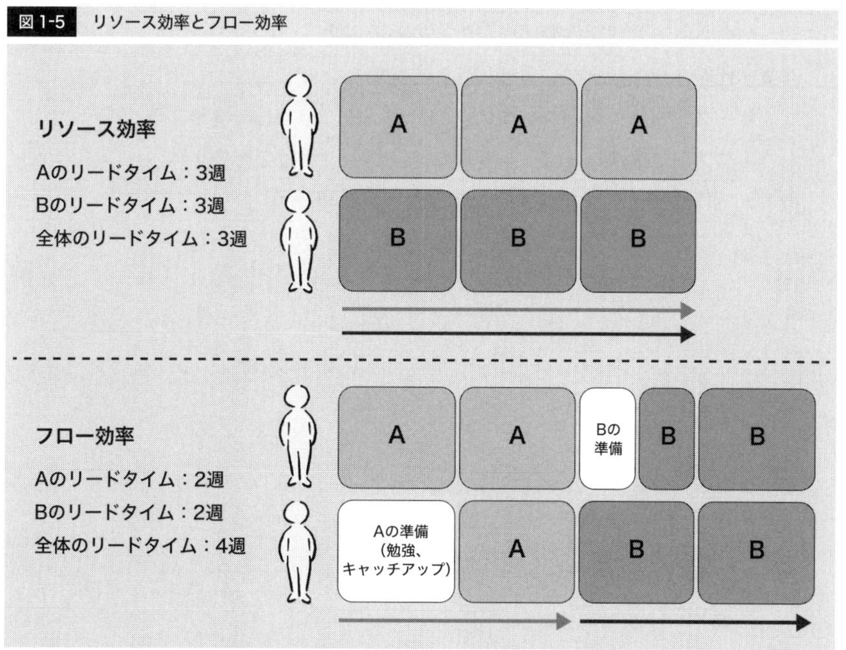

制限を見直すなどしてリソース効率を考えましょう。どちらを高めるにも取り組む順番が重要です。

リソース効率とフロー効率を意識してもらうための意見や考え方の中で、よく耳にするものを紹介します。意図せずチームの考えが引っ張られていないか、確認に使ってください。

[リソース効率につながる意見、考え方]

- タスクがすべて終わるか不安なので人手を増やしたい
- できるところからどんどん手をつけないといけない
- すべて開発する必要があるので、やりやすい順にやろう
- 細かなタスクを用意しておけば手が空いてしまうことを避けられる
- 詳しい人に開発を担当してもらおう
- 計画したものがすべてできないと、リリースはできない

[フロー効率につながる意見、考え方]

- 早く、小さくリリースして、そこから学びを得たい
- 学びが得られると、要件や優先順位は変わるもの
- 作業が仕掛かりで残ってしまうのはよくない
- ユーザーストーリーを細かなタスクに分解して、協力して進めよう
- １つのタスクに集中したほうがチームメンバーの協力を得やすい
- 複数人で１つのタスクに集中したほうが、早く終わる

Q&A フロー効率についての懸念

チームの人手が足りてないからこそ、リソース効率を重視すべきではないでしょうか？

プロダクトの重要な箇所に注力することで、全体がうまく進むことのほうがより重要です。分担することでリードタイムを短くできないか、よく考えてみましょう。

小さい単位で完成させつつ、全体バランスにも目を配る

アジャイル開発は小さい単位で完成させていきます。開発期間を短く区切り、開発する機能を小さく分割し、完成度を高めます。こう聞くと小さな部品を用意して、全体を組み上げていくイメージを持つかもしれません。しかしフィードバックを得るには小さな部品に分割するのではなく、**小さくてもユーザーが価値を確認できる単位に機能を分割する必要があります。**

P インクリメンタル

例えば商品の管理画面を開発する場合、DB設計だけが完了していても、ユーザーはシステムを利用できず、機能が適切に実装されているか確認できません。データを入力するUIと受け取ったデータを処理するサービスを合わせて、動きを確認する必要があります。商品管理に必要な機能には、閲覧／追加／編集／削除などがありますが、すべての機能の完成を待たずとも、追加機能だけでも使い始めることはできます。一部分であってもきちんと作り込むことで、全体ができあがるのを待つことなく、独立してテストや確認ができ、問題の発見を早める効果が期待できます。**一度に手をつける範囲を小さく保ち、出荷可能な品質で価値を作り込んでいくことを「インクリメンタル（漸進的）に進める」と表現します**（図1-6）。

図1-6 フィードバックが得られる単位で開発単位を区切る

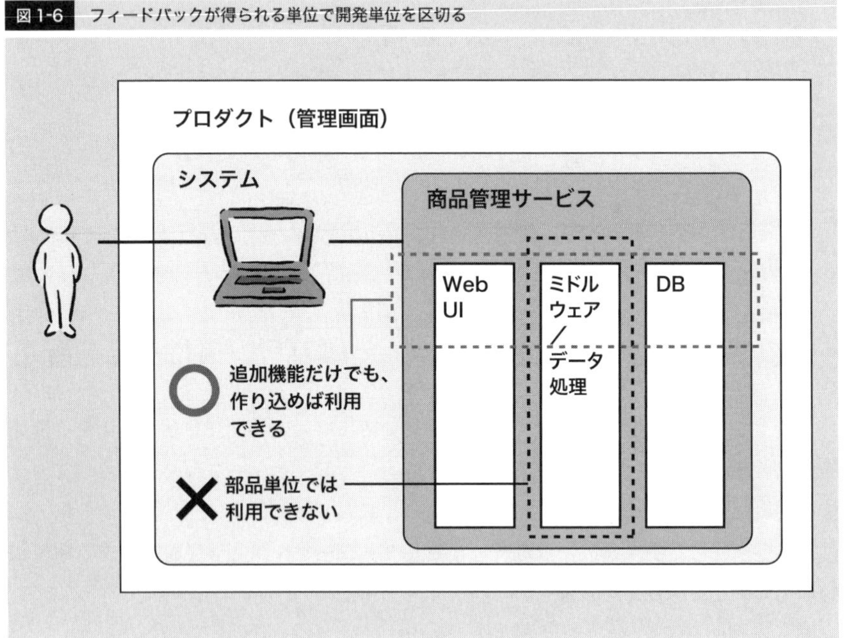

イテレーティブ

一方で、小さい単位で作り込んでいると、できたものが全体としてチグハグになってしまうことがあり、都度全体を見直してバランスを整える必要もあります。**バランスを見ながら繰り返し全体を作っていくことを「イテレーティブ（反復的）に進める」と表現します。**最初からすべてを見通して計画することはできませんが、早い段階で全体を広く浅く見渡せるようにすることで、部分的な作り込みをした際に全体のバランスが崩れていたり、機能に齟齬が生まれていたりすることに気づけるようになります。

プロダクトやシステムが調和の取れたものになっているかどうか、全体に気を配りながら、部分ごとの作り込みを進めます 1-8。双方の観点を切り替えながら、短く区切った期間ごとに価値を着実に積み上げていけるよう、開発を行うとよいでしょう。

Q&A インクリメンタル／イテレーティブに開発することについての懸念

全体の設計を最初にやったほうがよいと思います。行き当たりばったりで作るわけではないですよね？

全体の設計はもちろん先に考えます。ただ事前にすべてを見通した設計は難しいので、必要十分にとどめておきましょう。設計しないのではなく、部分も全体も繰り返し設計し続ける意識を持ちましょう。

動作する状態を保ちつつ、変化させていく

「高速に石橋を叩いて渡る」とは「動いているシステムを壊さずに、高速に、着実に、製品をインクリメントしていく」ことでした。「動いている」とは一時的に動く状態にして確認できればよいということではなく、リリースできる品質を満たす必要があります。従って**プロダクトとしてリリースできる状態を保ったまま、素早く変更を加えていかなければなりません。**

プロダクトの素早い変更を実現するにはさまざまな要素が必要です。例えば、変更に強いアーキテクチャ設計、開発者とチームの高い技術力、リリースやモニタリングなど運用周りの整備などが挙げられるでしょう。しかし**最も重要なことは、その気になればいつでもメインブランチ（※1-4）をリリースできるという状態を、開発期間を通じてずっと保ち続けることです。**なぜならメインブランチが動かない状態が長くなるほど、原因調査の対象となる範囲が広くなり、修正に必要な工数も大きくなるからです。動かなくなったことにすぐに気づければ、調査する工数も直す工数も少ないうちに対処が可能です（図1-7）。

※1-4　メインブランチ：開発の最新版を扱う、主となるブランチのこと。

図 1-7　プロダクトをいつでもリリースできる状態を保つ

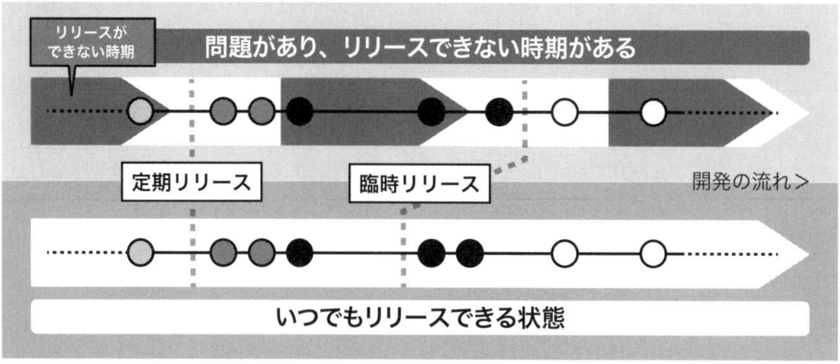

開発によるすべての修正を常に統合することで、プロダクトのビルドが通り、テストがすべて成功する状態を保ちます。ビルドやテストが動かなくなった場合、開発の手を止め、ビルドやテストを通すための修正を優先します。このような取り組みがうまく機能して、生産性の向上をチームが実感できるようになると、リリース可能な状態を保つための工夫や仕組みを考えられるようになります。この意識は開発プロセスを変更する際によい制約となり、アジャイル開発を体現する技術プラクティスに導いてくれます。

次章では実装に関する具体的な技術プラクティスを紹介します。ここでいう実装とは、ソースコードを書くことだけを指しているのではありません。実装という概念には、設計やコードレビュー、テストなど、エンドユーザーに届ける価値を作り出すためのさまざまな活動が含まれます。また、チームが現場で協力するために必要なルールの制定や、チームメンバー間でコミュニケーションを密に取るためのプラクティスについても紹介します。

References

1-1 「アジャイルの『ライトウィング』と『レフトウィング』」平鍋健児（2012、オルタナティブ・ブログ）
https://blogs.itmedia.co.jp/hiranabe/2012/09/rightwing-and-leftwing-of-agile.html

1-2 「アジャイルにおける技術的プラクティスの重要性」Ben Linders（2014、吉田英人 訳、InfoQ）
https://www.infoq.com/jp/news/2014/11/technical-practices-agile/

1-3 「スクラムガイド」Ken Schwaber・Jeff Sutherland（2020、角征典・荒本実・和田圭介 訳）
https://scrumguides.org/docs/scrumguide/v2020/2020-Scrum-Guide-Japanese.pdf

1-4 『エクストリームプログラミング』Kent Beck・Cynthia Andres（2015、角征典 訳、オーム社）

1-5 『カンバン仕事術』Marcus Hammarberg・Joakim Sunden（2016、原田騎郎・安井力・吉羽龍太郎・角征典・高木正弘 訳、オライリージャパン）

1-6 同上

1-7 「フロー効率性とリソース効率性について」黒田樹（2017、slideshare）
https://www.slideshare.net/i2key/xpjug

1-8 「モナリザを使ったインクリメンタル（漸進的）とイテレーティブ（反復的）の説明」川口恭伸（2011、kawaguti の日記）
https://kawaguti.hateblo.jp/entry/20111030/1319926043

チームで1つずつ終わらせよう

株式会社カケハシ
ソフトウェア
エンジニア
椎葉光行
Mitsuyuki
Shiiba

以前に勤めていた会社で改善エンジニアとしていろいろなチームのサポートをしていたあるとき「プロジェクトが毎回遅れてしまうのでサポートしてほしい」という相談がありました。詳しく話を聞くと、次のような状況でした。

- コードレビューに時間がかかり差し戻しも多い
- テックリードがレビューで忙しすぎてボトルネックになっている
- 結果としてプロジェクトが毎回遅れる

しばらく横で様子を見ていると、図Ａの左側のような状況が見えてきました。複数のプロジェクトが並行して動いており、それぞれのプロジェクトに担当プロデューサーがついていました。それぞれのプロデューサーは、エンジニアの時間をパズルのように組み合わせて予定を立て、作業をアサインしていました。最終的にはテックリードがすべてのコードをレビューしていました。

そのような状況と同時にわかったのは、チームの全員が現状をなんとかしようと頑張っていたことです。プロデューサーは、進捗を細かく管理することで遅れを早めに検知してエンジニアを助けられるようにしていました。エンジニアは「少しでも速く開発を進めなければ」と自分のタスクに集中して全力で取り組んでいました。元エンジニアのマネージャーも、テックリードの負担を少しでも減らせるようにと、コードレビューのサポートに入っていました。そんな様子を見て、私は「全員が前を向いているいいチームだな」と感じ、２つの改善を提案しました。

１つ目の改善はプロジェクトの一本化です。１チームだけなのに複数のプロジェクトを並行で進めていたため、チームはバラバラに動かざるを得なくなっていたのです。そこで、同時に取り組むプロジェクトを１つにすることを提案しました。さらっと書いていますが、そのためには年内のプロジェクト計画をすべて見直す必要がありました。とても難しい変更でしたが､プロデューサーたちは「これでチームがよくなるなら」と丁寧に状況を説明し、事業チームもそれならと理解してくれました。

２つ目の改善は開発の進め方です。個人のアウトプットではなくチームのアウトプットに注目することを提案しました。プロデューサーたちには、エンジニア一人一人の進捗ではなくチームの進捗を見るよう伝えました。エンジニアたちには「チーム全員でバックログの一番上にあるアイテムを終わらせましょう」と伝えて、ペアプログラミングやモブプログラミングを導入しました。

これらの改善の効果はすぐに表れました。エンジニア同士がお互いに意見を出し合い、助け合いながら開発を進めるようになったのです。また、早い段階からテックリードが開発に参加することで手戻りが大幅に減り、コードレビューにもほとんど時間がかからなくなりました。さらに、お互いのスキルや考え方を学び合うことで、どんどん成長していきました。

このように、チームとしてタスクを1つずつ終わらせていくように仕組みを整えることで、メンバーが元々持っている前向きな気持ちがうまくつながり、お互いに支え合って開発を進められるとてもよいチームになりました。結果として、その後のプロジェクトは落ち着いてリリースできるようになりました。

改善後の体制は、図Aの右側のようになりました。プロデューサーは、プロダクトオーナーとスクラムマスターに分かれています。一本化されたプロジェクトに対して、プロダクトオーナーがペアでプロダクトのことを考え、テックリードも含めたエンジニアたちが一体となって開発に取り組みます。スクラムマスターはそのようなチームの活動を支えます。スクラムマスターがマネージャーとペアを組むことで、組織的な観点も含めて改善しやすくなりました。

複数のプロジェクトやタスクに並行して着手すると、進捗があるように見えるのでとても魅力的です。しかし、それによってチーム内での協力は難しくなり、そのチームの持っている力をうまく発揮することができずに、結局は苦しい状況になってしまいます。並行作業の誘惑に負けずに、チームで1つずつ終わらせていくようにしましょう。

図A チームの状況の変化

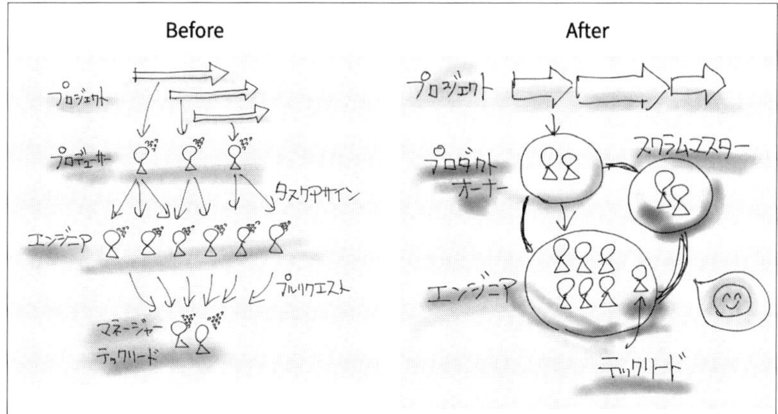

第 2 章

「実装」で活用できるプラクティス

「アジャイル開発のための技術プラクティス」と聞いて、真っ先に思いつくのは実装に関連するプラクティスでしょう。ブランチ戦略、コミット、コードレビュー、テストといった大きな技術プラクティスは、すでに普段の開発でも当たり前に取り入れられているはずです。しかし実装過程で従っている開発プロセスやルールは「小さなステップを踏み出し、経験からの学びに基づいて改善を繰り返す」というアジャイル開発の目的とは少しずれてしまっているかもしれません。第2章ではチームが協働し機能を実装していくにあたり、各工程で取り入れることのできる技術プラクティスを紹介します。

今日からはベテランさんに
開発にも入ってもらいます！
よろしく
おねがいしまーす！

今まではどう開発を
進めていたんですか？

ふつーな感じ
でしたよね？
スプリントで期間を区切って、
スプリントプランニングで
担当を決めて、それぞれが
開発を進めて…
ブツブツ…

実装が始まってからの
流れはどうでしょう？

それも普通じゃ
ないかな？
ブツブツ…
実装ができたら
プルリクエストを作って、
ユウさんにコードレビューして
もらって、コードレビューの
やりとりが済んだらマージして、
テストの準備に入って…

テストは自分たちでもやりますし、
QA チームにも手伝って
もらってます
ブツブツ…
うーん。話だけ聞くと、
以前に僕がいたチワワチームと
大きな差はなさそうですね

そうなんですか？
やり方がもっと違うのかと
思っていました
私も！

細かなところが少しずつ
違うのかもしれませんね。
そうしたら…

開発の中で確かめていきましょう！
わからないことがあればどんどん
質問してください
ブツブツ…
よろしくお願いします！

あれ？朝会
終わってる？

2-1 実装方針

朝会にて…

じゃあ、まとめ買いキャンペーンのバナー表示の実装はツールくんにお願いできる？
はい、大丈夫です

バナーの表示制御はフロントエンドでやればよさそうだな。簡単簡単！
カタカタ…

できた！

担当してもらったところをコードレビューで見たんだけど、問題がありそうだよ。相談できる？
あれっ！

実装前に方針を話して手戻りを防ぐ

開発においては、方針を事前に話し合い、全員が共通理解を持った上で実装に取り掛かることが重要です。これにより手戻りを減らし、開発効率を高めることができます。これを実現するために有効なプラクティスを見ていきましょう。

P 実装前に方針を話す

短い時間であったとしても、実装を始める前に方針を話しておきましょう。筆者は実装が終わってから、プルリクエスト（※2-1）を使って設計、実装、機能の確認や議論を行っている光景を見たことがあります。方針があっていたにせよ、間違っていたにせよ、実装が終わってから議論を始めたのでは、開発が手戻りするリスクがあります。手戻りで作り直す際に失われる時間や、すでに費やしてしまった開発費や時間は戻ってきません。「簡単な実装なので、完成してから見てもらったほうが早い」という考えを聞くこともありますが、これは手戻りが発生しなかった仮定の話に過ぎません。実装にかかる時間が2時間であれば手戻りも許容できるかもしれませんが、1日、数日と期間が長くなるにつれて、手戻りで失われる時間や開発費、工数は大きくなっていきます。このツケを払うのは会社やチームです。

チームの中には、機能を開発するよりよい方法をすでに見つけているメンバーがいるかもしれません。または相談することで、1人では考えつかなかった別のアプローチが見つかるかもしれません。誰かと話すことで手戻りの発生を避け、実装、テスト、運用のよりよい方法が見つかる可能性を高めることができます。

手戻りを防ぐ以外のメリットに、**長期的な目線で設計の一貫性を揃えられる**こともあります。サービスやリポジトリを分けたり、ソースコードを修正してもよい箇所や範囲を限定したりすることで、それぞれの区分けの中では設計を揃えやすくすることができます。しかしプロダクト全体やシステム全体では徐々にずれてしまい、設計方針の違いが生産性を下げてしまうこともあります。担当がいなくなったり、チームが解散するときに引き継ぎがされなかったり、異なる設計方針が取り入れられたりすることで、設計の一貫性が崩れ、ずれは徐々に大きくなります。全体としての整合性を

※2-1　プルリクエスト：GitHubが最初に提供した機能で、修正したソースコードの取り込みを他の開発者へ依頼ができます。プルリクエストではソースコードの変更箇所と差分が、わかりやすく表示され、コードレビューに関するコミュニケーション（変更へのコメント、変更の承認、変更のリクエスト）がシステム上で記録されます。GitLab（マージリクエスト機能）など主要なGitホスティングサービスでも取り入れられています。

保つためにも、実装前に方針を話し合い、早めに設計方針を揃えていくことを継続してください。方針を確認する際は、次に挙げる点を話しておくとよいでしょう。

- ソースコード上で用いる名称をどうするか
- システムのどの箇所に何の責務を持たせるか
- ソースコードのどの箇所に手を入れるか。また、どのような処理を書くか
- 一緒に作業する、実装を分担するなど、サポートや協力の必要はあるか
- 想定しておくべきエラー処理や障害発生のパターンはあるか
- 後で方針を見直す可能性はあるか。あるとしたらどのタイミングか
- 現時点でわかっていないと認識していることがあるか
- わかっていないことが明らかになった後で判断、決定することは何か

実装を始める前に方針を話しづらいと感じる場合、会話を阻む障壁があるかもしれません。以下に筆者が見たことのある開発現場の特徴を踏まえ、考えられる障壁を挙げます（表 2-1）。ご自身の状況と照らし合わせてみてください。

表 2-1　方針を話せていない開発現場の特徴と会話を阻む障壁

開発現場の特徴	会話を阻む障壁
実装を1人で担当している。設計と開発を同じ人が担当している	他のメンバーに相談するタイミングがない
コードレビューの場で厳しく指摘される	まだ方針が固まる前の話をすると、厳しい指摘を受けると考えてしまう
「実装」「テスト」「リリース」のような粗い粒度でしかタスク分解できていない	タスクを進めながら検討すればよいと考えて、具体的な検討が先送りされてしまう
チームメンバーでスキル差がある	ジュニアエンジニアが実装方針に迷った際、「人の時間を奪ってしまう」「自分で考えて決めないといけない」と考えて、シニアエンジニアに尋ねるのをためらってしまう
オープンソースソフトウェアの開発スタイルを志向している	修正したいことがあれば、一通り実装して完成したプルリクエストをいきなり出せばよいと考えている。プルリクエストで設計議論をするものだと考えている

実装を始める前に方針を話すことは「実装前にすべてを見通して設計を決定しよう」ということではありません。実際にソースコードを読んでみたり、書いてみたりすることで理解が深まり、改めて方針を立て直すというケースはどうしても発生しま

す。せめて実装前からわかっていることや、少し時間を取って話せばわかることの認識はチームメンバーと揃えておきましょう。

ユーザーストーリーをタスク分解する

チームは優先順位が高いユーザーストーリーから開発に着手します。このときユーザーストーリーをそのまま担当者が管理するのではなく、数時間から半日、長くても1日で終わるぐらいのさらに小さなタスクへと分解します。メンバーの誰かが各タスクに着手する時点で、何をすべきかを理解していれば、スムーズに着手ができます(図2-1)。

図2-1 ユーザーストーリーとタスクを分ける

✕

ID	ユーザーストーリー	担当
1	商品一覧ページのスタイル崩れを修正	ルーキーさん
2	メールマガジンにバナーを掲載する	ユウさん
3	管理画面に確認ダイアログを追加	ベテランさん
4	終了したキャンペーンコード削除	カタチくん

○

	ToDo	Doing (WIP上限2)	Review (WIP上限2)	Done
1. 商品一覧ページのスタイル崩れを修正	テスト	デザイン修正	スタイル崩れの原因調査	
2. メールマガジンにバナーを掲載する	配信テスト、メールテンプレートの修正、バナー画像のアップロード	バナークリックログの設計	バナー掲出ロジックの実装	
3. 管理画面に確認ダイアログを追加	テスト、確認ダイアログのデザイン修正、ダイアログ表示ロジックの実装			
4. 終了したキャンペーンのコード削除	テスト、リファクタリング、キャンペーンコードの削除			

タスク分解

タスク分解は誰かが代表して行うのではなく、チーム全員で協力して行います。誰がどのタスクを担当するのかわからないことを前提に、チームの全員が扱えるサイズにします。全員で行うことで開発の進め方の認識が揃い、ちょっとした兆候で進捗の遅れや問題に気がつけるようになります。リーダーやマネージャーがタスクや進捗を管理するマイクロマネジメントのやり方から離れ、チーム全員が自己管理しながら望ましい開発の進め方を考えるきっかけにもなるでしょう。

ユーザーストーリーをそのままタスクとして扱ってしまうと、開発状況の把握／管理が難しくなります。進捗管理が担当者に任せっきりになってしまい、タスクの進捗が思わしくないことに気がつくのに、数日が過ぎてしまうかもしれません。もしタスクを数時間から半日で完了できる粒度に分解していれば、作業が始まってから数時間後には進捗が思わしくないことに気づけます。またユーザーストーリーをそのまま担当する場合、実際に担当する当人にとっては難易度が高い作業が含まれているかもしれません。細かなタスクに分けることで個々の作業が進んでいるかが確認でき、難しいタスクにも分担して取り組めるようになります。

カンバン

では分解したタスクはどう管理するとよいのでしょうか。一例としてカンバンによる管理例を紹介します（図 2-2）。この例では表中でユーザーストーリーを 1 行ごとに対応づけ、分解したタスクが同じ行に含まれるように配置します。各列はタスクの現在の状態を表しており、作業予定（ToDo）、作業中（Doing）、レビュー中（Review）、作業完了（Done）の 4 段階に分かれています。現場によってはレビューが複数の段階に分かれていることもあるので、状況に合わせてカスタマイズしてください。このようなカンバンは、ホワイトボードと付箋を使って物理的に実現したり、「Miro」や「Mural」のようなオンラインホワイトボードツールを活用するとよいでしょう。

ここからは、カンバンで工夫できるポイントを 4 つ紹介します。

①スイムレーンを設ける

スイムレーンとはユーザーストーリーの間に引かれた横線です。ユーザーストー

リーに紐づくタスクを一目でわかるようにする役割があります（図2-3）。プロジェクト管理ツールによってはスイムレーンを表現できず、タスクが混ざって表示されるものがあります。ユーザーストーリーとタスクの対応が混ざってしまうと見通しが悪くなり、細かくタスク分解しようという気持ちが薄れてしまうでしょう。

図2-2 カンバンによる管理例

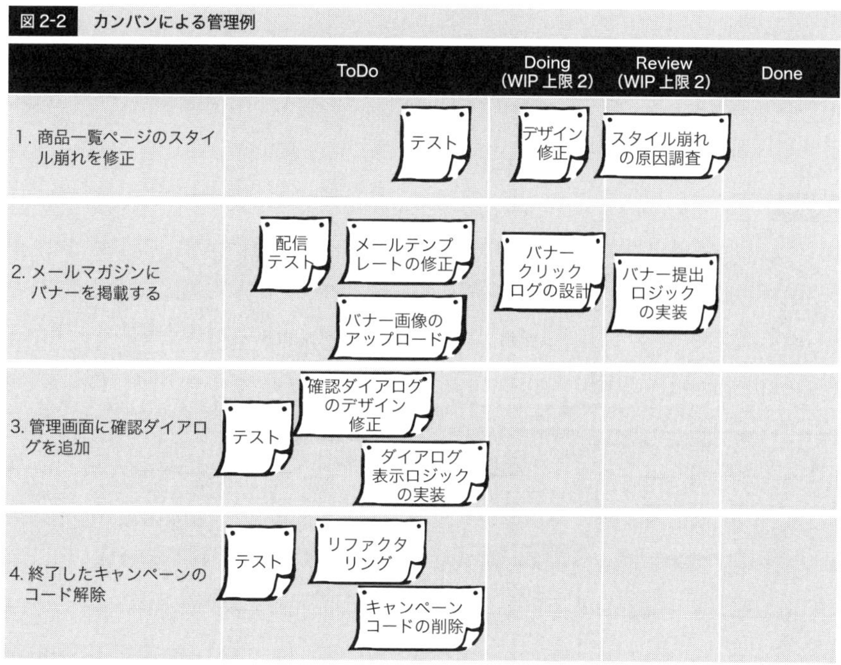

図2-3 スイムレーンを設ける

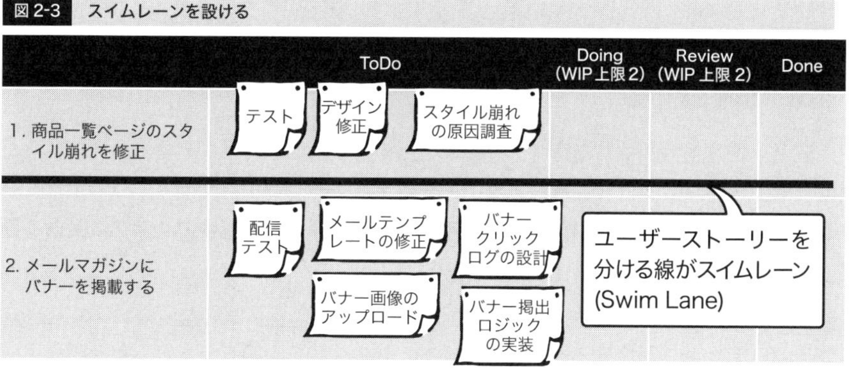

②タスクは右から並べ、並列して進められるように分解する

分解したタスクを縦横2方向に自由に並べられるツールが望ましいです。横軸はタスクの着手順を表すのに使います。作業する順番が決まっていたり、タスク間に依存関係があったりする場合、右から左へ並べます。するとタスクはボード上で右方向へ移動していくため、作業順と進捗が一致し、視覚的にわかりやすくなります（図2-4）。

縦軸は並列して作業可能なタスクを表すのに使います。このルールに従って並べることで、上から順に、右から順にタスクに着手すればよいという単純なルールでタスクを可視化できます。

図2-4　タスクは右から並べ、並列して進められるように分解する

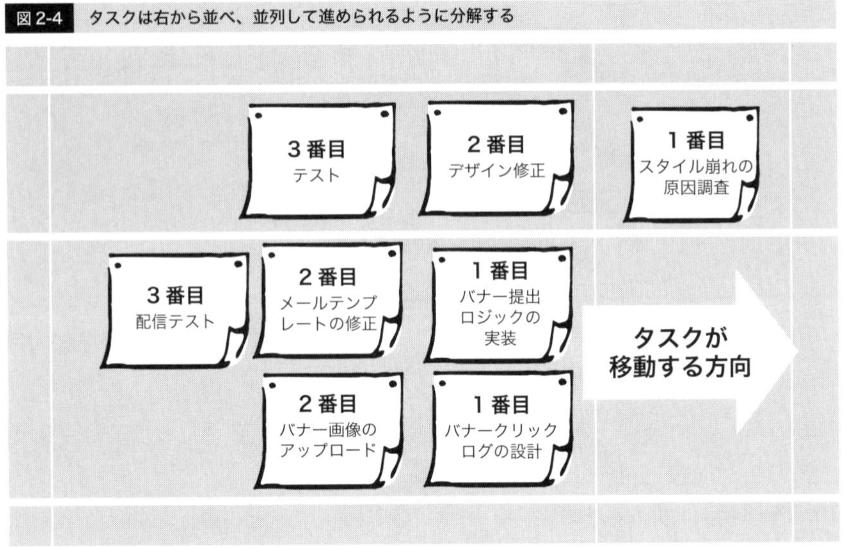

③WIP制限を設ける

タスクはたくさん取り掛かっていればよいというものではなく、着実に終わらせていかなくてはなりません。**同時に着手できるタスク数（WIP：Work In Progress）に制限を設けると、新しいタスクへ着手することよりも、進行中のタスクに協力することを促せます**（図2-5）。

WIP制限はDoingやReviewといったタスクの現在の状態ごとに設定することもあれば、合わせて設定することもあります。タスク数の上限をチーム人数と同程度に

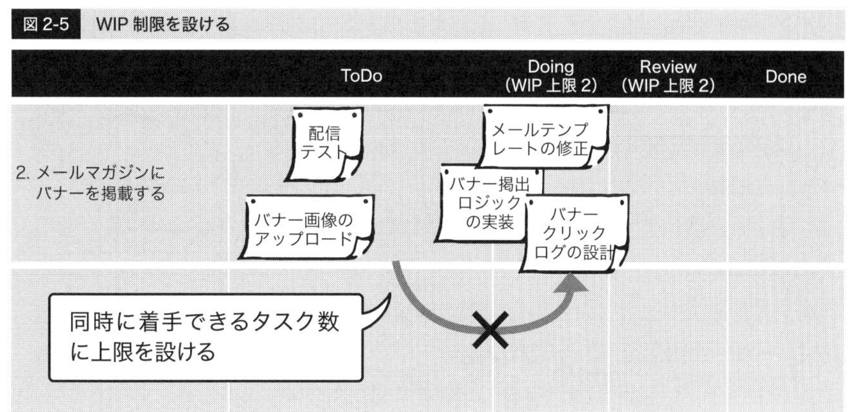

しておくと、レビューなど後回しにされがちなタスクが放置されることを防げます。上限をチーム人数の半分にすると、どのタスクも複数人で取り組まざるを得なくなるでしょう。このような使い方は、チームに相互学習を促したい場合にも有効です。一般に上限を低くするほどちょっとした作業の詰まりやつまずきが明らかになります。つまずきやすい状況のパターンを見つけて作業順序を見直したり、チーム内のスキルや経験の偏りを克服するために共同で作業したりすることで、フロー効率を優先した開発ができます。こうしたお互いの動き方やスキルの向上についてチームで話し合う際は、現在の状態や結果として起きている事象について共有した上で、この先どのような状態にしていきたいのかの意識を揃え、合意できるポイントを探しましょう。

④目印を入れる

タスクにはいろいろな形で目印を入れます。例えばタスクを担当している人を名前やアイコンで示します。タスク分解したときに目安の作業時間を入れておくと、想定より時間がかかっていることに気づくきっかけにできます。他のチーム、またはステークホルダーの作業や決定を待っていて、自分たちの作業がブロックされている場合も目印を入れておくと、将来的に作業が止まってしまうかもしれないことが一目で把握できるようになります（図 2-6）。

タスクに目印を入れるだけでなく、計画時に想定していたマイルストーンをタスクの間に置いておくと、当初の計画とのずれが確認できるようになります。進捗の遅れが問題になるようなユーザーストーリーでは役に立つでしょう。

図 2-6　目印を入れる

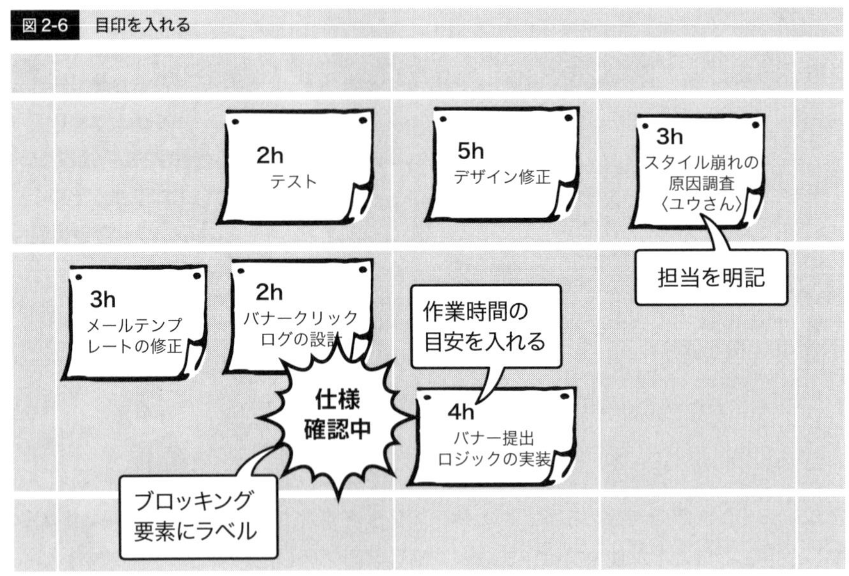

プロジェクト管理ツールによっては、スイムレーンがうまく引けなかったり、並び順の融通がきかなかったり、目印を自由に入れられなかったりします。最初から特定のツールに固定するのではなく、自分たちがプロジェクト管理ツールに求めているものが明確になってから、適したものを選定するのがよいでしょう。選択したツールの有効性については、定期的に確認、見直しをしていき、ツールの使い方ばかりに気を取られないようにしましょう。このようなボードの可視化のアイデアは「アジャイルコーチの道具箱 – 見える化実例集」2-1 にたくさん紹介されています。柔軟性のある管理ツールを選び、現場で試しながら定着するものを実験してみてください。

分解したタスクと、その現在の状態を把握しやすくすることが目的なので、本書で紹介した形式に揃える必要は必ずしもありません。画面を構成する部品単位や、システムを構成するコンポーネント単位など、チームの認識が揃えられて把握しやすい形を模索してみてください（図 2-7、図 2-8）。

図 2-7 画面を構成する部品単位でタスクを分ける

Loyal User Recommend

最新ベータ版
4.11.9 202105200217

View (7/7)

- ホームワンタップボタン
- バナー
- 新着メッセージ
- レコメンドコンテンツ
- コンテンツ以外
- 位置情報未取得時
- 好みアンケート

LOGIC (2/3)

- レコメンドコンテンツの取得・表示
- 位置情報取得状態による分岐
- アンケートの表示とタップ処理

API (2/2)

- エンドポイント作成
- データを返すロジックの実装

DB (1/1)

- データ投入

図 2-8 システムを構成するコンポーネント単位でタスクを分ける

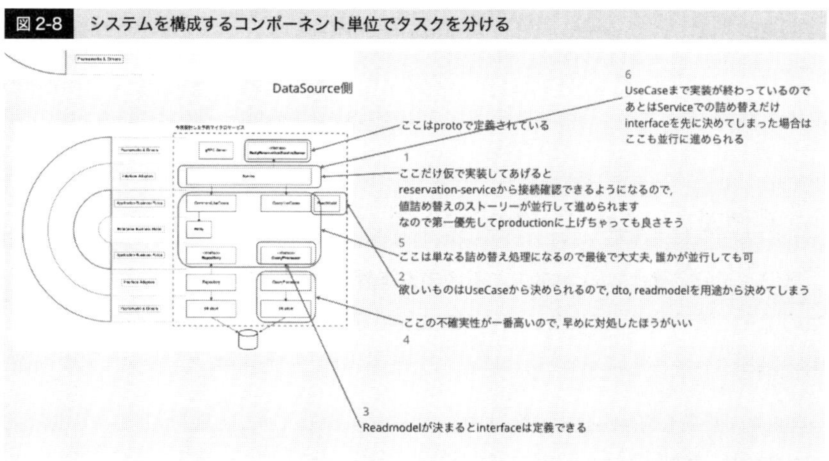

完了基準を明確にする

開発の各工程で達成すべき基準を明確にしておかないと、人によって理解がずれてしまいます。その結果、本人としては終わっているつもりが、他の人から見れば終わっていないという状況が発生し、後になってから問題になります。**こうしたことを防ぐには、着手する前の時点で何がどうなっていれば完了したといえるのかを話し合い、明確な基準を一緒に作るとよいでしょう。**組織やチームにとって必要な箇所で基準を作ればよいのですが、**よく作られるのは「準備完了の定義」「完成の定義」「受け入れ基準」の3つ**です（図2-9）。

図2-9 開発の流れと完了基準

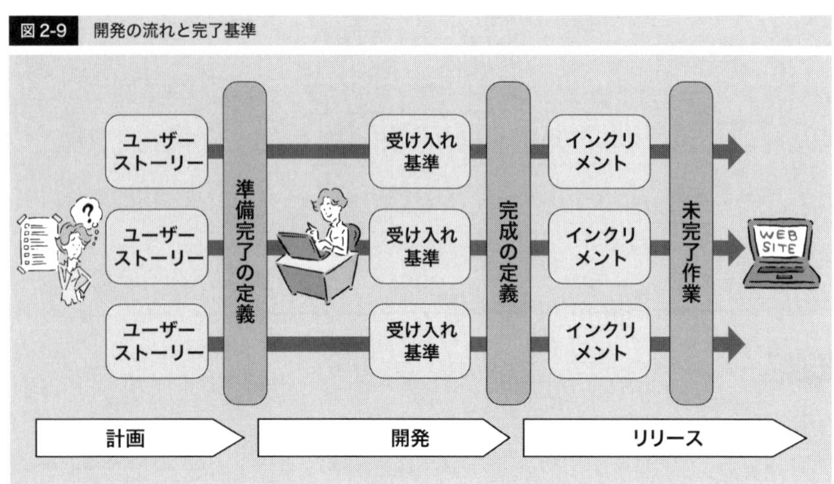

準備完了の定義（Definition of Ready）

「準備完了の定義」2-2 は開発に着手する準備ができていることの条件をまとめたものです。準備ができていない状態のまま開発を始めると、次のような問題が発生します。

- 途中で仕様を何度も確認、変更する
- 想像以上に時間がかかることが後からわかる
- 完成してから認識の齟齬が見つかる
- 開発途中で実現できなかったことがわかる

問題が起きると費やした工数が無駄になります。準備完了の定義はこれを防ぐための基本的な確認事項です。準備完了の定義には以下のようなものが含まれます。

- 解決される課題や誰にとって価値があるのかが明確になっていること
- イテレーション内で実現可能な大きさに適切に分割されていること
- ワイヤーフレームや画面遷移図など開発に必要な情報が整理されていること
- 受け入れ基準が用意されていること
- 完成した後でデモを行う手順が明らかになっていること
- 開発工数の見積もりがチームによってされていること
- 開発方針や設計など、他チームと協議／相談しなければならない事項が明らかになっていること
- 機能要件や非機能要件が明確になっていること
- テスト設計が完了していること

完成の定義（Definition of Done）

「完成の定義」2-3**はプロダクトの品質基準を満たす成果物の状態を定義したもので、複数のユーザーストーリーに対して共通して適用されます。**まず、どういったプロダクトの状態であれば維持していくことができるかを、チームとステークホルダーで話し合いましょう。合意した結果をまとめたものが初期の完成の定義になります。テストを後回しにしたり、不具合修正を切り出して別のユーザーストーリーにしたりといった、見かけ上の進捗を出そうとすることを防止できます。そして、時間とともにその定義を見直して拡充していけるように、チームや組織能力の向上を図っていきます。作業の透明性が高くなるとともに、手戻りが減り、品質を高める方向に導いてくれるでしょう。完成の定義には以下のようなものが含まれます。

- コードレビューが完了していること
- 予定していたテスト実行が完了していること
- ドキュメントが更新されていること
- 特定の環境にデプロイが完了していること

受け入れ基準（Acceptance Criteria）

「受け入れ基準」 2-4 は、何が達成できていればそのユーザーストーリーを完成したとみなせるか、基準を簡潔にまとめたものです。完成の定義は複数のユーザーストーリーで共通して適用されるものでしたが、受け入れ基準はユーザーストーリーごとに異なります。

受け入れ基準はシステム挙動を詳細に定義した仕様書やテストケースとは異なります。仕様書やテストケースだとチームはその通りに実装する必要がありますが、受け入れ基準は本当に実現したいことに集中して記述するため、問題解決のやり方を広く受け入れられます。その結果、チームが創意工夫できる余地も大きくできます。望ましい受け入れ基準は以下を満たしています。

- 達成できたかどうか、客観的／定量的に判断できる
- 開発に着手する前に定義されている
- 解決したい課題や要求にフォーカスしており、実装や特定の解決策に依存しない
- 機能要件と非機能要件の両方が含まれる
- 受け入れ基準の間に依存関係がなく、それぞれ独立して確認できる

例えば「メールマガジンにバナーを掲載する」ユーザーストーリーであれば、以下のようなものが受け入れ基準として考えられます。

- 5月配信のメールマガジンにキャンペーンのお知らせバナーが表示されること
- バナーのクリック率が計測できること
- PC／スマートフォンのメールクライアントでデザイン崩れがないこと
- メールクライアントが画像表示に対応していなかった場合、代わりのテキスト／リンクが表示されること

未完了作業（Undone ワーク）

3つの完了基準を満たしても、完成の定義が常にリリースできる状態を維持するところまで発達していない場合、リリースまでにはもう1つ壁があります。例えば複数サービスを組み合わせての結合テストや負荷テスト、セキュリティのチェック、ユーザー向けドキュメントの更新があるかもしれません。営業など関連部門への事前

の周知も必要になるでしょう。これらの**リリースまでにやらなければならない残りの作業が「未完了作業」** 2-5 です。

未完了作業は徐々に完成の定義に含めていくことが望ましく、いきなり広げると開発のリズムを崩すことになります。現在の完成の定義に合わせて、未完了作業を整理し認識すること、1つずつ未完了作業を完成の定義に取り込むこと、そのための学習／練習／改善に根気強く取り組むことを継続しながら、少しずつ広げていく必要があります（図2-10）。

図2-10 完成の定義の拡張

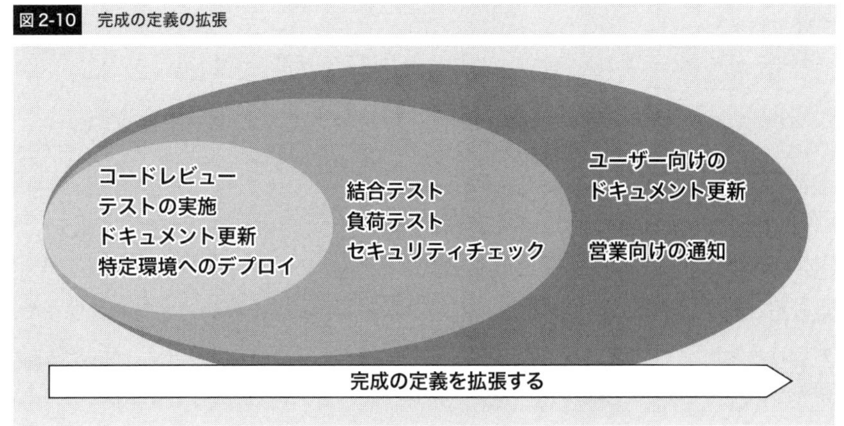

コメントで実装のガイドラインを用意する

疑似コードプログラミング

「事前に方針を話したから」「プルリクエストで実装途中のソースコードが確認できる状態だから」といっても、想定外の方向に実装が進んでしまうことがあります。それを防ぐための方法として、**実装の雛形や処理の大まかな流れを最初にコメントで記載し、実装時のガイドラインとして参考にする方法があります**（リスト 2-1）。これは「**疑似コードプログラミング**（Pseudocode Programming Process）」2-6とも呼ばれます。

ガイドラインとなるコメントには次のような項目を記載します。

- **クラス／メソッド／関数の雛形**
- **関数／メソッド内の処理の流れ**
- **入出力データについての説明**
- **考慮すべきエラー処理**

設計や実装が複雑で、1人で担うには荷が重いような作業であっても、コメントでガイドラインを用意すれば、作業を進めやすくできます。またガイドラインとして記載したコメントは日本語で説明的に書けるため、認識のずれを防ぐ効果もあります。もしコメントしか書かれていない段階で処理の見通しが悪いのであれば、元の設計がよくない証拠です。こうしたサインは、設計を見直すよい機会となります。

担当者がソースコードを書き進める際、ガイドラインとして用意したコメントは残すことも削除することもできます。ソースコードだけで意図が伝わる書き方をチームが追求しているのであれば、ソースコードの追加とコメントの削除は合わせて行うとよいでしょう。しかし、設計によってはソースコードだけで意図を伝えたり読み取ったりするのが難しい場合もあります。そうした場合は意図を説明するためのコメントを残すほうが、将来そのソースコードを読む人の助けになるはずです。ガイドラインとしてのコメントと、最終的なソースコードに残すコメントの役割は別ものとして考え、ガイドラインとしてのコメントは必要に応じて書き換えていくのがよいでしょう。

リスト 2-1 コメントで実装のガイドラインを用意する

```
/**
 * @brief まとめ買いキャンペーンのバナー表示切り替え
 * @param ユーザー ID（ログインしていない場合は NULL が渡される）
 * @return 表示するバナー種別
 */
function getBulkBuyCampaignBannerType($userID) {
    $bannerType = BANNER_DEFAULT;

    if ($userID != NULL) {
        // ログインユーザー

        $orderCountDuringBulkBuyCampaign = 0;
        try {
            // キャンペーン期間中の注文数を取得

        } catch (\RuntimeException $exception) {
            // 注文情報が取得できなかった場合、デフォルトバナーを表示する
            return BANNER_DEFAULT;
        }

        // キャンペーン期間中の注文数によって表示するバナーを変える
        if ($orderCountDuringBulkBuyCampaign == 0) {
            // 初回注文の特典を伝えるバナーを表示する

        } else {
            // キャンペーン期間中の注文があれば、特典内容のアップ条件を伝えるバナーを表示する

        }
    } else {
        // ログインしていないユーザー
        // キャンペーンの概要を伝えるバナーを表示する

    }

    return $bannerType;
}
```

2-2 ブランチ戦略

また修正が衝突した！
ソースコードを直して
マージするの大変なのに！

何度も起きて
いるんですか？
そうなんです。
ついこの間も半日かけて
修正したのに…

何度も起きているのであれば、
ブランチ戦略を見直したほうが
いいかもですね

ブランチの生存期間を短くして、
どんどんマージしていくように
すれば衝突が起きる確率も
減るはずです！

今の機能単位のブランチ
作成からは変えられ
なさそうですけど…

並行して修正を進めるための運用規約

ブランチは、複数の開発者が並行して作業を進める際に、コードを分けて管理するための機能です。異なるブランチで作業することで、互いの作業を妨げず並行して開発を進めることができます。

ブランチ戦略

「ブランチ戦略」 2-7 **とは、複数の作業を並行して進める際に修正をどのように取り扱い、統合(マージ)していくか、その考えや方法をまとめたもの**です。動作するソースコードに対して複数の作業を並行して進めていると、同じ箇所を複数の人が修正した場合、自動で統合されずに衝突が発生することがあります。この場合、どの修正を採用するかは人が判断する必要があります。しかし、誤った判断をすると修正の矛盾が生じ、サービスが正しく動かなくなる可能性があります。これを避けるために必要となるのがブランチ戦略です。ブランチ戦略を考える際の考慮事項はいくつかあります。

- **どのようなブランチが必要か。その理由や目的、位置づけ**
- **稼働する環境(本番環境、開発環境など)との紐づけ**
- **リリース手順**
- **本番環境やリリースブランチを変更できる人や権限の範囲**

高速に石橋を叩いて渡るために重要なのが「早く気がつく」ことでした。同じ箇所を修正してしまったり、修正の辻褄が合わなくなったりしたら、すぐに気がつきたいものです。またユーザーやステークホルダーからのフィードバックは頻繁に得る必要があります。そのためには頻繁に統合し、リリースできる状態を保つことが重要です。長く統合されずにいるほど、衝突が発生したり、修正の辻褄が合わなくなったりして、統合作業に時間がかかるようになります。

ブランチ戦略を凝り出すほど、ブランチの生存期間は長くなり、統合やリリースまでの時間が長くなりがちです。**ブランチの生存期間を短くし、いつでも本番環境にリリースできる健全で安定したメインブランチを維持する**ことに注力すべきです。これを実現するのが後ほど紹介するトランクベース開発なのですが、対比して理解できるように、先によく知られたブランチ戦略であるgit-flow、GitHub Flowを紹介します。

git-flow

git-flow は、運用にとって重要な「リリース」を中心に設計されています。以下に挙げるブランチを組み合わせて利用することでリリース周りの作業を管理できるように考えられています（図 2-11）。

- 開発ブランチ：開発中のソースコードを管理する
- フィーチャーブランチ：機能実装やバグ修正などの開発作業を行う
- リリースブランチ：リリース準備作業を行う
- メインブランチ：出荷可能な状態のソースコードを管理する
- ホットフィックスブランチ：緊急の修正作業を行う

図 2-11　git-flow

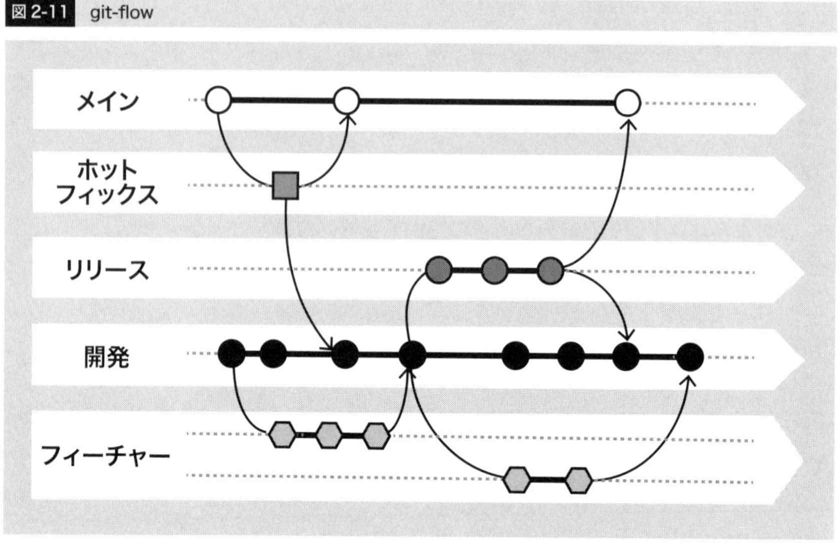

実装に着手するとき、開発ブランチからフィーチャーブランチを作り、実装が完了したら開発ブランチにマージします。リリース前は開発ブランチからリリースブランチを作り、リリース前に見つかった問題の修正をリリースブランチへ加えます。リリースブランチでの準備作業が完了したら、リリースブランチをメインブランチへマージします。リリース作業はメインブランチから行います。**開発ブランチをベースとしつつ、リリースを安定化させるために目的別に用意された複数のブランチを積極的に活用する戦略**です。

プロダクトを配布／リリースする場合、利用者の手元に安定して動作するものを届けることは重要な課題です。どの機能をリリースに含めるか、開発中のバージョンと切り分けてリリースするバージョンの動作検証ができるか、不具合を見つけた際にリリース作業をやり直すことなしに修正できるかといった観点は、継続的にプロダクトを運営していく上で重要なポイントです。git-flowはリリースを重要視し、リリース前に品質の担保が十分できるようにブランチ運用のルールを作っています。これはリリース回数が少ないプロダクトや、配布が難しいプロダクトでは有用です。git-flowの詳細は「A successful Git branching model」2-8 を参考にしてください。

GitHub Flow

GitHub Flowはメインブランチをいつでもリリースできる状態に保つことで、git-flowと比べてシンプルなブランチ運用ができます（図2-12）。GitHub Flowには6つのルールがあり、2つ目以降のルールは1つ目のルールのためにあります。

1. メインブランチのものは何であれデプロイ可能である
2. 開発に着手する際、メインブランチから開発ブランチを作る
3. 作成したブランチにコミットを積み重ね、Gitホスティングサービスにも定期的に作業内容をプッシュする
4. フィードバックや助言が欲しいとき、開発が完了しブランチをマージしてもよいと思ったときにプルリクエストを作成する
5. コードレビューを行いプルリクエストが承認されたら、プルリクエストをメインブランチへマージする
6. メインブランチにマージしたら、ただちにデプロイする

図2-12 GitHub Flow

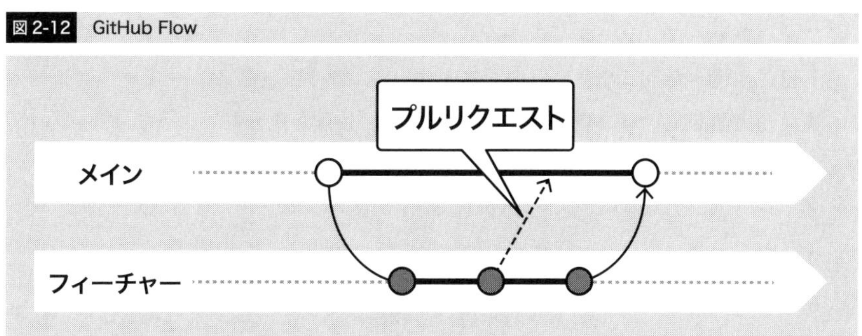

Webアプリケーションのように配布の必要がなく、頻繁にリリースを行いたい場合、git-flowのリリースは手順が多く大変です。リリースを頻繁に行うことで、大きなバグが一度にたくさん見つかるリスクを抑えられ、もしバグがあっても素早く修正してリリースできます。GitHub Flowの詳細は「GitHub Flow」2-9 を参照してください。

細かく頻繁に直接コミットを積み重ねて開発を進める

P トランクベース開発

「トランクベース開発」2-10 は1つだけ存在するメインブランチに、細かく頻繁に直接コミットを積み重ねていき、ブランチを作らずに開発を進めるブランチ戦略です（図2-13)。

図2-13 トランクベース開発

1つのメインブランチを共有
開発の流れ
メインブランチが常に動作する・リリースできる状態を保ったまま、
1日に1回〜数回、小さい単位でコミットし、プッシュする

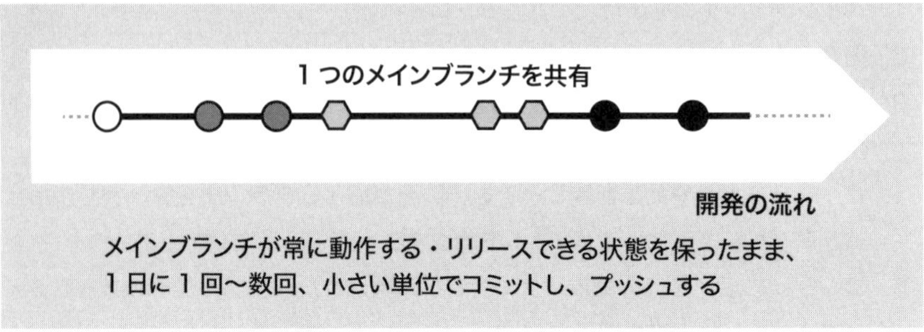

トランクベース開発に取り組む際のポイントは以下の通りです。

- フィーチャーブランチを作らない
- 1日に1回〜数回、小さい単位でコミットし、プッシュする
- 実装が完了していない機能は「表示を隠す」「処理が動かないようにする」など、デフォルト状態では動かないようにしておく
- メインブランチは常にテストが通り、動作する／リリースできる状態を保つ
- テストに失敗したり、既存機能が動かなくなったら、すぐに直す

ソースコードの修正を小さな単位に分け、頻繁にメインブランチへ統合していくこ

とで、メインブランチは最新の進捗状態に限りなく近くなります。メインブランチの最新版に対して自動テストを継続的に実施し、問題があれば開発者に迅速にフィードバックすることで、常に動作するリリース可能な状態が保たれます。

そうはいっても開発に関わる人数が増え、全員が直接メインブランチにプッシュすると、設計や命名規則がずれたり、メインブランチが動作しなくなったりする事態が起きやすくなります。そこでトランクベース開発のアレンジとして、**短寿命（2～3日程度）のブランチを作り、プルリクエストベースのコードレビューを通じ、メインブランチにマージしていくやり方**もあります（図2-14）。GitHub Flowと似た図ですが、トランクベース開発ではブランチの寿命を短く保ち、機能が未完成のうちから小さくマージしていきます。直接メインブランチにコミットを積むよりも、こちらのほうが多くのチームで受け入れられる方式でしょう。

図2-14 大規模チームでのトランクベース開発

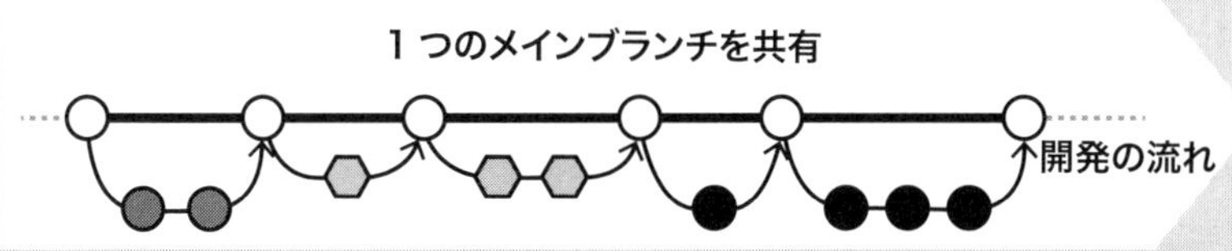

短寿命（2～3日程度）のブランチを作り、メインブランチが常に動作する・リリースできる状態を保ったまま、マージしていく。

フィーチャーブランチが長期間存続するようなブランチ戦略を採用すると、大きな機能開発やリリースを行うたびに「動作を安定させるためのブロック期間」が必要になりがちです。またフィーチャーブランチでの開発が長引き、メインブランチから離れてしまうと、ソースコードの衝突が起こりやすくなり、対応コストが高くなります。この際、既存の処理を整理して大きく手直ししようとすると、衝突の発生確率はさらに上がります。そのため設計や実装に不備があるソースコードをフィーチャーブランチで見つけても、根本的に修正できなかったり、衝突を避けるために中途半端な修正にせざるを得なくなったりすることがよくあります。こうしてメンテナンス性の低いソースコードが増え、やがてメンテナンスができなくなるまでコードベースが膨らみ、大きな負債となります。トランクベース開発を採用すると、これとは逆のメリットが得られます。トランクベース開発を採用するメリットは以下の通りです。

- **マージに要する時間が短くなる**
  修正の差分が小さくなり、コードレビューがしやすい
  細かく頻繁に統合されるため、ソースコードの衝突が発生しにくい
- **問題発生時の調査がやりやすい**
  メインブランチを頻繁に自動テストすることで、早く問題に気がつける
  直近の修正が問題の原因である可能性が高く、対象を絞って調査ができる
- **検証の組み合わせがシンプルになる**
  動作検証の対象をメインブランチ1つに集約できる
  複数サービスにまたがる動作検証もメインブランチ同士を行えばよい

メリットばかりに見えるトランクベース開発ですが、自動テストの十分な整備に加え、動作する状態を保ったまま開発中の機能を小さく統合していく工夫も必要となります。

Q&A 今のブランチ戦略との差がわからない

プルリクエストを使ってメインブランチ1つで開発しているうちのチームは、トランクベース開発といえますか？　今取り組んでいるユーザーストーリーは複雑ですし、これ以上プルリクエストを小さく分割もできないかなと……。

ユーザーストーリーに対応する修正を複数の小さな修正に分割し、細かくメインブランチに統合していくのがトランクベース開発です。ブランチやプルリクエストの生存期間は長くても2～3日程度にとどめましょう。

Q&A コードレビューをいつやるか

トランクベース開発だとどのタイミングでコードレビューをするんですか？今のチームではプルリクエストをマージする前にコードレビューを義務づけています。

図2-14の「大規模チームでのトランクベース開発」で紹介したように、短寿命のブランチとプルリクエストを使うのであればプルリクエストが送られたタイミングでコードレビューができます。2.5節で紹介するペアプログラミングやモブプログラミングを採用し、コードレビューしながら開発するのも1つの手でしょう。

Q&A これまでのやり方から変える恐れ

Git だとブランチを簡単に切り替えられますし、ブランチを使ったほうがよいのではないでしょうか？

リリースを中心にブランチ戦略を考えたときに、トランクベース開発のメリットに魅力を感じるならぜひ取り組んでみましょう。トランクベース開発の実践は難しく感じるかも知れませんが、今までの方法に戻すこともできます。チームで期間を決めて試してみましょう。

動く状態を保ったまま小さくマージしていく仕組み

フィーチャーフラグ

トランクベース開発を行うには、プロダクトが動作する状態を保ちつつ、機能が未完成のうちから小さくマージしていくための仕組みが必要になります。これは「**フィーチャーフラグ**」2-11 という仕組みで実現できます。フィーチャーフラグとは、ソースコードに埋め込まれるソフトウェアのスイッチのようなもので、**デプロイすることなしにシステムの外部から振る舞いを変更できるようにします**（図 2-15）。スイッチの状態にはオンとオフがあり、スイッチがオフの状態ではその機能が動作しないように実装しておきます。そして、その機能の開発作業がすべて完了しデプロイした後にスイッチをオンに切り替えます。すると機能が動作するようにシステムの挙動が変わります。つまり、デプロイとリリースのタイミングを切り離すことができる

図 2-15　フィーチャーフラグの動作イメージ

のです。フィーチャートグル、フィーチャースイッチと呼ばれることもあります。

フィーチャーフラグを使って動作しない状態にしておくことで、機能が実装途中であってもメインブランチに統合できるようになります。一つ一つのプルリクエストが小さくなるため、コードレビューも楽になります。ソフトウェアスイッチを意識したソースコードを書く必要はありますが、それに見合ったメリットがあります。

便利なフィーチャーフラグですが、実装途中の機能を動かないようにするだけでなく、他にもさまざまな使い方が考案されています。「Feature Toggle Types」2-12 では次のようなパターンが紹介されています。

- **リリース：機能公開するタイミングをコントロールする**
- **実験：A/B テストを実施する**
- **運用：システム負荷が高まった際に機能を無効化する**
- **許可：一部ユーザーでのベータテストを行う**

ソースコード上のフィーチャーフラグは、条件分岐を行うためのフラグに過ぎず、自分たちで仕組みを自作することも難しくありません。しかし実際にフィーチャーフラグを使っていると、フラグの切り替えを条件に基づいて自動で行いたくなったり、フラグを切り替える管理画面が欲しくなったりします。次に挙げる SaaS（※ **2-2**）を利用すれば、特定の期間や特定のユーザーだけを対象にするような運用も簡単に行うことができます（図 2-16）。

- Firebase Remote Config
- LaunchDarkly
- Unleash
- AWS AppConfig
- Bucketeer

そしてフィーチャーフラグにも課題があります。リリース後や A/B テストの終了後、不要となったフィーチャーフラグの切り替え処理を残しておくと、ソースコードの見通しが悪くなることがあります。そのような場合はどこかのタイミングで取り外しが必要になるでしょう。また複数のフィーチャートグルを運用する場合、スイッチ状態の組み合わせが複雑になり、すべての組み合わせでテストすることが難しくなることがあります。不要になったフィーチャーフラグ／処理はこまめに整理しましょう。

※ **2-2**　SaaS：Software as a Service の略。インターネット経由で利用できるソフトウェアサービスのことを指します。

図 2-16 フィーチャーフラグの設定例（Firebase Remote Config）

新しい条件の定義

条件を使用して、条件が一致したときに異なったパラメータ値が指定されるようにします。この条件に対する変更は、この条件を使用する**すべてのパラメータ**に適用されます。

名前

Campaign for 202201 to 202203

色

適用する条件...

日時	次よりも後	2022/1/1	00:00	日本...	
日時	次よりも前	2022/4/1	00:00	日本...	および

選択した条件タイプではターゲット設定の推定は使用できません

キャンセル　条件を作成

長命ブランチが必要な場合

長命ブランチへの定期マージ

頻繁にリリースしていくにはトランクベース開発が適していますが、ときには長期間メインブランチへマージできない長命ブランチが必要な場合もあります。その場合は複数バージョンの開発を並行して進めなくてはなりません。とはいえ、メインブランチと並行するブランチのそれぞれに異なる変更が累積すると、いざブランチをマージしようとしたときに衝突が発生し、大きな手間がかかります。また、並行して開発が進むため、マージした際に衝突が発生するのか、衝突の解消にどのくらいの手間が発生するかを事前に察知することが難しくなります。

そこで、メインブランチに取り込まれた修正を、並行する長命ブランチへ定期的にマージすることで、マージ時の衝突を抑えるアプローチが取られます（図 2-17）。メインブランチから並行ブランチへ定期的にマージすることで、**最終的なマージ時の衝突解消のコストを前払いして、その量をある程度減らすことができます。**定期マージの間隔を「毎日／毎晩」のように短くすると、一度に扱う修正／変更の量や範囲を小さくできます。仮に衝突が発生しても、その原因の特定や解決が簡単になります。

図 2-17　長命ブランチへの定期マージ

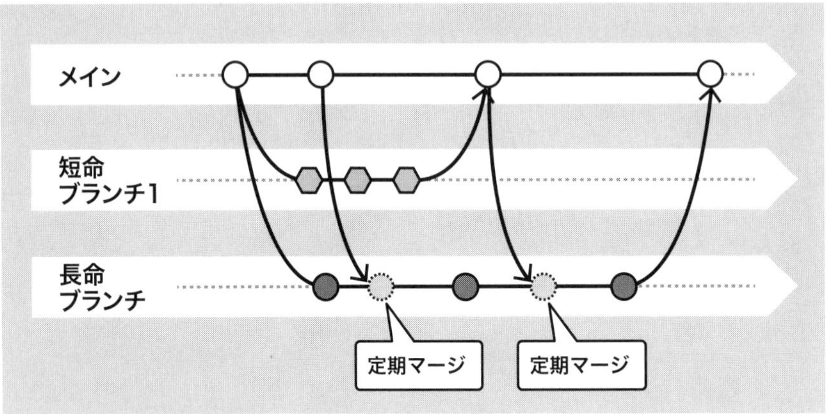

長命ブランチへの定期マージによるメリットは以下の通りです。

- **マージが頻繁に失敗する場合、長命ブランチが不安定になっていると判断できる**
- **長命ブランチを扱う開発者やチームが以下のどちらを取るか選択できる**
  衝突を解消しメインブランチへの追従に支払うコスト
  長命ブランチの生存期間を短くするための開発コスト

定期マージは少しの工数で自動化できますが、GitHub を使っている場合は、簡単な UI 操作でベースブランチ（※ 2-3）の変更に追従するマージをすることができます。ただし以下の条件を満たしている必要があります。

- **プルリクエストのブランチとベースブランチの間にマージの競合がない**
- **プルリクエストのブランチが、ベースブランチの最新バージョンに追従できていない**
- **ベースブランチへのマージ前にプルリクエストのブランチを最新にすることを条件に設定している。またはブランチの更新を常に推奨する設定が有効になっている**

※ **2-3**　ベースブランチ：新しいブランチを作成するときに元にしたブランチのこと。

2-3 コミット

キャンペーンバナーの
実装が終わりました！
レビューお願いします！

ツールくんはしっかり
実装できてるかな？

ん？

キャンペーンバナーと
関係のない修正が入り込んで
いるような…
ついでに直してくれるのは
ありがたいんだけどコードから
読み解くのいつも大変なんだよね…
コミットを分けてくれると
レビューしやすいんだけど…
モヤ…
モヤ…

実装の進め方を
改善しましょう！
ぷしゅー

標準的なコミットメッセージを書く

コミットは、構成管理システムにおける変更の単位であり、変更履歴を追跡するために重要な機能です。コミット時はソースコードの修正と合わせて、変更の意図をコミットメッセージとして記録します。このコミットメッセージを書く際に意識しておきたいプラクティスについて、見ていきましょう。

P 読み手に配慮したコミットメッセージ

コミットメッセージを書く目的は、ソースコード修正の意図をわかりやすく残すことです。コードレビューをしてくれるチームメンバーのため、あるいは将来ソースコードを読み返すことになった自分自身のために、読まれることを意識して書きましょう。Git のマニュアル 2-13 でも推奨されている、コミットメッセージとして広く使われているフォーマットは次のものです（図 2-18)。

図 2-18 最もシンプルなコミットメッセージのフォーマット

1行目	概要
2行目	<空行>
3行目以降	本文 …

1 行目に概要を記載し、2 行目に空行を挟んで、3 行目以降に詳細な説明を記載します。このフォーマットに従ってコミットメッセージを書くと、コミット履歴を一覧表示する際に 1 行目の概要のみを表示するよう、多くの Git クライアントが作られています。コミット履歴を一覧表示して確認する際に概要がつかみやすくなるので、まずはこの基本フォーマットに従って書くようにしましょう。3 行目以降の本文は、空行を挟んで段落を分けたり、箇条書きを使ったりと、読み手にとってわかりやすくなるように工夫できる余地があります。

丁寧にコミットメッセージを書いているつもりでも忘れてしまうのが、修正の意図や背景の説明です。何を直したのかはソースコードの修正差分から読み取れますが、なぜ直したのかは忘れてしまうものです。修正の背景をメール、チャット、口頭での

会話、プロジェクト管理システムなど、コミットメッセージとは異なる経路でやりとりしていると、後から履歴を辿って該当の説明を探し出すことは難しくなります。**コミットメッセージにはなぜ修正を入れたのかをきちんと記載しましょう。また外部システムでのやりとりがあったなら、その旨やリンク情報を含めて残しておきましょう。**このような細かな心がけがコードレビューの効率や、将来修正するときのキャッチアップのしやすさにつながります。

Q&A コミットメッセージで使う言語

コミットメッセージは英語で書きませんか？ ITの世界は英語が標準だし、技術の進歩を追っていくにも英語力が必要です。普段の開発から英語を使ってレベルアップしていきましょう。

心がけは素敵ですが、開発に携わる全員と揃えましょう。慣れない英語で修正の意図や背景が抜け落ちてしまっては本末転倒です。英語を読み書きする負荷が高いようであれば、日本語でしっかり書くことも選択肢として考えましょう。

異なる目的の修正を1つのコミットに混ぜない

コミットを目的別に分ける

異なる目的の修正を1つのコミットに混ぜないことが大事です。コミットメッセージがうまく書けずに曖昧になるのは、異なる目的の修正が混じっているからかもしれません。修正の目的をはっきりさせてコミットを分け、具体的な修正内容を示すコミットメッセージを書きます（図2-19）。

図2-19 異なる目的の修正が混じっているコミットメッセージ

```
検索結果の並び順がおかしい問題、他もろもろを修正

・商品検索結果がID順に並んでいたのを価格順に表示されるよう修正
    close#1217
・lint指摘を修正
・READMEの古い開発環境に関する記載があったので修正
```

P コミットにプレフィックスを付与する

コミットの目的を考える一例として、AngularJS プロジェクト（※2-4）のプレフィックス（※2-5）を紹介します。AngularJS プロジェクトでは、コミットメッセージの先頭に所定のプレフィックスを含めることをガイドラインで定義しています。

表2-2 AngularJS プロジェクトのプレフィックスと用途

プレフィックス	用途
feat	新機能
fix	バグ修正
docs	ドキュメントのみの変更
style	動作に影響のない変更 （空白、フォーマット、セミコロンつけ忘れなど）
refactor	外部から見た動作が変わらない、ソースコード内部の構造整理
perf	パフォーマンス改善
test	テストの追加、既存テストの修正
chore	ビルドプロセス、またはドキュメント生成などの補助ツールやライブラリの変更

先のコミットメッセージ例は、3つの目的が混じったものになっていました。目的を意識して3つのコミットに分け、プレフィックスをつけると、以下のように改善できます（図2-20）。

プレフィックスを意識することで、目的ごとに修正をコミットしやすくなり、異なる目的を混ぜこぜにしてコミットすることが減ります。コミットを分けることで、修正の概要がすっきり書け、コミット履歴が見やすくなります。また、コードレビューが容易になることでコミットログを後から探しやすくなり、開発効率が改善します。

ただしプレフィックスを定めても、意図が伝わらなければ読み手にとってノイズになり、書き手もコミット時に迷いが生じます。**どんなプレフィックスを採用しているのか、リポジトリのREADMEファイルや、チームのコミットメッセージガイドラインに明記しておきましょう。**

※2-4 AngularJS：オープンソースのフロントエンドWebアプリケーションフレームワークのこと。
※2-5 プレフィックス：接頭辞。先頭に付与する特定の文字列を指します。

図 2-20 目的別にコミットを分け、プレフィックスを付与

fix:検索結果の並び順がおかしい問題を修正

商品検索結果がID順に並んでいたのを価格順に表示されるようにした。close#1217

style:lint指摘を修正

docs:READMEの古い開発環境に関する記載があったので修正

プレフィックスはテキスト以外に、絵文字で表すやり方もあります。絵文字と意図が「gitmoji」にまとめられているので参考にしてみてください。先ほど 3 つに分けたコミットメッセージの例で、プレフィックスを絵文字で置き換えると以下のようになります（図 2-21）。絵文字を使用することで、修正の目的や意図を、視覚的にわかりやすく表現できます。

図 2-21 プレフィックスを絵文字に置き換える

🐛 検索結果の並び順がおかしい問題を修正

🎨 lint指摘を修正

📝 READMEの古い開発環境に関する記載があったので修正

gitmoji は CLI ツールも提供されており、`gitmoji -c` からコミット作業を行うことで、絵文字の選択を手助けしてくれます。また、対話形式でコミットメッセージを作ってくれる「Commitizen」や、そのラッパーである「git-cz」のようなツールもあります（図 2-22）。読み手に配慮したコミットメッセージを書けるように矯正してくれるツールですが、中にはやりすぎだと感じる人もいるかもしれません。実際に試してみて、継続的に利用できるものを取り入れるとよいでしょう。

図 2-22　git-cz の使用例

```
❯ git cz
? Select the type of change that you're committing: (Use arrow keys or type
to search)
❯ 💍  test:       Adding missing tests
  🎸  feat:       A new feature
  🐛  fix:        A bug fix
  🤖  chore:      Build process or auxiliary tool changes
  ✏️  docs:       Documentation only changes
  💡  refactor:   A code change that neither fixes a bug or adds a feature
  💄  style:      Markup, white-space, formatting, missing semi-colons...
(Move up and down to reveal more choices)
```

コミット履歴を書き換える方法

P コミット履歴を書き換える

「読み手に配慮したコミットメッセージを書く」「コミットを目的別に分ける」といったポイントに注意していたとしても、後になってからまとめるべきコミットや分割するべきコミットに気がつくことはよくあります（図 2-23）。

図 2-23　試行錯誤で乱れたコミット

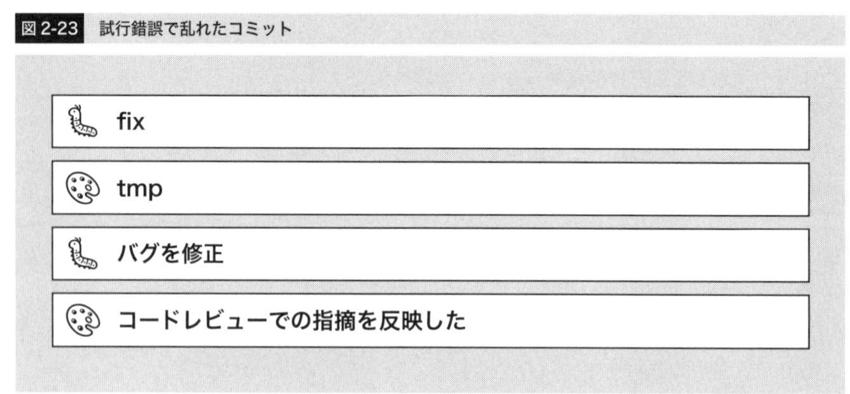

Git ではコミット履歴の書き換えができます。少しとっつきにくい操作ですが、ぜひ覚えましょう。エディタによってはツールのサポートも受けられます。

①直前のコミットを修正：git commit --amend

「保存していない修正があった」「テストが実は通っていなかった」といった、直前のコミットを修正したいケースで使います。操作は簡単で、修正を`git add`した後に`git commit --amend`を実行します。すると直前のコミットメッセージ編集画面が表示されるので、コミットメッセージを必要に応じて修正し、コミット作業を完了させます。これにより直前のコミットが書き換えられます（図 2-24、リスト 2-2、リスト 2-3）。

図 2-24　git commit --amend

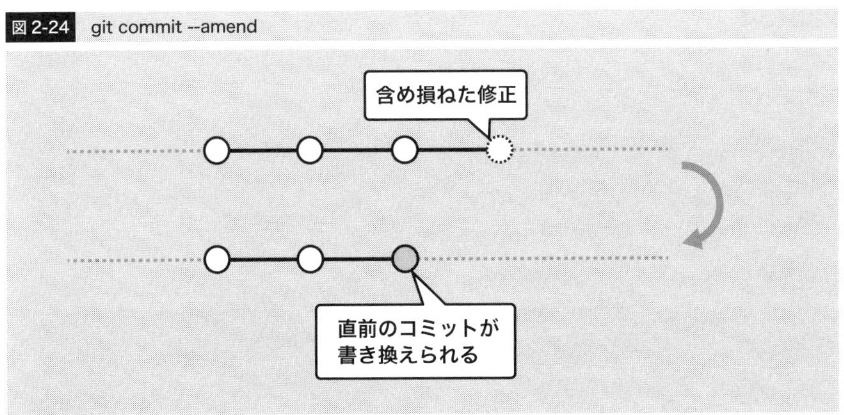

リスト 2-2　修正を git add した後に続けて実行

```
git commit --amend
```

リスト 2-3　コミットメッセージの編集と完了

```
README の雛形を追加

# Please enter the commit message for your changes. Lines starting
# with '#' will be ignored, and an empty message aborts the commit.
#
# Date:      Sun Jun 5 08:31:15 2022 +0900
#
# On branch master
#
```

②コミット履歴の書き換え：git rebase --interactive

直前のコミット以外の履歴を書き換えるときは、rebaseコマンドに--interactiveオプション（または短縮系で-iオプション）をつけ、インタラクティブモードでリベース処理（※2-6）を行います。git rebase --interactiveに引き続き、コミット履歴を書き換える起点（HEAD~2やコミットハッシュ値）を与えることで、エディタが起動し、続くコミットをどう書き換えるかを指示します（リスト2-4、リスト2-5）。

リスト2-4　インタラクティブモードでリベース処理を行う

```
❯ git log --oneline
833b305 (HEAD -> master) テスト方法を記載
34000de 使い方を記載
388885a 概要を記載
f1bde27 README の雛形を追加

❯ git rebase -i f1bde27
```

リスト2-5　エディタ上でコミット履歴をどう書き換えるかを指示する

```
pick 388885a 概要を記載
pick 34000de 使い方を記載
pick 833b305 テスト方法を記載

# Rebase f1bde27..833b305 onto f1bde27 (3 commands)
#
# Commands:
# p, pick <commit> = use commit
# r, reword <commit> = use commit, but edit the commit message
# e, edit <commit> = use commit, but stop for amending
# s, squash <commit> = use commit, but meld into previous commit
```

リベースの際に使えるコマンドはいくつもあり、起動されるエディタ内にコメントで説明があります。ただコミット履歴の変更パターンはある程度限られるため、まず多くの用途で使える「edit/squash」を覚えておき、慣れてきたら他のコマンドを試すとよいでしょう。コミット順序の入れ替えもでき、この場合、エディタ上でコミットの並びを入れ替えることで、それが指示になります（図2-25、表2-3）。

※2-6　リベース処理：コミット履歴を変更したり、他のブランチの変更を取り込む操作のこと。

図 2-25 git rebase --interactive で可能な操作

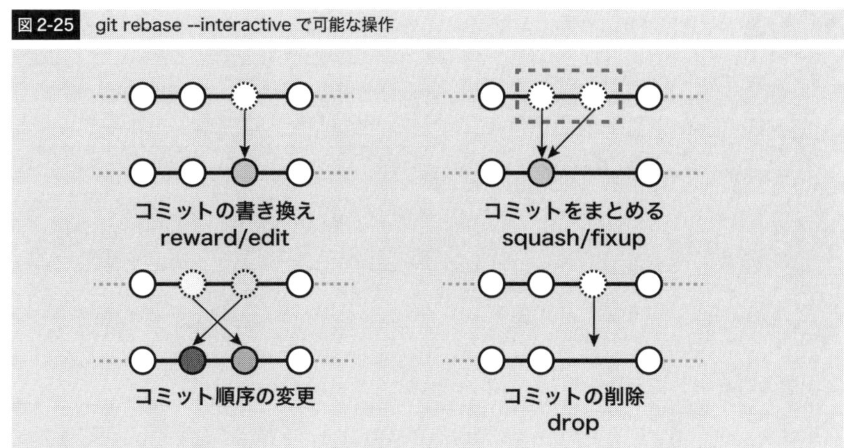

表 2-3 git rebase --interactive の主な操作の説明

コマンド	意味
p、pick	コミットをそのまま使う
r、reword	コミットメッセージのみを編集する
e、edit	・コミット内容を修正する ・リベース処理がここで一時停止する
s、squash	・コミットをその前のコミットとまとめる ・コミットメッセージは両方をつなげる
f、fixup	・コミットをその前のコミットとまとめる ・コミットメッセージは前のものだけを使う
d、drop	・コミットを削除する ・コミット行を削除しても同じ効果がある

「使い方を記載」と「テスト方法を記載」のコミット順序を入れ替え、「テスト方法を記載」のコミットに修正を加える場合、起動したエディタで次のように書き換えます。上に並んだコミットから順に、指定されたコマンドに基づいてコミット履歴の書き換えが実行されます。コミット内容の修正が必要な場合はリベース処理が一時停止するため、必要な修正を行ったのち `git rebase --continue` でリベース処理を継続します（リスト 2-6）。

リスト2-6　コミット順序を入れ替え、テスト方法の記載コミットに追加修正を行う

```
pick 388885a 概要を記載
edit 833b305 テスト方法を記載
pick 34000de 使い方を記載

# Rebase f1bde27..833b305 onto f1bde27 (3 commands)
#
# Commands:
# p, pick <commit> = use commit
# r, reword <commit> = use commit, but edit the commit message
# e, edit <commit> = use commit, but stop for amending
# s, squash <commit> = use commit, but meld into previous commit
```

コミット順序を入れ替え、833b305に追加修正を入れるため、pickをeditに変更

③任意のコミットに修正を追加：git commit --fixup=<commit>

インタラクティブモードのリベースはあらゆるコミット履歴の書き換えが可能ですが、目的別にコミット単位を分けることに慣れてくると、「変数名の修正を入れ忘れた」といったちょっとした修正が多くなってきます。些細な修正のためにインタラクティブモードのリベースで都度コマンド指示を出すのは億劫です。任意のコミットに追加修正を行うだけであればコミットに--fixupオプションをつけることで、リベース操作を簡単にできます。

“388885a” → “b425e66” → “664ff1a” とコミット履歴が作られた状態で、“b425e66” に追加修正を入れたい場合、修正を入れたいコミットハッシュを引数に入れてコミットします。

```
$ git commit --fixup=b425e66
```

この段階では “664ff1a” の次に新しいコミット “e042b14” が作られるだけです。ここで変更の起点となるコミットハッシュ（“b425e66” の1つ前となる “388885a”）を--autosquashオプションで指定し、リベースを実行するとコミット履歴が書き換えられます。

```
$ git rebase --autosquash 388885a
```

変更対象の "b425e66" と --fixup で作られたコミット "e042b14" がまとめられて新しいコミット "34000de" となり、続く履歴として存在していた "664ff1a" も "833b305" として書き換えられます（図 2-26、リスト 2-7、リスト 2-8）。

図 2-26 git commit --fixup=<commit>

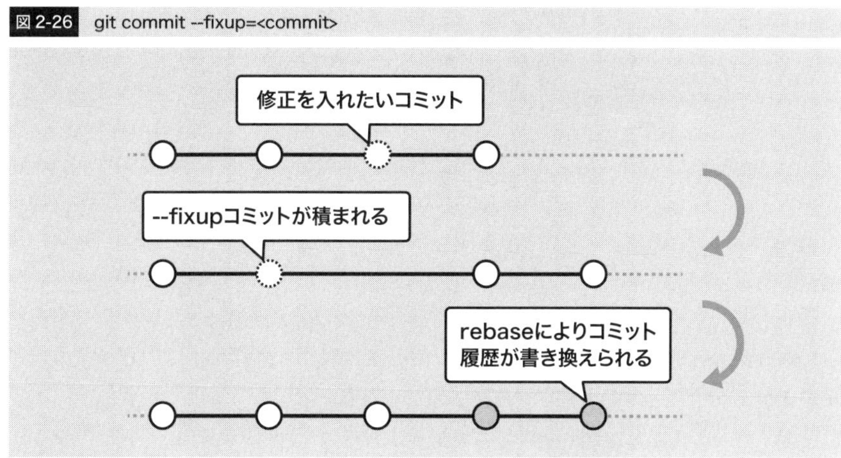

リスト 2-7 fixup を使って b425e66 のコミットを書き換える

```
❯ git log --oneline
664ff1a (HEAD -> master) テスト方法を記載
b425e66 使い方を記載
388885a 概要を記載
f1bde27 README の雛形を追加

❯ git commit --fixup=b425e66
[master e042b14] fixup! 使い方を記載

❯ git log --oneline
e042b14 (HEAD -> master) fixup! 使い方を記載
664ff1a テスト方法を記載
b425e66 使い方を記載
388885a 概要を記載
f1bde27 README の雛形を追加

❯ git rebase -i --autosquash 388885a
Successfully rebased and updated refs/heads/master.

❯ git log --oneline
833b305 (HEAD -> master) テスト方法を記載
34000de 使い方を記載
388885a 概要を記載
f1bde27 README の雛形を追加
```

リスト 2-8　git rebase -i --autosquash 388885a で表示されるコミット履歴の書き換え指示

```
pick b425e66 使い方を記載 # empty
fixup e042b14 fixup! 使い方を記載 # empty
pick 664ff1a テスト方法を記載 # empty

# Rebase 388885a..e042b14 onto 388885a (3 commands)
#
# Commands:
# p, pick <commit> = use commit
# r, reword <commit> = use commit, but edit the commit message
# e, edit <commit> = use commit, but stop for amending
# s, squash <commit> = use commit, but meld into previous commit
# f, fixup [-C | -c] <commit> = like "squash" but keep only the previous
#                    commit's log message, unless -C is used, in which
case
#                    keep only this commit's message; -c is same as -C but
#                    opens the editor
```

`--autosquash` オプションは git の `rebase.autosquash` オプションを `true` に設定しておくことで都度指定する必要がなくなります。以下のコマンドを実行することで、ローカル開発環境で動作する Git 全体の設定として、`autosquash` オプションを常に使う設定になります。

```
$ git config --global rebase.autosquash true
```

ここまでコミット履歴を書き換える／まとめるやり方を紹介してきましたが、コミットを分けるやり方は `git add -p` で 1 ファイル内の修正を選択的にコミットするしかありません。コミットをまとめるほうが楽なので、日頃から小さい単位でコミットする癖をつけておきましょう（リスト 2-9）。

メインブランチや共同利用しているブランチの場合、コミット履歴の書き換えで必要なコミットを誤って削除してしまう危険性があります。コミット履歴の書き換え対象はチームメンバーへ共有する前のものに限定しましょう。

リスト 2-9 git add -p を使うとコミットを含めるか個別に確認してくれる

```
❯ git add -p
diff --git a/index.html b/index.html
index 8569077..b0ad8d0 100644
--- a/index.html
+++ b/index.html
@@ -1,6 +1,6 @@
 <html>
   <body>
-    <h1>Agility Weave</h1>
+    <h1>ペット用品の通販 |Agility Weave</h1>
     <p>ペット用品はAgility Weaveでお買い求めください。</p>
   </body>
 </html>
(1/1) Stage this hunk [y,n,q,a,d,e,?]?
```

読み手に受け取ってほしい流れでコミットを並べる

物語のようにコミットを並べる

開発時の流れそのままのコミットを積むのではなく、**読み手に受け取ってほしい流れで再構成し直す**ことで、コミット単位でのコードレビューの行いやすさを改善できます 2-14 。コミットを目的別に分け、読み手に物語を聞かせるように並べてみましょう（図 2-27）。

「リファクタリング（※ 2-7）を行い、機能を複数回に分けて追加した」「期待するテストを書き、バグ修正を行って、最後にリファクタリングを行った」といったように、相手に伝えたい修正の流れに沿ってコミット履歴を並べます。報告書や説明文を書くときは日本語で物語を組み立て、内容を並べ替えていることでしょう。ソースコードの修正も同じように内容を推敲して、行き当たりばったりなコミットの積み重ねを読み手に解読させるのを避けます。

他にも一括置換やツールによる機械的な修正はそれとわかるように、分けてコミットすることも有効です。エディタやツールによるフォーマット変更や、変数／関数／文字列の一括置換は、修正の範囲が大きくなりがちで、すべてをコードレビューすることは大変です。このような修正のコミットを他の重要なコミットと分けておくことで、該当コミットのレビューをスキップする判断ができます。機械的な修正を行った

※ 2-7　リファクタリング：ソフトウェアを外部から見たときの挙動は変えず、内部構造を整理すること。

図 2-27　物語のようにコミットを並べる

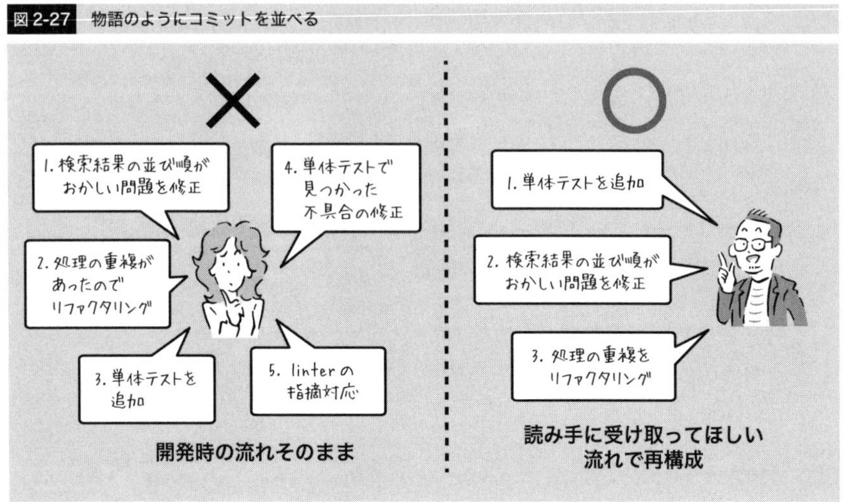

ツール名や変換コマンドをコミットメッセージやプルリクエストに含めておくと、ツールによる置き換えやコマンドそのものの妥当性のレビューに注力できるでしょう。

2-4 コードレビュー

ユウさん、
レビューお願いします
僕もこの間
お願いしたやつ
あります！
私も…
時間が
足りない〜

コードレビューは
ユウさんがすべて見ないと
いけないんですか？

リーダーとしては、
目を通す必要が
あると思っていて

ユウさんが指摘を
見落とすことは
ないですか？
う…確かに

まずはお昼でも
食べながら
考えましょう
はい…お昼の時間すら
見落としてました…

コードレビューの目的

ソースコードの共同所有

筆者はコードレビューの一番の目的を「**ソースコードを書いた人の持ち物から、チームの共同所有物にする**」2-15 ことだと考えています。ソースコードの共同所有とは「リポジトリのどの箇所もチーム全員が断りなく修正できる。またすべてのソースコードに関する責任を全員が担う」ことを意味します。

構成管理システムが進化し便利になったことで、コードレビューは頻繁に実施されるようになりました。しかし考え方の違いからコメントのやりとりが長くなったり、それによって空気が悪くなってしまったり、ときには喧嘩になったりします。「目を皿のようにしてロジックを調べ、バグがないか確認する」ようなコードレビューを行う人がいますが、コードレビューでバグを見つけるのはコストがかかる難しい作業です。またコードレビューでバグを見つけるにはスキルが必要であり、担当できる人数も限られるでしょう。その人にコードレビューが集中すると業務負荷が高まり、意図せずリポジトリの門番になってしまうことも避けられません。バグがないか確認したいのであればテストコードをきちんと書くべきです。仮にテストコードが書きにくい箇所だったとしても、開発者がきちんと動作確認を行うべきです。

図2-28 前向きで建設的なレビューをする

ソースコードをチームで共同所有していくには、リーダーや管理者などの限られた代表者だけが許可／承認する状態をなくしていく必要があります。限られた人のみが許可／承認を行う場合、責任の所在が明確になったり、責任者からのコードレビューの指摘が通りやすくなったり、意見が分かれても言い争いになりにくくなったり、といったメリットがあります。しかし、これは諸刃の剣です。チームが「ソースコードは責任者が管理するもの」と考えてしまったなら、共同所有とはいえません。

人ではなくソースコードに目を向ける意識が重要です。「ソースコードのこの箇所がちょっと読みにくかったです」などと率直に伝えるとよいでしょう。知らない設計や技術が持ち込まれた場合でも、チームとして学び、運用していけるように教育や学習の機会として活用していきましょう。

Q&A 読みにくいソースコードの基準

ルーキーさんから「読みにくい」ってコメントもらったのですが、設計理解が浅いからだと思うんです。

ルーキーさんに口頭で説明する機会を作ってみてはどうですか？　口頭で説明してもなかなか理解できないのであれば、本当に意図がわかりづらいコードになっているかもしれません。「Ten minutes explanation or refactor」2-16 では「10 分説明してわからなければリファクタリングの機会と捉えよう」というアイデアが紹介されています。

コードレビューの取り組み方

ソースコードを読んでコメントをフィードバックし、修正／改善するというシンプルな工程から構成されるコードレビューですが、考慮すべき点や工夫できる点がいくつもあります。

コードレビューにも積極的に参加する

実装もコードレビューもテストも、プロダクトをリリースするために必要な作業の1つです。コードレビューも開発における大事な仕事であり、早くコードレビューが実施できれば、その分早くデリバリーできる可能性が高まります。全員がレビュアーとしてコードレビューに参加しましょう。

またコードレビューは成果物を改善するプロセスではありますが、新たな成果物を生み出すわけではありません。コードレビューばかりに力を入れても、プロダクトの価値が向上するとは限りません。前向きで建設的なフィードバックを心がけ、過度にこだわるあまりコストをかけすぎることのないよう、注意しましょう。コードレビューで注意すべきコストには以下があります。

- **レビュアーがコードレビューにかける時間**
- **マージに承認が必要なレビュアーの人数**
- **レビュイーがフィードバックを元にソースコードの改善にかける時間**
- **レビュアーとレビュイーのメンタル面の疲労とケア**

P ソースコード全体を見てコードレビューする

プルリクエストでコードレビューを行う場合「変更したソースコードの周辺」も見るようにしましょう。プルリクエストは修正されたソースコードの差分を中心に、限定された範囲が表示されます。プルリクエストで見えている範囲では問題なさそうでも、少し範囲を広げてみるとおかしな修正だったということが起こります。修正後のソースコードをローカル開発環境などで表示し、周辺のソースコードと併せて確認しましょう。エディタとGitホスティングサービスを連携させ、プルリクエストをエディタ上で表示し、コメントを書き込めるツールがあります（表2-4）。逆にGitホスティングサービス上でエディタを起動できる「GitHub Codespaces」といったサービスもあります。エディタの機能を活用し、ソースコード全体を見てコードレビューをしましょう。

表2-4　エディタとGitホスティングサービスの連携ツール

エディタ	Gitホスティングサービス	ツール名
Visual Stuido Code	GitHub	GitHub Pull Requests and Issues
Visual Studio Code	GitLab	GitLab Workflow
IntelliJ Idea	GitHub	GitHub Plugin
IntelliJ Idea	GitLab	GitLab Merge Requests Plugin

レビュアーはグループにアサイン

レビュアーを決める際は、次のような理由から、所定のルールに基づいて決めたり、チームメンバーの中から数名をランダムに選んでアサインしたりするケースがあります。

- **リポジトリにオーナー／技術責任者／責任チームがいる**
- **コードレビューの負荷が大きいため全員で分担したい**
- **コードレビューを依頼しても見てくれない人が多い**
- **いつも同じ人ばかり担当することになるから担当を自動で決めたい**

機械的にレビュアーを決めることは、責任を明確にでき、一見効果的に思えます。しかしコードレビューの実施タイミングは担当を割り当てられたメンバー次第になるので、数日待たされることもあるかもしれません。また大きな作業を抱えていたり、別の予定が入っていたりする可能性もあります。機械的に担当を決める仕組みがある場合、担当にならなかったメンバーはレビューを積極的に行おうとはしないでしょう。

デリバリーを短くしていくには、手が空いているメンバーが積極的にコードレビューを行うことが望ましいです。チームやグループにレビュー担当をアサインできれば、担当者を明確にできますが、コードレビューを行う人が偏ってしまうので注意しましょう。コードレビューをしない人や忙しさを理由に断る人に催促して回るより、WIP 制限を設定するほうが有効です。コードレビューをしないと次の実装が始められないようにルールを決め、みんなで協力して終わらせる雰囲気を醸成しましょう。

コードオーナーの設定

リポジトリにオーナーや責任者がいて、特定の誰かのコードレビューが必須であれば、Git ホスティングサービスに備わっている機能が使えます。例えば GitHub では「CODEOWNERS」というファイルを使い、ブランチをマージする際のチェック項目でコードオーナーからのレビューを必須にできます。プログラミング言語やディレクトリパスごとに担当を変更することもできます。詳しい使い方は GitHub のドキュメント 2-17 を参照してください。

ツールにできる指摘はツールに任せる

P linter、formatter の活用

ツールで見つけられる指摘はツールに頼り、ツールでは見つけられない観点にレビュアーの時間を使うようにしましょう。**ソースコードを解析してガイドラインに沿っているかを指摘してくれる静的解析ツール（linter）**と、**ソースコードのフォーマットを揃えてくれるフォーマッター（formatter）**はさまざまなプログラミング言語やツールに存在しています。現場で使っているプログラミング言語やツールに合わせて導入しましょう。主なものをまとめます（表2-5、表2-6）。

GitHub Actions で提供されている複数の linter の詰め合わせである「super linter」では、上で紹介したよりもさらに多くの linter がサポートされています。プログラミング言語やツールによっては、よりよいものが登場して主流が置き換わることもあります。紹介したものは本書執筆時点での一例ですので、参考として役立ててください。

linter と formatter を導入するときの課題

便利な linter と formatter ですが、導入時に以下のような悩みが生じます。

- **linter ／ formatter の設定をどう決めればよいかわからない**
- **初回導入時に大規模なソースコード変更が発生する**
- **ツールの実行し忘れが発生する**

まずは linter ／ formatter の設定をどう決めるかです。linter や formatter は所定のガイドラインに基づいて動作し、その挙動はツール規定の設定ファイルなどを用いて細かくカスタマイズできます。しかし、自分たちで0からガイドラインを作るのは、ほとんどの場合で割に合いません。ツールのデフォルト設定や、広く公開されたガイドラインは、コミュニティや技術力を備えた企業がコストをかけて作成したものであり、それよりよいものを自分たちで作成することは大変です。多少気に入らない点があったとしても、既存のものをベースとし、どうしても合わないものだけ除外したり、無効化したりして使うとよいでしょう。

次に、ソースコードにツールを初めて適用した結果、ソースコードの大部分で変更が発生するという問題もあります。ツールを後から入れるのは大変なため、開発の最

表 2-5 プログラミング言語ごとの linter と formatter

プログラミング言語	linter	formatter
C++	cpplint ／ clang-tidy	clang-format
C#	StyleCopAnalyzer ／ Roslyn Analyzers	dotnet-format
Go	golangci-lint ・Staticcheck ・go vet ・revive	go fmt ／ go imports
Java	checkstyle	google-java-format
JavaScript / TypeScript	ESLint	Prettier
Kotlin	ktlint	ktlint
PHP	PHP CodeSnifer ／ PHP Mess Detection	PHP Coding Standards Fixer
Python	flake8 ・pycodestyle ・pyflakes	black ／ yapf ／ isort
Ruby	RuboCop	RuboCop
Swift	SwiftLint	swift-format

表 2-6 その他の linter と formatter

対象	linter	formatter
CSS	stylelint	prettier
Dockerfile	hadolint	dockfmt
HTML	HTMLHint	prettier
Markdown	markdownlint	prettier
Protocol Buffers	buf	buf ／ clang-format
Shell	Shellcheck	shfmt
SQL	sql-lint ／ sqlfluff	sqlfluff
Terraform	tflint	terraform fmt
YAML	yamlfmt	yamlfmt
自然言語	textlint	-
アーキテクチャの決まり	ArchUnit ／ ArchUnitNet ／ deptrac ／ arch-go	-
アクセシビリティ	ASLint	-
シークレットキー	git-secrets ／ secretlint	-
脆弱性	trivy	-

初期から携われるのであれば、ツールを真っ先に入れましょう。しかし大半は、既存のリポジトリに途中から入れるケースが多いでしょう。大規模なソースコードの変更を行う際、次のような検討事項や懸念が生じます。

1. ツールの適用結果をどうコードレビューするか迷う
2. ツールの指摘は正しいが、すぐに修正できないものがある
3. ソースコードの変更履歴が追いにくくなる

1. はツールの普及度や過去に使った際の経験を踏まえて決めます。一部をピックアップして確認したら、残りはツールを信頼して変更するという対応はよくあるケースです。2. はたいていのツールで、特定ルールを除外したり、ソースコード中の特定箇所を無視したりする仕組みが備わっているので活用しましょう。これによりツール導入後のソースコードの変更で、新規で検出されるものに絞って対応していくことができます。3. は git 上で、行ごとの最終更新を確認する `git blame` コマンドの結果がツールによる変更で上書きされ、機能しなくなることが原因で起こります。実は `git blame` には特定のコミットを除外して最終更新を確認できる仕組みがあり、それを用いて解決ができます。使い方は `.git-blame-ignore-revs` ファイルに、除外するコミットハッシュを記載するだけです。GitHub でも同じ仕組みの対応が入ったため、過去にツールを導入して履歴が追えなくなってしまったリポジトリでも後から対処できます（図 2-29、図 2-30）。

図 2-29　.git-blame-ignore-revs ファイルの記載

```
#.git-blame-ignore-revs
#formatter導入時の自動変換による修正コミット
13dd1269eb70ee03a4f86b981473988b6633cc2
#linterのルールが変わった際の一括変換コミット
73faefa1d487f44bace5a0b8e04dd9b32b17bd9
```

図 2-30 .git-blame-ignore-revs ファイルを考慮した GitHub 上での git blame 表示

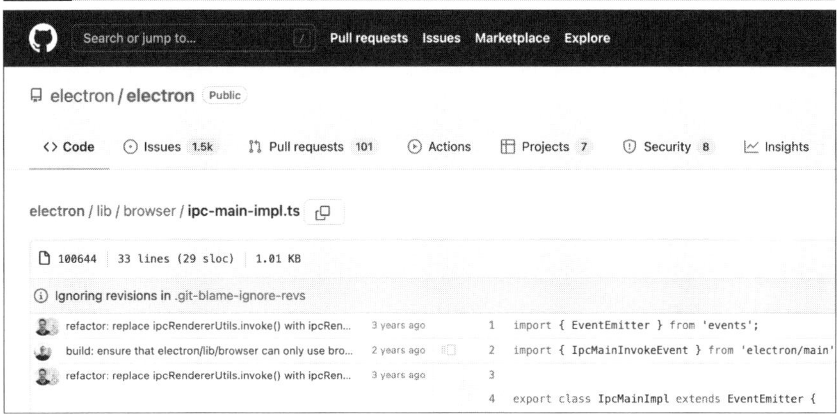

最後にツールの実行を忘れてしまうという問題です。第 3 章で紹介する継続的インテグレーションやコミット時のフックスクリプトでツールを実行することもできますが、まずはエディタや IDE でファイルを保存する際に、linter や formatter を自動実行する設定を行いましょう。一度設定してしまえば、ずっと恩恵を受けられます。チームの全員が設定した状態となるよう、開発の初期、またはチームに参加してすぐに済ませてください。エディタとツールの組み合わせによっては、拡張機能やプラグインを入れるだけで済みます。

linter ／ formatter とは役割が少し異なりますが、文字コードや改行コード、インデントなどの、より汎用的なフォーマットを揃えることが目的の「EditorConfig」というツールもあります。設定はリポジトリに `.editorconfig` のファイル名で設定ファイルを置くだけです。ほとんどのエディタ、IDE が対応しているので、開発の初期に設定しておきましょう。

P ツールの出力結果をプルリクエストにコメントする

linter の実行結果を元に、プルリクエストへ自動でコメントを書き込んでくれる「Danger JS」や「Reviewdog」といったツールがあります。ツールを使うことでコードレビューのやりとりを、自動のものと手動のものを合わせて、プルリクエスト上にまとめられます。

作業が確認できる場を早期に用意する

P 実装の着手と同時にプルリクエストを作る

実装途中の段階からソースコードを共有し、作業が確認できる場を用意することで、認識のずれを防ぐことができ、さらにソースコードを見ながら都度相談や議論ができるようになります。実装前に方針を話していても、他の人に作業を見せられない期間が長くなるほど、認識にずれが生じます（図2-31）。

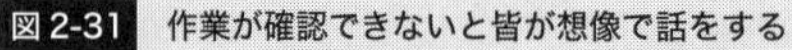
図2-31 作業が確認できないと皆が想像で話をする

完成のイメージ、作業の進捗状況の認識、チェック項目への対応状況など、実装中に気をつける点はいくつもあります。作業完了までの時間が数時間から半日ぐらいであれば問題ないかもしれませんが、数日単位になると作業が完了してからの確認では指摘が遅くなってしまいます。作業中の状態でも確認できる場を早期に用意するようにしましょう（図2-32）。

プルリクエストを使って作業が確認できる場を用意するにも、プルリクエストは何らかの修正差分（コミット）がないと作成できません。しかしGitでコミット時に"--allow-empty"を引数につけることで、ファイルを修正することなく「空の」コミットを作れます。この空コミットがあることで、実装を始める前からプルリクエストを用意できます（図2-33）。

図 2-32 作業が確認できる場を早期に用意する

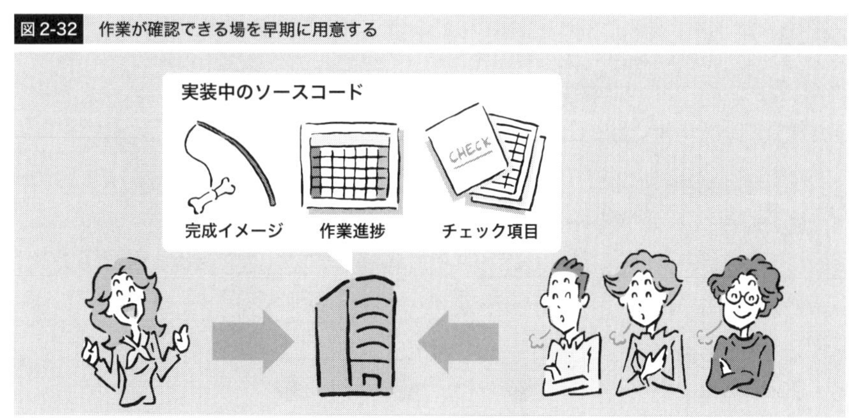
実装中のソースコード
CHECK
完成イメージ
作業進捗
チェック項目

図 2-33 実装の着手と同時にプルリクエストを作る

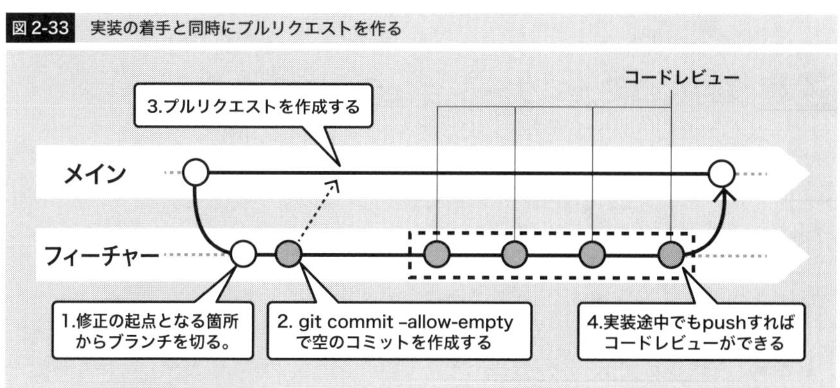
コードレビュー
3.プルリクエストを作成する
メイン
フィーチャー
1.修正の起点となる箇所
からブランチを切る。
2. git commit -allow-empty
で空のコミットを作成する
4.実装途中でもpushすれば
コードレビューができる

親ブランチを使ったコードレビューとマージ

空コミットを使ってプルリクエストを早期に作成するやり方は、複数人が協力する開発でメインブランチへのマージをひとまとめにしたいときにも使えます。親ブランチを空コミットで最初に用意し、親ブランチに向けた小さなプルリクエストを作っていくことで、コードレビューの単位を小さく分けられます。大きな差分や大きなプルリクエストはコードレビューも大変なので、修正を小分けにするやり方として押さえておくとよいでしょう。メインブランチへのマージを 1 つにまとめることで、後でマージを取り消すことになったときも役立ちます（図 2-34）。

図 2-34　親ブランチを使ったコードレビューとマージの流れ

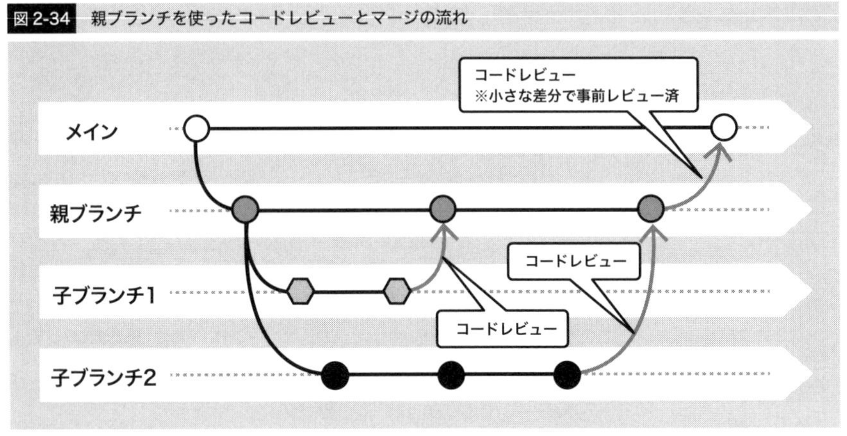

建設的なコミュニケーションのための心構え

コードレビューはソースコードをよりよくするための作業です。設計や技術のあるべき形について、建設的な議論を積み重ねるためにいくつかの点に気をつけなければいけません。

レビュアー／レビュイーから伝える努力

レビュアーとレビュイーの双方が、考えていることを丁寧に言語化し、伝える努力を尽くします。考えていることをお互いに伝え合わないと、どこまで話をしても意見が合いません。

そのため、レビュアーはレビュイーに伝わるようにフィードバックしましょう(図 2-35)。コードレビューとなると「すごい指摘をしなくては」と身構えてしまいますが、まずはソースコードを読んで感じたことを素直に伝えるところから始めましょう。読みにくいソースコードがあれば「ここが読みにくい」と素直にコメントし、ソースコードの意図がわからなければ「この箇所がよくわかりませんでした」と伝えてください。問題や直したほうがよい箇所の指摘以外でも、「いいね」「勉強になりました」「LGTM（いいと思う）」といったポジティブなフィードバックもレビューを建設的な雰囲気にするのに役立ちます。フィードバックとしてコメントした内容が、相手に必ず伝わるとは限りません。もし伝わらなければ、異なる言い回しを試し

図 2-35 レビュアーからレビュイーに伝える努力

てみましょう。「伝わらないのは読み手のスキルが足りないからだ」などと相手を責めていても、建設的な議論はできません。

レビュイーも現在の作業状態や、自分の考えをレビュアーに伝える必要があります（図 2-36）。実装途中でコードレビューを行ってもらう場合は、まだ実装途中である旨を伝えましょう。プルリクエストのタイトルに WIP（Work In Progress）と含めて作業中であると示したり、GitHub など、特定のプルリクエストについてドラフト状態であることを表明できる Git ホスティングサービスもあります。

図 2-36 レビュイーからレビュアーに伝える努力

P プルリクエストテンプレート

コードレビューで見てほしいポイントや、懸念点があれば先に伝えましょう。プルリクエストの説明欄に記載したり、プルリクエストでソースコードへのコメントを書き込んだりできます。プルリクエストのテンプレートを整備して、見てほしい箇所や悩んでいる箇所を記載させる仕組み作りもできるでしょう（図 2-37）。

図2-37 プルリクエストテンプレートを用いる

[GitHubの例]
.github/pull_request_template.md

```
# お願いしたいレビューの観点
<!-- 必要なものを残してください -->
- スタイルやテンプレートの変更があることの共有
- コンポーネント設計
- 状態管理・データ設計
- 実装内容についてアドバイスが欲しい

<!-- 他にもここを見てほしい・こう見れば見やすいなどあれば書く -->

# もやもやしているポイント
<!-- [optional] -->
<!-- 実装に納得がいっておらず、相談してみたい点などがあれば書く -->

# レビュー実施の緊急度
<!-- 必要なものを残してください -->
- XX/XXにはapprovedにもっていきたい
- ビジネス要件のため急いでいます
- 施策なのでなるべく早く見てほしい
- 他作業をブロックしているため早くに見てほしい
- 開発プロセスの改善で急いでいない
```

P 協働作業でソースコードをよくする

コードレビューはレビュアーがレビュイーの書いたソースコードを一方的に批評／評価／承認するのではなく、双方が協力／協働してソースコードを改善する作業です。**批評／評価／承認の意識があると、レビュアーの指摘はソースコードではなく相手（レビュイー）個人に向いたものになりがちです。**以下は協働作業でソースコードを改善する意識を育むために、レビュアーが避けるべき行動です。

- 不明瞭な言葉遣い
- きつい言葉遣い
- 個人への攻撃や口撃
- その他相手にコードレビューを受けたくないと思わせるような行動

このような行動がコードレビューで取られると、レビュイーが身構えて心理的な負担がかかり、コードレビューに要する時間も長くなります。

これは決して、踏み込んだ指摘は行わない、という意味ではありません。コードレビューを甘くやることにメリットはありません。**建設的な提案なのだと相手に受け取ってもらうには、主張の根拠や背景をきちんと示すとよいでしょう。** 漠然と「このソースコードの書き方がよい」と伝えるより、「コーディングルールのここに従っていない」や「読みやすいソースコードを解説したこの書籍によると……」と具体的に伝えてください。

またよくないソースコードを指摘する際は、具体的な修正案が出せるとよいでしょう。Git ホスティングサービスによっては、プルリクエストのコメントで修正提案を出す機能が用意されており、レビュイーはボタンを押すだけで修正を取り込めます。

誰が見ても不明瞭できついと感じる言葉遣いがある一方で、人によって受け取り方に差がある場合もあります。レビュアーにその意図がなくても相手を傷つけたり、不安にさせたりすることもあるでしょう。フィードバックはできるだけ丁寧にし、説明を省略しないように心がけるべきです。

P コードレビューのやり方を見直す

1回のコードレビューで指摘事項が何十件も出てきて、どんなに丁寧なやりとりをしたとしても、レビュイーにプレッシャーを与えてしまいそうと感じた場合は、一度に行うコードレビューの分量を見直したほうがよいかもしれません。コードベースへの理解や慣れ、レビュアー／レビュイーのスキルレベルによって、適切なコードレビューのサイズは異なります。コメントの数が多く、やりとりが収束しないようであれば、小さな単位でコードレビューを分けられないか検討してみてください。

もしくはレビュアーとレビュイーで席を並べて（またはリモートで顔を合わせて)、同期的にレビューを実施することもプレッシャーをやわらげるのに有効です。コメントの意図が伝わらなかったことに気づきやすくなり、伝え方を変える対応ができます。コメントのやりとりが続き、コードレビューが長期化した場合も同期的なコードレビューを始めるのによいタイミングです。コードレビューが長期化している兆候は、次のようなものがあります。

- **コメント数が一定数を超えた**
- **指摘を受けて修正したコミット数が一定数を超えた**
- **プルリクエストが作られてから所定の期間が経過した**

P コメントにフィードバックのニュアンスを含める

コードレビューで寄せられるコメントは、絶対に直さなければならないものから、ちょっとした指摘、レビュアーが感じたモヤモヤなど、さまざまなものがあります。コードレビューはすべてのコメントや指摘に対応する必要はありません。

コメントにフィードバックのニュアンスを含めておくと、受け手に対応すべきかどうか判断を委ねられます。コードレビューでは短い言葉をプレフィックスとして付与し、気持ちを含めることが多いです。以下によく使われる単語とその意味を紹介します（表2-7）。

表2-7 コードレビューでよく使われる単語と意味

単語	元になった言葉	意味
ASK	-	質問
FYI	For Your Information	参考情報
IMO	In My Opinion	個人としての意見である
IMHO	In My Humble Opinion	丁寧なIMO
LGTM	Looks Good To Me	いいと思う
MUST	-	必ず直してほしい
NIT / NITS	pick nits	細かいけど
PTAL	Please Take Another Look	再度確認してください
SHOULD	-	直してほしい
TYPO	-	スペルミス
WIP	Work In Progress	実装途中

コードレビューでコメントが思いつかない状態を乗り越える

「プルリクエストのコメントが思いつきません」という人が一定数います。理由は次のようなものをよく聞きます。

- 新しい会社に入った
- 新しいチームに異動した
- 技術／ドメイン（システムを適用する対象の事業領域や業務）に詳しくない

いずれも「ドメインに詳しくなれば、じきにコメントできるようになる」ように思えますが、実際には３ヶ月経っても半年経ってもコメントができないことがあります。一方で会社に入ったばかりや、チームに異動してきたばかりでも積極的にコメントをしてくれる人もいます。技術／ドメインに詳しくないというのは表向きの理由で、実際は自信がない、指摘を返されるのが怖い、自分のスキル不足を知られるのが怖いという背景があるのではないでしょうか。

コードレビューでの直接的なコミュニケーションを避け、他の人がプルリクエストでやりとりする様子を盗み見てキャッチアップをしていくのであれば、獲得できるスキルやドメイン知識は限定的なものになります。チームとしては多少の教育や説明の負荷があったとしても、参加したばかりの段階から積極的にコメントをしてもらい、早く開発に慣れてドメインを学んでほしいと思っているはずです。

質問することで学ぶ姿勢を持つ

質問することで学ぶ姿勢を絶えず持ちましょう。間違えても受け入れてくれる環境であることを信じ、自分のスキル不足を知られてしまう恐れを乗り越えて、積極的に質問してください。そうすることでより早くフィードバックと学びを得られます。また教える側も、質問のやりとりを通じて何につまずいているのかを理解し、相手の知識や理解度に合わせたサポートができます。早期にフィードバックを受けて学んでいけるほうが、本人の成長にとっても、チームや会社にとってもよいはずです。

一方で精神的な不安や恐れがなくても、レビューのコメントが思いつかない場合もあります。他の人のコメントを見てその理解や後押しはできるのですが、自分が最初にコメントを書くことはできないという状態です。他の人よりコメントを書くのが遅いのではなく、時間をかけてもコメントをするべき観点に気がつけないのが特徴です。この課題について筆者は、よい設計やよい実装について考える習慣がないためだと考えています。このような人は、次に挙げる条件に当てはまることが多いです。

- 昔ながらのコードベースで、どこに何の処理を置くかが決まっている
- よい設計へと改善していく習慣が個人やチームにない
- 本人が動くプログラムを書くことに一生懸命で、よい設計を考える余裕がない
- 本人に設計を継続的に改善していくための技術的なスキルがない

ある機能追加や修正を実現するやり方の正解は、1つだけとは限りません。冗長だったり、複雑だったり、今ひとつに感じたりする処理や設計を感じ取り、モヤモヤとして表明するところから始めましょう。1人で改善までやり切る技術スキルは備えていなくても、コードレビューでのやりとりを通じてアイデアが見つかるかもしれません。もしアイデアだけでも見つけられれば、ソースコードを改善するきっかけを作れたことになり、それが貢献になります。そうでなくとも、チームで議論するきっかけを作れれば、それは十分に貢献といえます。

このように、ソースコードや対象のシステムがわからなくても貢献できることがあります。積極的にコードレビューに参加して、伝えられるフィードバックがないか探しましょう。長く同じソースコードを触っていると視点が偏り、気がつきにくいことが出てきます。チームに新しく参加した人からのフィードバックは、いつだって貴重でありがたいものです。

2-5 協働作業

この処理はどうやって
判定したらいいのかな…？

う〜ん…

う〜ん…

う〜ん…

カタチくん、
一緒に手伝ってあげて
くれる？
は、はい
…

チームが一緒に作業する
機会を増やしてもよいかも
しれませんね

開発ではソースコードを書くだけではなく、次のような作業を行います。

- **開発の進め方を考える**
- **作業の分け方を考える**
- **設計を考える**
- **開発環境を構築する**
- **ソースコードをレビューする**
- **テスト項目を考える**
- **テストを実行する**

1人で作業していると、わからないことでつまずいたり、集中力が切れてしまいがちです。一方で、複数人で一緒に作業すれば頻繁にコミュニケーションができ、わからないことを教えてもらったり、作業をお互いにカバーし合ったりして、作業が早く進みます。常にアウトプットをレビューしながら開発を進めることになるので、レビューが不要になり、レビュー待ちやレビュー後の修正作業もなくなります。複数人で並行して作業を進めるより、協力して1つずつ作業を終わらせるほうが効率がよいかもしれません。ジュニアエンジニアやドメインに不慣れな人への教育の機会にもなりますし、複数人で1つのことを成し遂げれば、達成感や楽しさは比較になりません。

一方で「複数人で同じことをやるのは効率が悪そうだし、作業成果物も減りそうで、マネージャーにとっては受け入れがたい」という声はよく聞きます。しかし、並行作業を効率的に進めたとしても、その後の成果物の統合や同期には案外時間がかかるものです。複数人で一緒に作業すれば、分担／統合／同期の時間が不要になってフロー効率を高められ、変化するビジネス環境に素早く対応できるかもしれません。まずは実験から始めてみましょう。

1つのユーザーストーリーに多くの関係者を巻き込む

P スウォーミング

最も優先すべき1つの事柄や課題に対して、関係者全員で「群れ」のように一丸となって協力し取り組むことを、「スウォーミング」と呼びます。(図2-38)。作業を分担したり、チーム外に協力を仰いだりして、もっと早く終わらせる手段はないのかを考えます。

例えば2つのチームがある開発を協力して進めているとします。一番重要な作業で遅れが生じたとき、また技術的な困難に直面したときに、もう一方のチームが仕掛

図 2-38 スウォーミング

かり中の作業を止めて助けに入ることで状況を改善できるかもしれません。困っているチームに助っ人を送ったり、抱えている作業をチーム間で受け渡ししたり、作業を担当する人を見直したり、作業にあたる人数を増やしたり、作業の分担や進め方を見直したり、複数の解決案を同時平行で試したり……と、優先すべき作業の完了を少しでも早める工夫はいろいろと考えられます。スウォーミングは、1 つの重要なユーザーストーリーにチームの目線を合わせることで、チーム全体で集中して取り組む手法です。メンバーにとっては仕掛かり中の作業を中断し、迅速に助けに入ることが具体的な行動となります。スウォーミングを推進していくには、1 つの優先すべき開発作業に集中できているかに気を配るだけでなく、個人の成果よりもチームの成果を最大化することを評価、重視するようなマインドセットも必要です。

スウォーミングを呼びかけるべきタイミングは、普段の開発でもたくさん見つけられます。例えば 4 人で 2 つのユーザーストーリーを並列して進める際、それぞれのユーザーストーリーを 2 人ずつで担当していたとします。図 2-39 の左側では 1 番に優先するユーザーストーリーの進捗が思わしくなく、当初の計画を超えて完了までの見込みが長くなっています。そこで図の右側では、2 番目に優先するユーザーストーリーを担当していた 1 人が、1 番に優先するユーザーストーリーの開発を助ける形に変わりました。この結果 2 番目に優先するユーザーストーリーの完了見込みは延びたものの、1 番に優先するユーザーストーリーは完了までの見込み時間を短くできています。チームが最優先のユーザーストーリ―に注力できているか、またはよりよい開発の進め方はないかを考慮し、スウォーミングの機会を見つけます。

図 2-39　助けを増やし、完了までの期間を短くする

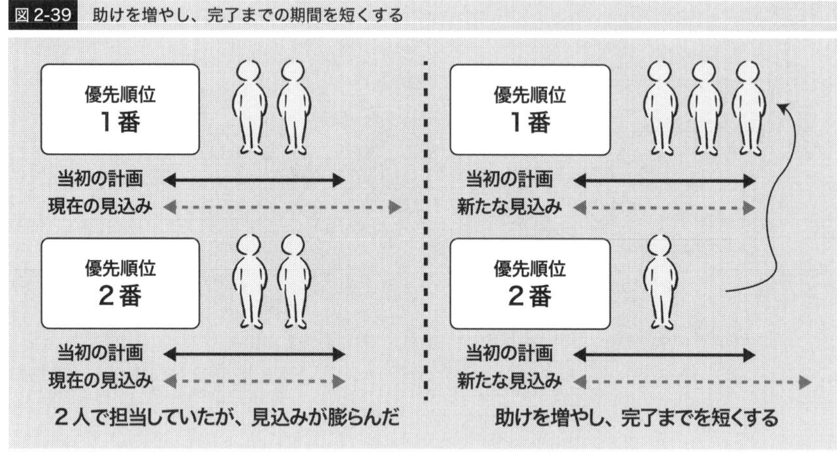

スウォーミングは他にも次のような機会で利用できます。

- アーキテクチャ設計やテストの悩みを複数人のチャットに投稿して相談する
- 新しく参加したメンバーの作業環境を一緒に構築する

一方、スウォーミングで作業を進めていても、どこかで単独作業に切り替えたほうが効率がよくなることもあります。 むやみにスウォーミングにこだわらず、どちらが向いているのかを確認、判断することが必要です。単独作業のほうがよいとなった場合は、スウォーミングで行っていた作業を１人に託し、他のメンバーは他の作業がスウォーミングで助けられないか検討しましょう。スウォーミングをやめて単独作業に切り替えるタイミングは、次のような観点で判断することができます。

- 議論した結果、設計やテストの方針が固まった
- わからなかったことが解消した
- 手戻りが起きないぐらい残り作業が少なくなった

2人で協働し開発を進める

ペアプログラミング

「ペアプログラミング」 2-18 **は2人で協働して開発を進めていくやり方**です(図2-40)。エクストリームプログラミングのプラクティスとして登場した当初は、ディスプレイ／PC／キーボードを2人で共有し、交代しながら進めていました。リモートワークの普及もあり、現在ではそれぞれの作業者が開発環境を用意し、画面共有をしながら進めるなど、具体的なやり方は変わってきています。「プログラミング」と名前が入っていますがソースコードを書くだけではなく、開発の進め方／作業の分け方／設計の議論／コーディング／テスト項目の検討と検証／リリースなど、開発に関わるすべての工程をペアで行います。

図2-40 ペアプログラミング

ペアプログラミングでは「ドライバー」と「ナビゲーター」の2つの役割があります。ドライバーはキーボードを使いソースコードを書き進める役割を担います。ナビゲーターはドライバーの作業を隣で見守り、書かれているソースコードを随時レビューしながら、会話を通じてドライバーが困っていることや悩んでいることを理解し、アドバイスを伝えます。両者の役割を交代しながら進め、共同作業のゴールに辿り着く責任を両者が共有します。

ペアプログラミングの進め方

ペアプログラミングの進め方は以下の通りです。

1. 作業のゴールを確認する
2. 作業単位と順番を確認する
3. ドライバーとナビゲーターの役割を決め、開発を開始する
4. 役割を10～15分程度で交代する

まずはペアプログラミングのゴールを確認しましょう。開発全体のゴールではなく、ペアプログラミングを一区切りする時点での「ありたい状態」を話します。ペアプログラミングはとても疲れるので、まずは2時間後くらいを区切りとして、その時点でどのような状態になっていたいか、認識を合わせます。次に作業単位と順番を確認します。やることリストを箇条書きでペアが見えるところに用意します。ペアプログラミング中はナビゲーターがリストを確認するのがよいでしょう。開発が進み、やるべきことが変わったと気がついたら、適宜見直していきます。ゴールと進め方の認識が揃ったら、それぞれドライバーとナビゲーターに分かれて、役割を交代しながら一緒に開発を進めます。最初の作業として46ページで紹介した「コメントで実装のガイドラインを用意する」作業を行うと、詳細な進め方まで認識が揃えられ、ペアプログラミングの導入としてうまく機能します。ドライバーは考えていることを積極的に口に出しながら作業を進め、お互いの認識があっているかを細かく確認します。ナビゲーターは次のようにドライバーとコミュニケーションを取りながら、さまざまなサポートを行います。

- ドライバーと認識があっていることを返事で伝える
- ドライバーの知らないことを調べて教える
- ドライバーの悩んでいる事項を一緒に考える
- ドライバーの発言に引っかかることがあれば質問する

ドライバーとナビゲーターの役割は10～15分程度で交代します。短い時間で役割を変えるには、相手が何をしているのかいつも理解していなければなりません。これが頻繁なコミュニケーションと互いの緊張感を生み、集中力を引き出すことにつながります。

ペアプログラミングのメリット

ペアプログラミングには次のようなメリットがあります。

1. 作業や成果物の品質改善、向上
2. 技術力の底上げ、教育効果
3. 達成感、楽しさ

1つずつ掘り下げていきましょう。まず、**ペアプログラミングを行う過程のあちこちに、作業品質を高める仕組みがあります。**例として次のようなものが挙げられます。

- ゴール／作業単位／作業の進め方を開始前に話すことで、頭の中を整理できる
- ドライバーが考えていることを声に出して説明することで、頭の中を整理できる
- 読みづらさやわかりづらさを指摘されることで、ソースコードの可読性や保守性が改善される
- ペア作業者の目が届くことで、テストやリファクタリングを後回しにしたり、忘れたりする事態が減る

比較としてペアプログラミングを行わず、1人が実装したソースコードを別の人がコードレビューする場合を考えてみます。ソースコードを実装する人は書き進めている間、何のフィードバックを得ることもありません。レビュアーは修正内容を細かくチェックし、気がついた指摘をコメントしていきますが、分量が多くなるとコメントすることに疲れてしまいます。もしかしたらコメントすべきか悩んだ結果、口に出さずに飲み込んでしまうかもしれません。コードレビューを受ける側も一度にたくさんのコメントをもらっても直すことが大変です。書いたそばから都度フィードバックを受け、2人で議論しながら修正していくほうが作業を進めやすくできます。

また**ペアで教え合い、学び合うことで技術力の底上げが期待できます。**例えばコーディングの過程を見ることで、ソースコードの書き方だけではなくエディタやツールの使いこなし方も間近で観察できます。他にも複数のやり方が考えられる設計や実装方針の取捨選択、テスト観点の整理、調査が難しいバグの直し方など、1人で作業を進めているだけでは学べない暗黙知が、ペアで自然と共有できます。知識やノウハウだけでなく、ペアになったシニアエンジニアがドライバーとして作業するスピードを目の当たりにすることも、ジュニアエンジニアの刺激になります。

最後に**ペアでコミュニケーションを取りながら行う開発は苦労を分かち合い、楽しさを共有でき、お互いに達成感を得られます。**リモートワークが増え、会話の機会が減った現場にとって、共同で1つの目的を達成するペアプログラミングは、チームや組織に一体感と帰属意識を与えてくれます。

ペアプログラミングの注意点

ペアプログラミングのメリットを得るには、次の点に注意が必要です。

- **定期的に交代する**
- **休憩をきちんと取る**
- **開発環境を整える**
- **目的を明確化する**
- **相手に耳を傾ける**

ドライバーとナビゲーターの役割は定期的に交代しましょう。あらかじめ決めた範囲やキリのよいところまで進めようとしたり、ジュニアエンジニアがドライバーを遠慮したり、シニアエンジニアがドライバーを代わらなかったりして、役割が固定化してしまいがちです。短い間隔でかつ、強い意志を持って交代していきましょう。そのためには時間を決めてタイマーをセットすることが有効です。ドライバーとナビゲーターで役割を交代するまでの時間が長くなるほど、ペアの作業に興味が薄れソースコードを書いている人をなんとなく眺めているだけになってしまいがちです。

またペアプログラミングは1人で開発するときよりも疲れます。頻繁なコミュニケーション、高い集中力が必要になるので、交代のタイミングで適宜休憩を挟みましょう。休憩のタイミングでゴールの再確認、作業項目の見直し、作業漏れ（リファクタリング、テストなど）がないか、ふりかえりを挟むとよいでしょう。

ペアの2人がパフォーマンスを発揮できるよう事前に開発環境を整えておきましょう。同じ場所で物理開催するのであれば大きいモニタを用意したり、エディタやIDEを揃えたりすることが効果的です。

P リアルタイム共同編集機能のある開発環境を使う

ペアプログラミングの際は、リアルタイムでの共同編集機能がある開発環境を使うのもよいでしょう（表2-8）。エディタでソースコードへの修正やカーソルがリアルタイムに同期され、ペアが同時に編集できるようになります。軽微な間違いをナビゲーターが直接修正することもできます。Zoom／Google Meet／Slack（ハド

表 2-8 リアルタイム共同編集機能のある開発環境

ツール名	備考
Live Share	Visual Studio、Visual Studio Code で使える。エディタ上の同期だけでなく、共同デバッグ作業もできる。Direct モードを使うことで、社内ネットワークやインターネットにつながっていない環境でも利用できる
Code with me	IntelliJ で使える。中継用サーバーを自前で用意することで、社内ネットワークやインターネットにつながっていない環境でも利用できる
Code Together	Visual Studio Code、IntelliJ、Eclipse で使える。異なる IDE での動作をサポートしている。中継用サーバーを自前で用意することで、社内ネットワークやインターネットにつながっていない環境でも利用できる
GitHub Codespaces	クラウドでホストされた開発環境。Visual Studio Code の Web 版が使える
AWS Cloud9	ブラウザのみでソースコードを記述、実行、デバッグできるクラウドベースの統合開発環境

ルミーティング）／Teams／Discord など、常時音声会話ができる別のツールと組み合わせてペアプログラミングを実施しましょう。また細かな認識合わせのために、電子的なホワイトボードを用意するのも有効です。オンラインだと「miro」や「MURAL」、「Google Jamboard」が利用できます。

ペアプログラミングを行う際は、目的を明らかにしてから始めましょう。ペアプログラミングは、開発者が「何をすべきか」「どのようにすればよいか」が明確でない場合に向いています。新メンバーが加入したときや、不明確なことが多い作業（新規の設計、デバッグなど）に取り組むとき、また属人的な作業を他者に教えるときなどは特におすすめです。ジュニアエンジニアやドメイン知識に明るくない人だけでペアを組むと、不明確なことを乗り越えることが難しくなります。「ペア向きの作業はどれか」を考えるよりは、「1 人で行うほうが効率のよい作業はどれか」「複数人で共有しておきたい知識は何か」を考えるほうが判断しやすいです（表 2-9）。

表 2-9 ペアが向いている作業と 1 人のほうがよい作業

ペアが向いている作業の特徴	1 人のほうがよい作業の特徴
業務知識の共有が必要	全員が熟知している
作業の不確実性が高い。議論を伴う	過去と同じ作業。定型業務

ペアプログラミングでは相手の声に耳を傾けることを忘れてはいけません。発言量や作業量のバランスが取れているかをいつも以上に気をつける必要があります。ペア

を組む２人に知識やスキルの差があるのは当たり前です。一方が突っ走ったり、悪気ない振る舞いで相手にやりにくいと感じさせたりしないように、お互いに気を配りましょう。

最後にすべての人がペアプログラミングを好むわけではないことは心にとどめておきましょう。ソースコードを書くところを他の人に見られることに圧迫や不安、息苦しさを感じる人は一定の割合で存在します。ペアプログラミングはフロー効率を高めるための打ち手の１つとして、有効な場面で使っていきましょう。

Q&A ペアプログラミング中にソースコードをどう共有するか

ドライバーを切り替えるとき、実装途中のソースコードはどう共有したらよいでしょう？

トランクベース開発を採用してできたところまでプッシュしていくのが１つのやり方です。ペアプログラミング用のブランチを用意するのもよいでしょう。mob コマンド 2-19 というドライバーの切り替えをサポートするツールもあります。

複数人で協働し開発を進める

モブプログラミング、モブワーク

ペア（2 人）ではなく複数人（3 人以上）でプログラミングを行うのが「モブプログラミング」です（図 2-41）。1 つのディスプレイ／ PC ／キーボードを複数人が交代で使いながら作業を進めます。ペアプログラミングと同じく、それぞれの作業者が開発環境を用意し、画面共有をしながら進めることもあります。またペアプログラミングと同じく、ソースコードを書くだけでなくすべての工程を複数人で行えます。

モブプログラミングでは、より多くの人がノウハウと経験を持ち寄って協働します。そのため「この人しか詳しくない」「この人でないと進め方がわからない」といった属人化の解消は、ペアプログラミングよりも早く進みます。属人化が解消することで休みが取りやすくなったり、チームメンバーの入れ替わりがあってもスキルやノウハウが失われにくくなったりといったメリットもあります。

図 2-41 モブプログラミング

モブプログラミングの進め方

ナビゲーターが複数人になっただけで、ペアプログラミングと同じ進め方ができます。ただし参加人数が増えるため、追加で次のような点に注意が必要です。

1. 役割は 10 分程度で交換する
2. モブプログラミングを行う人数は 3 〜 5 人ぐらいにする
3. ナビゲーターの貢献が曖昧にならないようにする

ナビゲーターが多くなるため、短い間隔で役割を交代していかないと、ドライバーと一番詳しいナビゲーターとのペアプログラミングになってしまいます。「Mobster」のようなタイマーアプリを活用して、忘れずに交代していきましょう。人数が増えすぎるとドライバーが回って来なくなります。また、発言のタイミングが被ったり、誰が誰に対して何の話をしているのか把握しづらくなったりして、会話によるコミュニケーションが難しくなります。そのため、人数が多くなりすぎないように注意しましょう。ドライバーが作業する姿を見ているだけの鑑賞会にならないよう、ナビゲーターはわからないことがあったらきちんと質問する責任があります。こっそり内職して別の作業をしてはいけません。書かれているソースコードをレビューする、調べ物をするなど、複数人いるナビゲーターで誰が何のサポートを担当するのか、役割をあらかじめ決めておけるとよいでしょう。

モブプログラミングのスキルは実戦で習得するのが一番です。簡単な開発でちょっと試してみるよりも、実際の現場で直面する手強い問題解決に適用し、改善しながらチームで習得していきましょう。他の人がモブプログラミングに取り組む様子を観察することも参考になります。以下の動画で、モブプログラミングの進め方や雰囲気をより理解できるでしょう。

- 「【日本語訳】A day of Mob Programming Subtitles by Joe Justice [No Audio]」
  URL：https://www.youtube.com/watch?v=HEaz71juXiM
- 「【モブプロ】みんなでオンラインモブプログラミングやってみた」
  URL：https://www.youtube.com/watch?v=3g5pG4zaxKA

ペアプログラミングとモブプログラミングの違い

ペアプログラミングの人数が増えただけのように見えるモブプログラミングですが、ペアのときにはなかったメリットや違いもあります。

1. 開発者以外のメンバーが、開発者と一緒にプログラミングができる
2. 途中参加／離脱ができる

役割を短く変えるモブプログラミングなら、普段開発に携わることがないプロジェクトマネージャーやプロダクトマネージャー、デザイナー、テスターに参加してもらうこともできます。開発者以外のロールが積極的に参加することで、認識の齟齬を防ぎ、手戻りを減らせます。

またペアプログラミングでは一方のメンバーが抜けたらそこで終わりですが、複数人が参加するモブプログラミングであれば場が継続して存在するため、途中参加や休憩を取るための途中離脱ができます。ただし、途中参加や離脱の際は邪魔にならないように注意しましょう。「どこまで進んでいますか？」といった何気ない質問でもメンバーの集中を阻害する可能性があります。

モブプログラミングはHunter Industries社での取り組みがまとめられ、Agile2014 Conferenceで紹介されたことで、世に広まっていきました。以下の記事でHunter Industiesの取り組みや日常が紹介されています。突飛なアイデアに見えるモブプログラミングの背景にある考え方や、実際に長く取り組んでいる現場での雰囲気もよりよく伝わるはずです。

- 「モブプログラミング - チーム全体のアプローチ」Woody Zuill（川口恭伸 訳）
  URL：https://github.com/kawaguti/mobprogramming-woodyzuill-ja/blob/master/mobprogramming-ja.md
- 「モブプロの聖地 Hunter Industries で学んだこと」川口恭伸（2019、kawagutiの日記）
  URL：https://kawaguti.hateblo.jp/entry/2019/05/04/004855

モブプログラミングの進め方をプログラミング以外の作業に適用することは「モブワーク」と呼ばれています（※2-8）。より広範囲にわたる作業を複数人で取り掛かることで、モブプログラミングと同じ利点を得られます。プログラミング以外の作業例には次のものがあります。

- デザインの検討
- 開発環境の構築
- トラブルシューティング
- サポート／調査
- インフラ設定／変更作業
- チュートリアル学習
- ドキュメント執筆

ペアプログラミング / モブプログラミングで、個人の作業をどうするか

メールの返信や社内手続きなど、個人でやらないといけないものもあると思います。どうしたらいいでしょうか？

すべての時間でモブプログラミングを行う必要はありません。急ぎならモブプログラミングを抜けて対応することもできます。別の解決策として「個人の作業もみんなでやる」という手もあります。個別の担当者がいる作業も、窓口をチームにすれば実は全員で取り組めるかもしれません。

※2-8　海外では Mobbing（モビング）と呼ばれます。

ペアプログラミングの効果と影響

アジャイルコーチ
やっとむ
(安井力)
Tsutomu Yasui

ペアプログラミングについては、2000年のユタ大学の実験として知られている論文(※A)があります。実験を通じてペアプログラミングの定量的な効果やコストを計測しています。

ペアプログラミングの実施にあたっては、コストがよく話題になります。同じ仕事を2人でやると、工数が2倍になるのではないかという問題です。論文によると、工数は2倍にはならず15%増えるだけでした。図Aを見てください。1つめの課題(プログラム1)では、2人がお互いにやり方をすり合わせる時間がかかっていますが、2つめ以降(プログラム2とプログラム3)では、15%程度の増加にとどまっています(※B)。

図A　工数の相対値：1人の場合と2人の場合

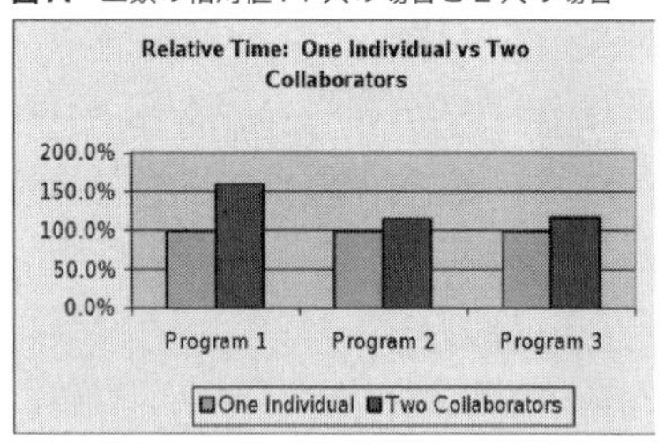

このことはペアプログラミング導入の障壁を低くし、より魅力的にします。とりわけ、2人でやれば実時間(経過時間)としては短くなるわけです。本編にもあるフロー効率のことを考えると、1つの開発項目を2人で分担するより、ペアプログラミングで一緒に進めるほうがリードタイム短縮につながる場合もあります。一方、初めてペアを組む相手だと時間が余分にかかるので、ペアの選び方には注意が必要です。

私の経験では、ペアプログラミングをすると時間が短縮できるというよりは、かかる時間が安定することが多いです。理由はいくつか考えられます。

- 最初に方針を確認するときに、自然と問題を洗い出せる
- 作業の中で知らないことに遭遇しても、どちらかがわかることが多い
- 2人とも知らないときには、お互いに確認してすぐ他の人に聞ける
- 調べるときは手分けして効率が上がる

こうした効果により、悩んで手が止まってしまったり、延々と調べ続けてしまったり、当初の見積もりより大幅に時間がかかってしまったりすることが減ります。ペアプログラ

※A　“The Costs and Benefits of Pair Programming” Alistair Cockburn, Laurie Williams 2000
https://www.researchgate.net/publication/2333697_The_Costs_and_Benefits_of_Pair_Programming
同内容は『XPエクストリーム・プログラミング検証編』(ピアソン・エデュケーション 2002年)で、論文と同じ著者が詳説しています。
※B　書籍では、この増加は統計的に有意ではなく、ペアプログラミングのほうが工数が増えるとはいえないと結論づけています。PDFで公開されているものにはその記述がありません。

ミングをしていると「わからないこと」がすぐ共有できる、ともいえます。

ペアの組み替えも、実践時に考えるポイントです。役割を交代するのではなく、ペアを組む相手を入れ替えます。同じペアでずっと固定すると、知識の交換がチーム全体には広がりません。固定期間を1週間くらいにすると、ペア固有のやり方が生まれて効率よく仕事ができますし、お互いを深く知ることもできます（図B）。タスク単位にペアを組むやり方もあります（図C）。一緒に作戦を考えて一緒にタスクを倒す気分になり、集中とエンゲージメントが高まるようです。

90分ごとに頻繁に組み替えるというやり方も、とても印象に残っています（図D）。90分間で区切るので非常に集中できます。90分経つと1人はその仕事に残り、1人が入れ替わります。残った人はここまでの経緯や方針を説明するのですが、説明自体が自分の理解を深めることにもなりますし、新しい人は頭がフレッシュなのでもっといいアイデアを思いついたり、見落としに気づいたりできます。また、1つの仕事には複数の技術要素があり（画面とAPIとデータベースなど）、組み替えでそれぞれの得意な人がやってきて素早く片づけるという使い方もできます。ペアの組み替えまで戦略的に使えば、ペアプログラミングで工数が無駄になるのではなく、

図B ペア組み替えのやり方

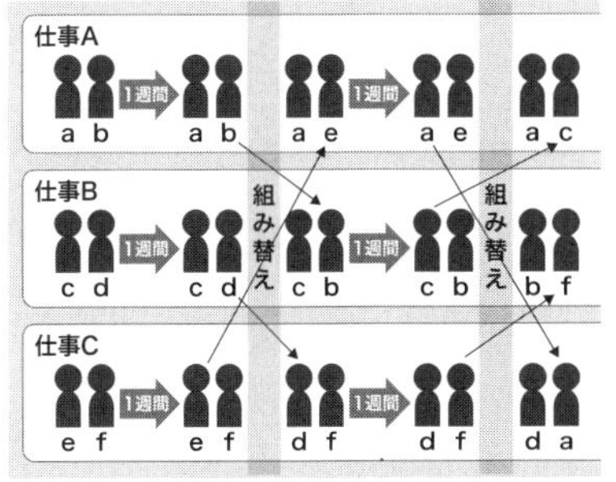

図C 仕事を小さく分け、仕事ごとにペアを組む

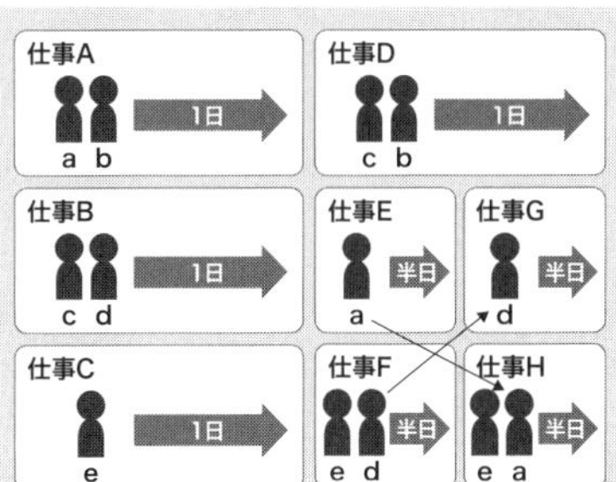

図D 90分単位、頻繁な組み替え、主担当が残る

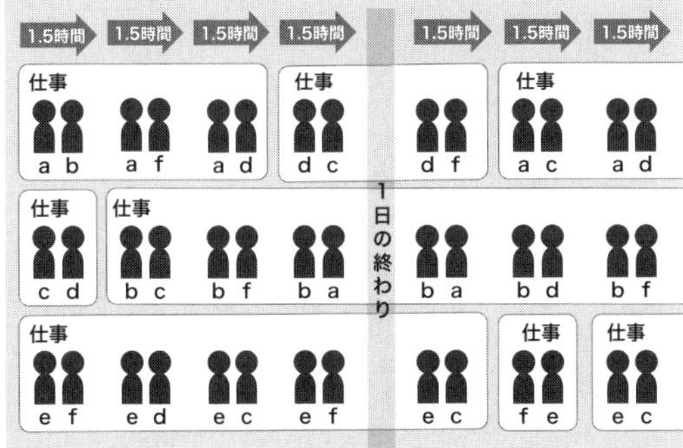

問題を素早く倒せる選択肢が増えるのです。

論文に戻ると、ペアプログラミングの楽しさを定量的に評価しています。図Eは、ペアプログラミングのほうが楽しいかという質問への回答ですが、80%以上が同意を示す圧倒的な結果になっています。PROFはプロフェッショナルのプログラマーの回答ですが、90%を超えています。SUM1～3とFALL1～3は学生の回答です。

図E　ペアの楽しさの度合い

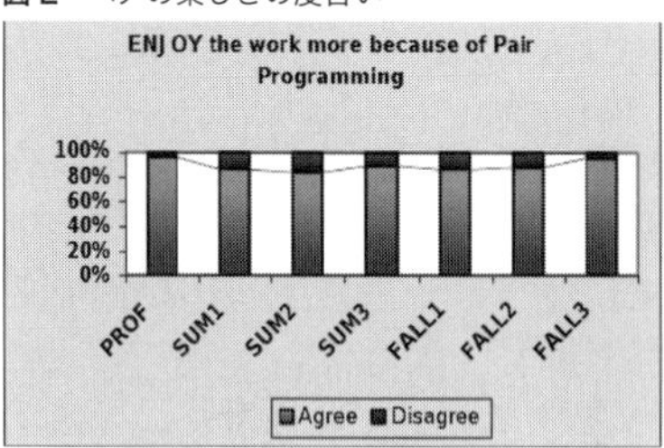

論文では品質面の効果も測定しています。開発後にテストしたところ、1人で書いたプログラムではテストケースの30%程度が失敗しました。それだけバグがあったことになります。ペアで書いたプログラムでは15%程度で、1人よりペアのほうがバグが少なかったことになります（図F）。さらに内部品質に着目すると、ペアプログラミングだとコード行数が少なくなる傾向がありました（図G）。コード量が少ないとメンテナンスするコード資産も少なくなるので、将来的な開発コストにじわじわと効いてきます。

図F　コードの欠陥

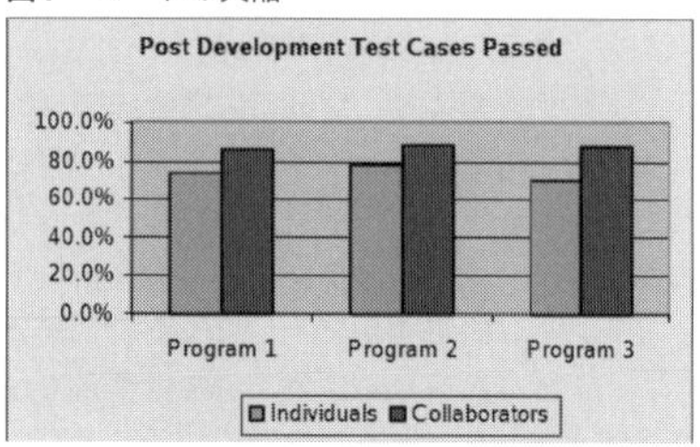

図G　コード行数（LOC）

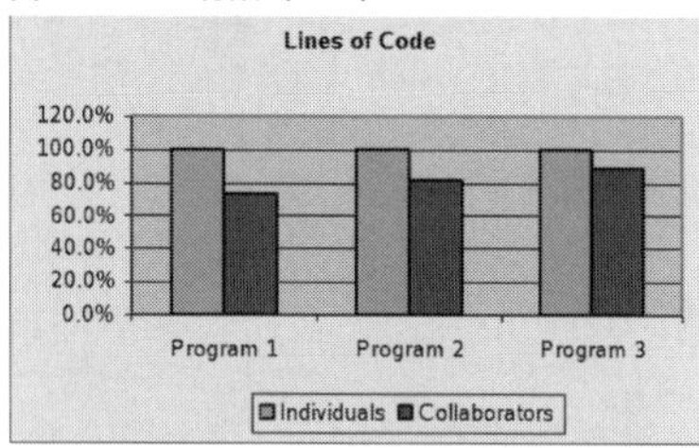

こうした効果は開発しているプロダクトや利用しているテクノロジーによって大きく変わります。ぜひ自分の現場でもペアプログラミングを試してみて、その効果や影響を観察し、自分たちが欲しい効果を発揮する上手な使い方を見つけてください。

2-6 テスト

テストをもっと書いて
いきましょうよ！
テスト書くのに
なかなか慣れなくて…

テストを苦手に
感じる理由って
何でしょう

普段のソースコードと
書き方が異なるというか
いろんなことで
頭がいっぱいに
なっちゃうんですよね〜

今はそもそもテストが
やりづらい設計なので、
リファクタリングも必要です！

まずは、どんなテストコードを
用意するといいのか、整理して
みましょう
は〜い

検証(Verification)と妥当性確認(Validation)の観点

検証(Verification)と妥当性確認(Validation)

実装を行ったら、システムが意図した通りに動作するかテストを行います。しかし闇雲に確認項目を用意して作業を進めていくのでは、十分なテストができたかどうかを担保できません。テストを実行する前に、まずは観点の整理から始めましょう。テストの観点は大きく**検証(Verification)**と**妥当性確認(Validation)**に分けて考えられます(図2-42)。

JSTQB(※2-9)による検証の定義は「客観的証拠を提示することによって、規定要求事項が満たされていることを確認すること」です。正しい挙動がわかっていて、その通りに動作するかの確認をします。単体テストや結合テストで確認する項目は検証に近いでしょう。正しい挙動が既知であるため、開発者がテストコードを書き、自動化することに向いています。

JSTQBによる妥当性確認の定義は「検査、および、特定の使用法や適用に対する要件が満たされていることを客観的な証拠で確認すること」です。システムの挙動が妥当性と有効性を満たしているかを確認します。ユースケーステスト、ユーザビリティテスト、探索的テストで確認する項目は妥当性確認に近いでしょう。妥当性確認のテストは利用者の状況に依存する部分が多く、方法や内容の類型化が難しくなりがちです。そのため自動化には不向きで、手動で確認することが多くなります。

図2-42 検証(Verification)と妥当性確認(Validation)の観点の違い

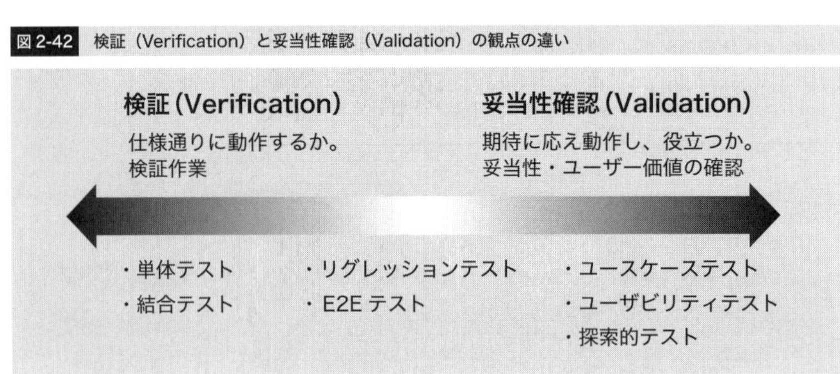

※2-9 JSTQB:Japan Software Testing Qualifications Board。日本におけるソフトウェアテスト技術者資格認定の運営組織。

検証（Verification）観点のテストは正しい挙動が既知であり、開発者が主体となって作業を進められます。実装した処理やモジュールの責務を整理し、仕様通りに動作するかをテストコードを書いて検証します。しかしテストコードを書き始めると、次に挙げるケースのように、あるべき責務や仕様以外の部分に開発者の注意がそれてしまうことがあります。

- **モック（※ 2-10）やスタブ（※ 2-11）などのテクニックを強く意識してしまう**
- **コードカバレッジを目標とし、実装の詳細を意識したテストコードを書いてしまう**
- **どういうときにテストが失敗するのか想定せずにテストコードを整備してしまう**

テストコードがしっかり準備してあっても、ソースコードを少しいじっただけであちこち直さなければいけないようでは、「テストに守られている」と開発者は感じられません。高いカバレッジや実装の詳細を考慮したテスト項目も大事ですが、どういう問題を見つけることを想定し、ソースコードのどの処理に対してどんなテストを行うべきか、テスト対象の責務や仕様を確認しながら足していくのがよいでしょう。ソースコードを修正すると、自動的に検証が繰り返し行われ、思わぬ箇所が壊れている場合もすぐに気づくことができます。この状態で既存のテストと新しいテストの両方が通るように修正し直すことで、ソースコードが仕様通りに動作する状態を保てます。プログラミング言語ごとに単体テストや結合テストの実装／実行をサポートするフレームワークが整備されているので活用しましょう。

妥当性確認はステークホルダーと一緒に進める

一方、妥当性確認（Validation）観点のテストで確認する項目は、一意に決めることが難しいです。それはシステムの正しい挙動について、複数の異なる考え方や視点が存在するためです。そのため、検証は開発者のみで実施するのではなく、ステークホルダーを巻き込んで進めましょう（図 2-43）。開発計画を立てた段階で、または実装方針を揃えた段階でシステムが満たすべき仕様や果たす責務が明確になり、Validation 観点の検証を開発者だけでできると考えてしまうかもしれません。しかし筆者の経験上、顧客やステークホルダーと一緒に検証を行うと、例外時のシステム

※ **2-10**　モック：テスト対象が依存する処理を置き換え、正しく呼び出せているかを確認するための代用品のこと。
※ **2-11**　スタブ：テスト対象が依存する処理を置き換え、テストに都合のよい値を返す代用品のこと。

の挙動について考えられていなかった点が見つかったり、期待と異なるプロダクトの挙動を指摘してもらえたりといったメリットがあります。早い段階から顧客やステークホルダーを巻き込むことで、期待に応え、役立つプロダクトとなっているかが確認できます。

図2-43 妥当性確認は開発者とステークホルダーが一緒に検証を進める

テストの自動化に関する技術プラクティスの違い

「テストコードを書いてテストを自動化しよう」とするとき、「自動テスト」「テストファースト」「テスト駆動開発」という3つの技術プラクティスがあります。この項では3つの役割と目的の違いを紹介します。

自動テスト

「自動テスト」はテストコードを用意し、テストを自動で実行する技術プラクティスです（図2-44）。自動テストを「自己検証可能」かつ「繰り返し可能」な形式で用意することで、頻繁に実行できるようになります。自己検証可能とは、人を介さずにテストの成功／失敗を判断できることを意味します。例えばテスト結果をファイルやコンソールに出力し、人が読んで確認する形は自己検証可能ではありません。テストを自己検証可能な形式で用意すれば、人を介さずに済むため、テストを頻繁に実行できます。繰り返し可能とは、テストを実行する人や動かす環境によらず、テストを繰り返し実行できることを意味します。例えばテスト実行のためにテストデータやテスト環境を人が都度用意するのは、繰り返し可能とはいえません。開発者のPCでも

サーバー上でも、同じように動作することで誰でも簡単にテストを実行できるようになります。

図 2-44 自動テスト

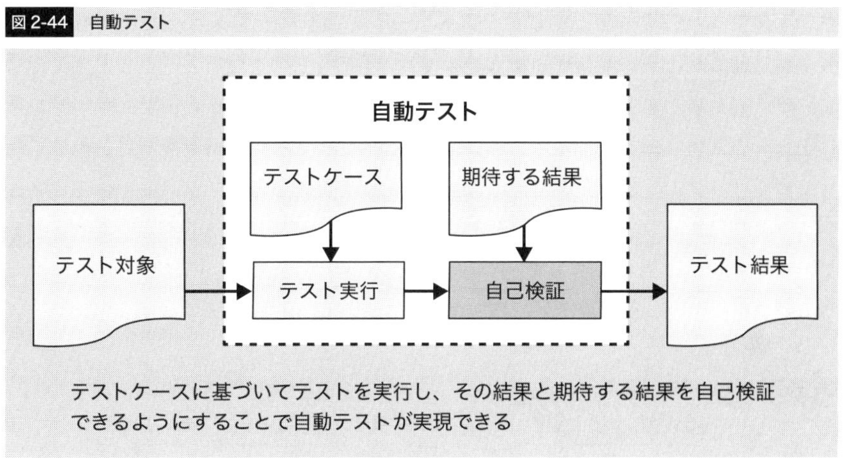
自動テスト
テストケース
期待する結果
テスト対象
テスト実行
自己検証
テスト結果
テストケースに基づいてテストを実行し、その結果と期待する結果を自己検証できるようにすることで自動テストが実現できる

自動テストを頻繁に実行すると、直前に修正したソースコードに対するテスト結果がすぐに得られます。テスト結果に失敗がある場合、修正内容を見直すことになりますが、開発者は日々さまざまなタスクに取り組んでいるため、実装の細かな部分は徐々に頭の中から抜けていってしまうものです。実装した時点から再び修正を加える時点までに期間が空いてしまうと、改めて細かな実装や経緯を思い出す必要が生じ、修正が完了するまでにより長い時間がかかります。また他の開発者による変更が入ると、問題の切り分けが難しくなります。すぐにテストの失敗がわかり、修正ができるなら開発が楽になります。同じテストを何度も実行できることから不具合の見逃しが減り、サービスでエラーが発生する割合も下げられるでしょう。

テストコードを書くのには時間がかかりますが、「Experiences of Test Automation: Case Studies of Software Test Automation」 2-20 によるとテストを4回行うのであれば、手動で行うよりも自動化したほうが、テストにかかる総時間は短くなるそうです。何度も行うテストは自動化しましょう。

テストファースト

「テストファースト」 2-21 **はソースコードの実装よりも先にテストを書く技術プラクティス**です（図2-45）。事前にテストコードの設計／実装を行うため、今から実装する処理に対してどんな挙動が求められているのかをよく理解した上で着手できます。テスト対象となるソフトウェアの仕様／責務／振る舞いといったAPIやインタフェースを実装に先立って考えるきっかけができ、よりよい設計を見つけられる可能性が高くなります。また実装時には自動テストが存在するため、テストによるフィードバックを簡単かつ頻繁に得られます。繰り返し実行可能なテストが用意されていることで、実装しているソフトウェアが壊れていないかを把握し続けるのが容易になり、リファクタリングも積極的に行っていくことが可能になります。

図2-45 テストファースト

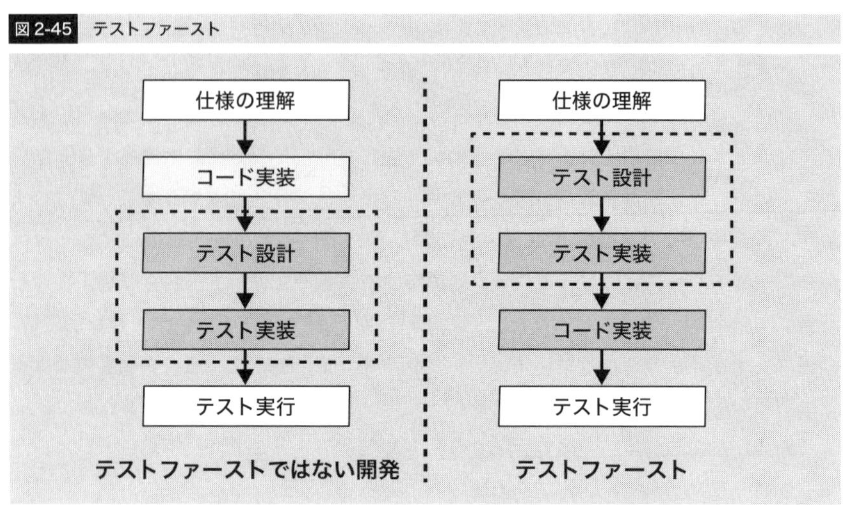

取り組む上では、テスト観点に精度を求めるあまり、直近で実装する予定のない箇所まで深く考えすぎることがないようにしましょう。またテスト観点の整理にむやみに時間をかけすぎて、実装を先送りしないことも重要です。実際に実装を進めてみて初めて気がつくことや、事前整理で漏れてしまうテスト観点は、どうしても出てきます。テスト観点の整理やテストの実装に割ける時間について、事前に上限を決めておきましょう。

テスト駆動開発

「テスト駆動開発」は「テストコードを書き、実行して失敗させる」→「ソースコードを書き、テストを成功させる」→「テストの成功を保ちつつソースコードのリファクタリングを行う」のサイクルを繰り返し、テストを用いて実装を進めていくプラクティスです（図 2-46）。テスト駆動開発の詳細や細かな取り組み方は『テスト駆動開発』2-22 を参照ください。

図 2-46　テスト駆動開発

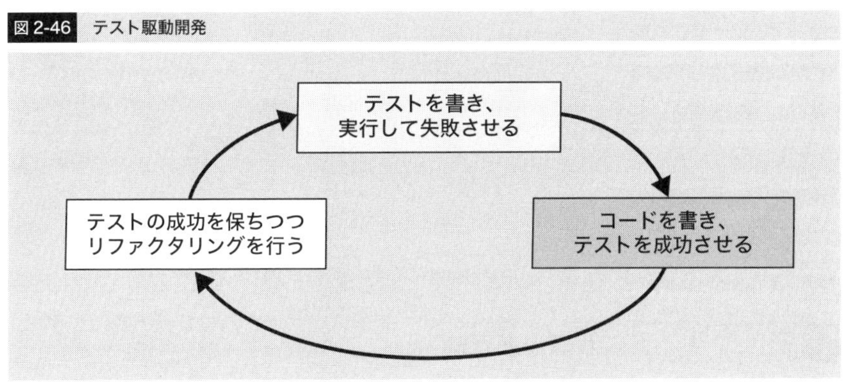

ソースコードを実装してからテストコードを書くまでの期間が空いてしまうと、検証すべき仕様を忘れてしまったり、テストを書く段階になってから設計がよくないことに気がついたりして、工数が膨らんでしまいます。もしくはテストがしにくい設計に目をつむって、無理やりテストするための追加の修正や細工を行うことになり、ソースコードとテストコードが密結合した結果、テストコードのメンテナンスが難しくなることも起こります。

テスト駆動開発では双方を同じタイミングで実施するため、直前の実装を忘れることがなく、設計がよくないことにもすぐに気づけます。またテストコードとソースコードを交互に少しずつ増やしていくことで、過剰な作り込みやテストコードの書き過ぎを避けられます。何より自動テストが頻繁に実行され、バグが入り込んでいないという安心感が得られます。

自動テストを整備しようとすると、テスト駆動開発をやろうと考えてしまう人が少なくありません。しかしテスト駆動開発は習得に時間が必要で、相応の技術スキルも求められます。テスト駆動開発までやらなくても、テストファーストで自動テストを用意するだけでも、早期のフィードバックが得られます。

Q&A ソースコードとテストコードは異なる人が実装を担当するのがよいか

「実装」と「テスト」でタスクを分け、２人が別々に進めるとより早く完了できてよいと思います。

同じ人が続けて行うか、もしくはペアプログラミングやモブプログラミングで一緒に行うことをおすすめします。異なる人が担当すると、テストコードの書きにくさから設計に問題があることに気がつけません。

テストコードを長く運用するためにできること

P 読みやすいテストコードを書く

テストコードをテストするためのコードを書くことはしません。したがってテストコードで間違った確認をしていたら気がつけるよう、テストコードは読みやすく書く必要があります。読みやすく書かれたテストコードはテスト対象のソースコードの動作や挙動が簡単につかめ、テストの修正もしやすくなります。

では、読みやすいテストコードとはどのようなコードなのでしょうか。読みやすいテストコードには、読みやすいソースコードとは異なる要素が要求されます。以下が読みやすいテストコードを書くための注意事項です。

- 過度な共通化を行わない
- 凝ったテクニックを乱用しない
  例）共通のテストセットアップ処理やモックを多用するなど
- テストコードを頭から読み、理解できるよう愚直にテストを書く
- １つのテストでは１つの挙動を検証する

読みやすいテストコードはテストの目的が明確で、テストデータと処理の結果の関係もわかりやすく書かれています。テストコードが読みづらいものになっていると、テストがどのように行われるのか読み取るのに時間がかかるため、テストが失敗しても理由がすぐにはわからず、テストコードの修正や、メンテナンスが難しくなっていきます。テストが失敗しても理由がすぐにわからないため、テストコードの修正や、メンテナンスが難しくなります。過度な共通化や凝ったテクニックを乱用してテストコードの行数を少なくするよりも、シンプルに読みやすく愚直なテストコードを書くほうが、長期的にはメンテナンスがしやすくなります。

何をテストしているのか読み取りにくいテストに出合った場合、本来読み手に伝えるべきコンテキストや付随情報が削がれていないか、また、テストの目的や条件をテストコードのみで表現しようとしていないかについて、確認してみましょう。

テーブル駆動テスト

テストコードを読みやすくするテクニックの１つに、「**テーブル駆動テスト**（Table Driven Test）」 2-23 があります（リスト 2-10）。**テストの条件（入力）と期待する結果（出力）の組み合わせを複数種類用意したテーブルを用意し、テーブルに記載されたデータを使ってテストを行います。**テーブル駆動テストはテストデータとテストのロジックが分離され、わかりやすくなることがメリットです。データ駆動テスト（Data Driven Test）やパラメータ化テスト（Parameterized Test）と呼ばれることもあります。テーブル駆動テストを採用することで、新しいテストケースの追加が簡単になり、入力と出力に何を期待しているかを明確に表現できます。入力／出力の組み合わせが増えるとテストしている事項がわかりづらくなるため、コメントを含めて補足しておきましょう。

テストコードが読みにくくなるパターンは他にもあります。Stackoverflow の「Unit testing Anti-patterns catalogue」 2-24 から、いくつか抜粋して紹介します（表 2-10）。

リスト 2-10 テーブル駆動テストの例

```
tests := map[string]struct {
  input string
  result string
} {
  "empty string":  {
    input: "",
    result: "",
  },
  "one character": {
    input: "x",
    result: "x",
  },
  "one multi byte glyph": {
    input: "🎉",
    result: "🎉",
  },
  "string with multiple multi-byte glyphs": {
    input: "🥳🎉🐶",
    result: "🐶🎉🥳",
  },
}

for name, test := range tests {
  t.Parallel()
  test := test
  t.Run(name, t.Run(t *testing.T) {
    t.Parallel()
    if got, expected := reverse(test.input), test.result; got != expected {
      t.Fatalf("reverse(%q) returned %q; expected %q", test.input, got,
expected)
    }
  })
}
```

文字列を逆順にするテスト

文字列が空の場合

文字列が 1 文字の場合

マルチバイト 1 文字の場合

マルチバイト
複数文字の場合

表 2-10 よくないテストコードのパターン例

アンチパターン	概要
Second Class Citizens（二級市民）	テストコードがソースコードほどメンテナンスされていない。テストの保守が困難
The Free Ride ／ Piggyback（ただ乗り／おんぶ）	観点の異なるテストケースを追加する際に、既存のテストケースに追加される
Happy Path（ハッピーパス）	正常系のみテストされ、境界値や例外のテストがない
The Local Hero ／ The Hidden Dependency（ローカルヒーロー／隠れた依存）	テスト実行が特定の開発環境に依存している。他の環境では失敗する。テスト実行前にテストデータが所定の場所・状態にあることを期待している
Chain Gang（互いに鎖でつながれた囚人）	テストがグローバル変数、データベースのデータなど、システムのグローバル状態を変更し、次のテストもそれに依存している
The Mockery（茶番）	たくさんのモックやスタブが含まれており、モックが返す値をテストしている。実際のソースコードの挙動がテストできていない

（次ページへ続く）

アンチパターン	概要
The Silent Catcher（サイレントキャッチャー）	発生した例外が、意図したものと異なっていても、テストが成功してしまう
The Inspector（検査官）	カバレッジを上げようとしてソースコードのことを知りすぎている
Excessive Setup（過剰なセットアップ）	テストを開始するために、膨大なセットアップを必要とする
Anal Probe（大腸内視鏡）	private / protected なフィールド、メソッドのテストのため、望ましくないテストコード設計が行われる
The Test With No Name（名前のないテスト）	バグ報告番号をそのままテスト名にするなど、適切な名前がつけられていない
The Slow Poke（のろま）	テストの実行が非常に遅い
The Butterfly（蝶の羽ばたき）	日付など変化するデータをテストするものの、テスト結果を固定する方法がない

テストコードの分量を適正に保つ

P 必要十分なテストコードを用意する

必要なテストコードがないことは問題ですが、一方で過剰にテストコードが書かれることも問題です。必要十分なテストコードを用意しましょう。テストコードが過剰に書かれる理由には次のようなものがあります。

- テスト観点の整理ができておらず、場当たり的にテストコードが追加される
- カバレッジ（※2-12）が数値目標となり、数字を上げることだけを目的としたテストコードが追加される
- 高すぎるカバレッジが目標となり、ソースコードの細かな実装まで意識したテストコードが追加される
- すべての箇所にテストコードを書くことが目的となり、値の詰め替えなど失敗することがまずないような簡単な処理にもテストコードが追加される

テストコードの分量を適正にするには、これと逆のことをする必要があります。つまりテストコードを書き始める前にテスト観点を整理し、テスト設計を行います。次にカバレッジを数値目標として闇雲に追うのではなく、テスト対象のソースコードの仕様や責務を踏まえてテストコードを用意します。そして、テストが失敗する可能性を考慮して、リスクが高い箇所を優先して用意します。悩んだときは「このテスト

※2-12　カバレッジ：テスト対象に含まれる網羅条件を実行した割合のこと。命令網羅（C0, ステートメントカバレッジ）や分岐網羅（C1, ブランチカバレッジ）を指標として使うことが多いです。

コードは、本番環境で発生するどんな状況をテストしているのか」と自問してみるとよいでしょう。条件がうまく説明できなかったり、メソッド／関数／クラスの入出力データの条件でしか説明できなかったりする場合、意味のないテストになっている可能性が高いです。

一方で分量だけでなく、テストコードがメンテナンスできる状態を保つことも重要です。テストコードの実装がソースコードの実装時期から間が空いていたり、テストが始まったら実装へ後戻りできなかったりすると、テスト対象のソースコードの責務や設計に問題があったとしてもフィードバックされず、そのときの実装を元にテストケースが追加されます。責務や設計に問題があるソースコードにテストコードを追加してしまうと、テストコードが原因となってリファクタリングが行いづらくなります。これを防ぐにはテストコードとソースコードの実装のタイミングを近づけるか同じにし、テストコードを実装する際のフィードバックがソースコードの実装者に伝わるようにします（図2-47）。

図2-47 テストコード実装のフィードバックは実装者に伝わる必要がある

ミューテーションテスト

テストコードの確認項目が十分網羅されているか、テストの品質を評価する手法として、「ミューテーションテスト」 2-25 **があります。**ミューテーションテストではソースコードの一部を改変して、意図的に不具合を混入させた上で自動テストを実行し、テストが失敗するかどうかを確認します。自動テストが失敗するのであれば、テストコードは不具合を検知できる能力があるとみなせます。改変する箇所を変えてテストが失敗するかどうかを複数回確認し、失敗を検知できた割合をもって、テストコードの確認項目が十分かどうかが判断できます。不具合を検知できた割合が、テストコードの確認項目が十分かの判断基準にできます。普段の開発でここまで取り組む余力があるかはわかりませんが、必要十分なテストコードを用意するという考え方を意識するには有用でしょう（図 2-48）。

図 2-48　ミューテーションテスト

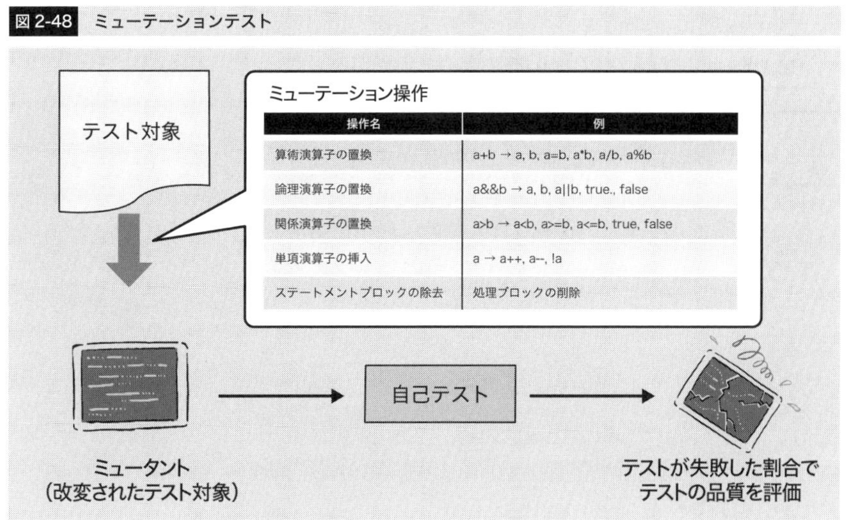

操作名	例
算術演算子の置換	a+b → a, b, a=b, a*b, a/b, a%b
論理演算子の置換	a&&b → a, b, a||b, true., false
関係演算子の置換	a>b → a<b, a>=b, a<=b, true, false
単項演算子の挿入	a → a++, a--, !a
ステートメントブロックの除去	処理ブロックの削除

最後に「どのくらいテストをしますか？」というStack Overflowの質問に対して、テスト駆動開発の考案者であるKent Beck氏が回答した文章を紹介します 2-26 。訳は筆者によるものです。

> 私はテストではなく、動作するコードに対して報酬を得ています。ですので、私の哲学は所定の信頼できるレベルに達するよう、できるだけ少なくテストを行うというものです（私はこの信頼度レベルが業界標準と比べて高いと思っていますが、自信過剰かもしれません）。もし私が通常ある種の間違いをしないのであれば（間違った変数をコンストラクタに渡すような）、私はそのためのテストをしません。私はテストエラーの意味を理解する傾向があるので、複雑な条件のロジックではより注意深くなります。チームでコードを書く場合、私たち全員が間違えやすいようなコードを注意深くテストするように戦略を修正します。

Q&A カバレッジの目標

「カバレッジは高ければよいわけではない」といいますが、広くメトリクスとして使われているから役に立つ指標だし、高いほうがよいのでは？

低いカバレッジ（50%以下など）はテストが書かれていない兆候ですが、高いカバレッジ（80%以上など）は結果であって、テストコードやテストの品質については何も示してくれません。

テスト駆動開発では TODOリストがテストよりも先

Splunk
Senior Sales Engineer, Observability
大谷和紀
Kazunori Otani

書籍『テスト駆動開発』で紹介されているTDDのプラクティスについて、実は「テストコードよりも先に書くもの」があることを覚えている人はどれだけいるでしょうか？　そう、まずは「何をして、そしてどうなるのか」というシナリオを自然言語で表現した「TODOリスト」を書かなければなりません。これは隠れた重要なプラクティスになっています。

例えば、飲み物の自動販売機のドメインを考えるとしましょう。その場合、TODOリストは次のように考えることができます。

- 100円を投入して、返却操作をすると、100円が返却される
- 100円を投入して、150円の商品Aのボタンを押しても、何も起きない
- 100円を投入して、100円の商品Bのボタンを押すと、その商品が1つ手に入る

もちろん、この他にもシナリオはありますし、これらのシナリオも十分に詳細だとはいえませんが、テストコードを書くために十分であればそれで大丈夫です。

TODOリストがある程度溜まったところで、次はいよいよテストコードを書き始めるわけですが、どの項目から手をつけるべきでしょうか？　これも「ユーザーが何を求めているか」を基準に考えるのがおすすめです。例えば、返却操作は、おそらく最終的には必要かもしれませんが、お金を返却したくて自動販売機にお金を入れるユーザーはいないでしょう。お金を入れるユーザーは皆、商品を手に入れたいはずです。そのため、上記3つの項目であれば、「その商品が1つ手に入る」という項目のテストを書くことになります。

これには少し戸惑う人もいるかもしれません。商品を手に入れるという一連の動作は、投入金額を管理したり、商品リストを管理したり、もしかしたら在庫を管理したりする工程まで含まれるかもしれないからです。また最初に着手するには大きすぎるシナリオに感じるかもしれません。もしそのように感じたとしたら、次のようにTODOリストの項目を追加してみましょう。

- 100円を投入すると、投入金額が100円であることがわかる
- ユーザーは、150円の商品Aと、100円の商品Bが選べることがわかる
- 商品が売り切れの場合、その商品のボタンを押しても、何も起きない

TODOリストが6つに増えました！　この中で改めて、優先順位を考えて、テストコードとプロダクトコードを実装していくことになります。

このように、必要なTODOリストを作って、その中でテストコードとプロダクトコードを書いて、ある程度進んだらまたTODOリストを書いて……というのがテスト駆動開発の進め方です。TDDのTはTODOのTでもあるのかもしれません。

2-7 長期的な開発／運用ができるソースコード

うーん、時間がないし
前のキャンペーンのときの
ソースコードをコピーして、
修正しちゃおうかな

そろそろソースコードに
手を入れるのが難しく
なってきたな…

…というわけで、
ソースコードが手に
負えなくなりました

そうはいっても…
作り直せばいいって
ものでもないよね？

日々の開発からソースコードの品質に気を配る

長期的に開発／運用できるソースコード

ソースコードを0から書き直したいという要望は、チームに新しいメンバーが入るたびによく聞きます。

ソースコードはその品質を指して綺麗／汚いといった表現がされることが多いですが、その評価観点は読みやすさ、テストの容易さ（テスタビリティ）、一貫性のある設計などさまざまです。単純な美しさよりも多くの意味合いを含んでいます。長期的に開発／運用できるソースコードは速さを保ったまま開発を継続するのに不可欠なものです。しかし「自分たちのソースコードは長期的に開発／運用できる状態を一貫して保てている」と自信を持って答えられることはどれだけあるでしょうか。

コードベースは以下のような理由により、長期的に開発／運用できる状態から徐々に遠ざかってしまいます。

- 問題のあるソースコードがコードレビューをすり抜けてしまう
- プログラミング言語やフレームワークがバージョンアップし、ベストプラクティスや設計の概念が変化する
- 少しずつ加えたソースコードの修正が分水嶺を越え、大きな設計の歪みを引き起こす

私たちは「将来的には余裕ができ、ソースコードを長期的に開発／運用できるものに書き換えられる」「いざとなれば意識を切り替えて、長期的に開発／運用できるソースコードを書ける」ような錯覚を持ってしまいますが、実際にソースコードを大きく書き換える時期が来ることはなく、書かれるソースコードの品質はいつまでも変わらないままです。『Clean Architecture　達人に学ぶソフトウェアの構造と設計』2-27 では以下のように説明されています。

> 先ほどの開発者のごまかしは、崩壊したコードを書けば長期的には遅くなるものの、短期的には速度が上がるという考え方にもとづいている。このことを信じている開発者は、崩壊したコードを書くモードから、いずれどこかでクリーンにするモードに切り替われる、というウサギのような自信を持っている。だが、それは事実誤認である。事実は、短期的にも長期的にも、崩壊したコードを書くほうがクリーンなコードを書くよりも常に遅い。

「ソースコードが長期的に開発／運用できる」というのは相対的な評価です（図2-49）。「ここからは長期的に開発／運用できるソースコード、ここからは崩壊したソースコード」と明確な線引きはできませんし、集まったチームメンバーのスキルによっても基準が異なるでしょう。時間をかければ誰もが最高なソースコードを書けるわけでもありません。長期的に開発／運用できるソースコードが書ける人は、どんな状況でもその条件を満たすソースコードを書けますし、急いだからといって品質が極端に低下することはありません。

長期的には、ソースコードの品質は最もスキルの低いメンバーの基準に揃っていきます。だからこそ各メンバーが継続的によいソースコードが書けるよう、コードレビューを通じたアドバイス、読書会や勉強会の開催、プロダクトの設計議論など相互に学習できる機会を設け、日々スキルアップに励む必要があります。

図2-49　ソースコードの評価基準は人により異なる

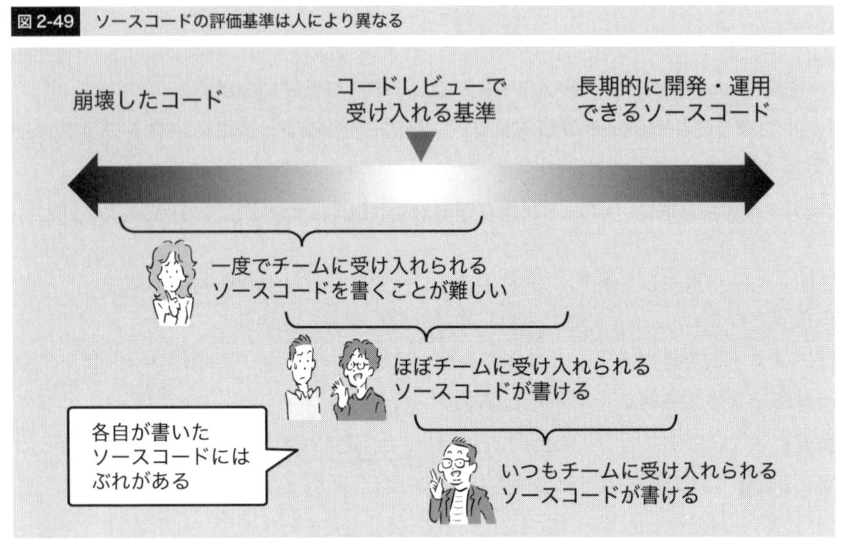
崩壊したコード
コードレビューで
受け入れる基準
長期的に開発・運用
できるソースコード
一度でチームに受け入れられる
ソースコードを書くことが難しい
ほぼチームに受け入れられる
ソースコードが書ける
各自が書いた
ソースコードには
ぶれがある
いつもチームに受け入れられる
ソースコードが書ける

ソースコードを長期的に開発／運用できるようにする

ソースコードを長期的に開発／運用できるように変えていくプラクティスを、その規模の大きさから2つに分けて説明します。

リファクタリング

「リファクタリング」2-28 とは「プログラムの外部から見た動作を変えずにソースコードの内部構造を整理する」作業です。外部から見た動作が変わらないことを担保できるのであれば、修正範囲にかかわらずリファクタリングと呼ぶこともありますが、現実的には関数やメソッド、クラスぐらいまでの粒度の改善を指すことが多いです。

複数人でソースコードを書いていると、実装スキルやドメイン知識の差からソースコードの品質にばらつきが出てきます。**中長期的に安定した成果を出していくには、気がついたときに小さくリファクタリングを行い、ソースコードの品質が低い箇所を直していく必要があります。**「リファクタリングをこまめにやろう」と呼びかけることはよくありますが、自分では気がつかなかったり、指摘をもらっても修正が大きすぎて諦めたり、他に優先すべき作業があって後回しにしてしまいます。ソースコードの良し悪しに明確な基準がないため、始めるタイミングも終わるタイミングもつかみづらく、気持ちとは裏腹にリファクタリングが行われないことも少なくありません。

また「リファクタリングの時間が取れない」という話を聞くこともよくあります。開発計画にリファクタリングの項目を入れて取り組もうとしても、その優先順位が上がらずに着手できない状態が続いてしまいます。ここで、あなたが一緒に働いたことのある最も優秀な開発者との仕事を思い出してみてください。「リファクタリングしてもよいか」と誰かの許可を取っている姿を見たことはあるでしょうか。おそらくないはずです。ソースコードに手を入れる前や手を入れた後、開発者の手が空いたとき、問題に気がついたとき、隙を見て日常的にリファクタリングを行っていたのではないでしょうか。ソースコードをリファクタリングするべきタイミングは待っていても訪れません。ソースコードを書いていて気がついたときや、必要になったときに随時リファクタリングを実施しましょう。

リアーキテクチャ

リファクタリングではなく、**コンポーネントやモジュールなどもう少し大きな単位で書き直す「リアーキテクチャ」2-29 が必要なときもあります。**大きな単位での書き直しは、数ヶ月から数年がかかる非常に大きな開発です。その間もビジネス環境は変わり続けます。書き換えを行っている間はシステムやプロダクトの仕様を変えないという約束を取り付けたとしても、プロダクトを成長または存続させるために、その約束が守られるかどうかは別の話です。一度は合意が取れてもどこかのタイミングで約束が破られてしまう話をよく聞きます。

時間をかけて一気に大きく書き直しを行うリアーキテクチャは完遂できない可能性が高いです。現実的にはどこで中断されてもよいよう、部分的なリアーキテクチャに分割し、これを繰り返していくことになります。リアーキテクチャの準備も完遂も大変です。そうならないために日頃からリファクタリングを細かく実施しましょう。

元のソースコードよりも綺麗にする

P ボーイスカウトルール

『プログラマが知るべき97のこと』2-30 で、ロバート・C・マーチン氏は次のように「**ボーイスカウトルール**」を紹介しています。

> ボーイスカウトには大切なルールがあります。それは、「来た時よりも美しく」です。たとえ自分が来たときにキャンプ場が汚くなっていたとしても、そしてたとえ汚したのが自分でなかったとしても、綺麗にしてからその場を去る、というルールです。そうやって、次にキャンプに来る人達が気持ちよく過ごせるようにするのです

修正を入れるたびに元より綺麗なソースコードにします。**コミットのたび、コードレビューのたび、マージのたび、元のソースコードよりも少しだけ改善する習慣**を積み重ねていけば、長期的に開発／運用できるソースコードをいつか手に入れられます。とはいえソースコードを改善するのに長い時間をかける必要は必ずしもありません。変数や関数の名前を変える、処理の置き場所を整理する、使わなくなったソースコードを削除するなど、微修正の積み重ねでも十分です。

リファクタリングすること自体をタスクにしてみるとよいでしょう（図2-50）。リファクタリングに使う時間に上限を設けて、実際に行われるようタスク分解時に計画します。機能追加やバグ修正の前にリファクタリングを行えば、今から自分が行う実装がやりやすくなるメリットがあります。機能追加やバグ修正の後にリファクタリングを行ったとしても、よりよい設計や実装方法を検討する機会にできます。

図 2-50 タスク分解時にリファクタリングタスクを積む

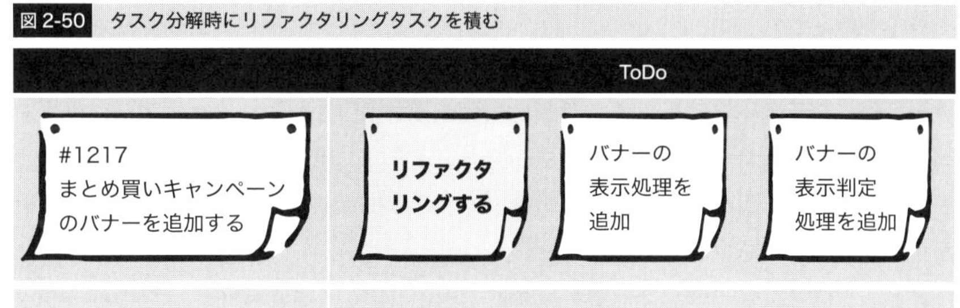

機能の取り下げ方を身につける

機能の取り下げ方を身につけることも重要です。機能を追加するときのテストやリリース手順はたくさん経験していても、機能を削除するときのテストやリリースは経験がないことが意外とあります。まずは使われていないソースコードや、誰が見ても明らかに不要な機能を削除するところから始めてみましょう。数行程度でも構いません。削除してみようと実際に動いてみることで、誰の確認が必要か、誰の承認をもらう必要があるか、テストや動作確認をどこまで行うか、どこまで気を配るべきかがわかります。数をこなすことで不要なソースコードや機能を自然と削除できるようになります。

誰か個人の強い意志がないと不要なソースコードや機能の削除に至らないようであれば、削除の仕組みを用意するのも手です。例えば機能削除用の親ブランチを用意して、開発者に周知し、そこにソースコードの削除をマージできるようにします。リリース前の確認やテストなど手間のかかる作業とまとめることで、開発者の心理的なハードルを下げられます。または、モブプログラミングで機能の削除に取り組むことでも、心理的なハードルを下げられます。声をかけ合って集まり、各自の知見を持ち寄りながら、進めていきましょう。

ソフトウェアの依存関係を見直す

修正をこまめに統合し、定期的にデプロイを行っていても後手に回ってしまいがちなのが依存関係の定期的な更新です。使っているライブラリやフレームワーク、プログラミング言語のバージョン、OS のバージョンなど、ソフトウェアを開発する際はさまざまなものを利用しますが、利用するバージョンを都度更新していく必要があります。OSやプログラミング言語、フレームワークのメジャーバージョンアップは、数ヶ月から数年の単位で不定期に発生し、ライブラリの更新はもっと小刻みに毎月や毎週の頻度であるかもしれません。依存関係を定期的に見直し、変更に追従するためソフトウェアを修正していく必要があります。こうした依存関係の中には、修正作業が大きくなるものも少なくありません。

しかし、ほとんどの現場では最も簡単にできるはずの小さなライブラリのバージョン更新にも手が回っていないのではないでしょうか。1回のライブラリ更新に含まれる内容は小さく、動作確認もすぐにできるはずです。それでも対応が後回しになってしまう理由には、システムが動かなくなるリスクの考慮や、機能開発やバグ修正など他に優先すべきタスクの存在など、さまざまな要素があります。しかし、ライブラリ更新が溜まるとバージョンが上げづらくなり、あるライブラリが更新できないことで他のライブラリも更新できなくなるような影響が出てきます。そうしてリポジトリの依存関係がメンテナンスできない状態となり、いつか来るOS／フレームワーク／ライブラリのサポートが打ち切られるタイミングで大きな問題となります。小さなものであっても依存関係の更新を一度止めてしまうと、そこから負債化が始まると筆者は考えています。

では、依存関係を更新していくにはどうしたらよいでしょうか。自動化やチームのルールを作ることから始めたくなりますが、**まずは依存関係の中から更新するものを1つ選んで、依存関係を更新する経験を増やすことをおすすめします。**小さなライブラリのちょっとした更新であっても、どこまで確認が取れたらリリースしてよいのか最初は指針がありません。何の経験や実績もなしに決めることは難しいので、まずは影響範囲が比較的小さいと考えられるライブラリを更新してデプロイまで行い、バグなどの問題に気がついてから徐々に防止する仕組みを整備していきましょう。確認の手順が整備されてくればフレームワークやOSといった影響範囲の大きな依存関係の更新を試みても、問題を見逃すリスクは抑えられるはずです。依存関係の更新作業を何度も行うことで、自分たちに合ったやり方が見つけられます。

依存関係の更新作業を定着させるにもコツがあります。まずはテスト系のライブラリやビルド時に使うツールなど、本番環境での動作に関係しないものから取り組みましょう。また依存関係の更新が必要なリポジトリが複数あれば、影響範囲の小さいリポジトリから取り組み、場数を踏んで経験と自信をつけます。バージョンを上げたこ

とで問題が発生した場合に備えて、元の状態に安全に戻せる手順を事前に確認しておくことも必要になります。一度にバージョンを大きく上げたくなりますが、少しずつ上げるほうが問題の切り分けが簡単にできます。リリースされたばかりの最新版はバグがあるかもしれないので、数日様子を見てからバージョンを上げることも有効です。また一方で、バグ報告も立派なオープンソースへの貢献です。積極的にバージョンを上げ、動かなくなった原因を調査してバグを報告していけば自分たちのスキルアップにもつながります。

依存関係の自動更新

依存関係の更新を忘れてしまう原因の１つに、更新に気がつかないことがあります。そこで更新を検知して、修正プルリクエストを自動作成する仕組みがあると忘れずに済みます。「Dependabot」や「Renovate」といった依存関係更新の自動化サービスが使えます（図 2-51）。

依存関係更新の自動化サービスは、リポジトリ内のバージョンが記載されたファイルを定期的にチェックし、新しいバージョンがあればバージョン番号を更新した修正を含むプルリクエストを自動的に作成してくれます。バージョン番号を書き換える一つ一つの修正は単純作業ですが、数が多くなると手がかかり大変です。また自動テス

図 2-51　依存関係の更新を自動化する

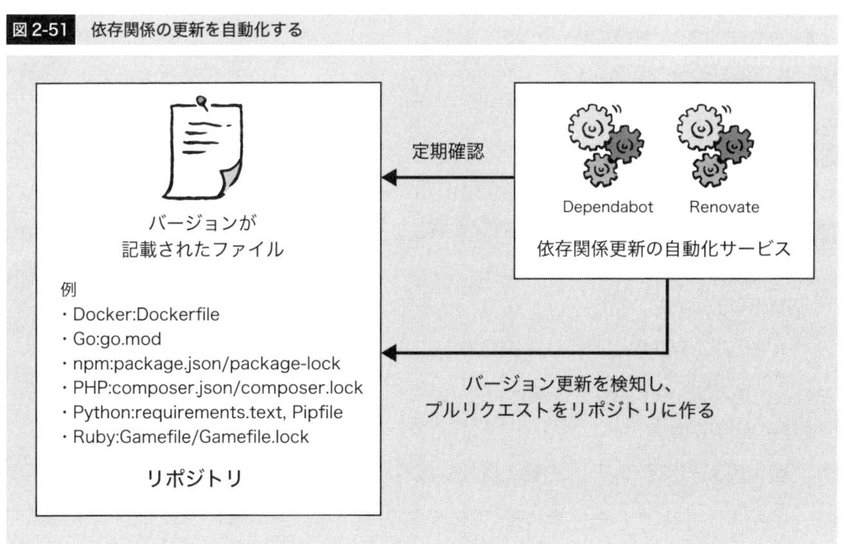

トを行うようにしておけば、依存関係の更新で動作しなくなることをテストで検知できます。さらに自動テストが成功したら依存関係の更新プルリクエストを自動的にマージするようにしておけば、手間もかからなくなります。頻繁に依存関係を更新するようになれば、1回の差分が小さくなり、どこで問題が入り込んだのかを見つけることも簡単になります。

Dependabot と Renovate は以下のような広範な依存関係の更新を対象としています。Renovate はオンプレミス環境に自分でサーバーを構築することもできるため、更新対象がカバーされていれば広く適用できます。

まとめて更新するほうが効率的では

「3ヶ月や半年に1回、まとめて更新する」というルールを決めたほうが効率的ではないでしょうか？

更新のタイミングが開発の繁忙期と重なると「今は依存関係の更新よりも開発が重要」だとスキップしてしまいます。更新を先延ばしするたびに、必要な工数も大きくなります。日頃からこまめに依存関係の更新に取り組みましょう。

第2章ではチームが協働し機能を実装していくための技術プラクティスを紹介しました。プロダクトやシステムが大きく複雑になるにつれ、設計／変更容易性／凝集度といったソフトウェア開発の知識も重要になります。参考になる書籍をいくつか紹介しておきます。

- **『ソフトウェアアーキテクチャの基礎 ―エンジニアリングに基づく体系的アプローチ』**
  Mark Richards・Neal Ford（2022、島田浩二 訳、オライリージャパン）
- **『セキュア・バイ・デザイン 安全なソフトウェア設計』**
  Dan Bergh Johnsson・Daniel Deogun・Daniel Sawano（2021、須田智之 訳、マイナビ出版）
- **『進化的アーキテクチャ ―絶え間ない変化を支える』**
  Neal Ford・Rebecca Parsons・Patrick Kua（2018、島田浩二 訳、オライリージャパン）

- 『現場で役立つシステム設計の原則 ~変更を楽で安全にするオブジェクト指向の実践技法』
  増田亨（2017、技術評論社）

References

2-1 『アジャイルコーチの道具箱 – 見える化実例集』Jimmy Janlén（2015、原田騎郎・吉羽龍太郎・川口恭伸・高江洲睦・佐藤竜也 訳、Leanpub）

2-2 「Ready-ready: the Definition of Ready for User Stories going into sprint planning」Richard Kronfält（2008）
http://scrumftw.blogspot.com/2008/10/ready-ready-definition-of-ready-for.html

2-3 「スクラムガイド」Ken Schwaber・Jeff Sutherland（2020、角征典・荒本実・和田圭介 訳）
https://scrumguides.org/docs/scrumguide/v2020/2020-Scrum-Guide-Japanese.pdf

2-4 「Everything You Need to Know About Acceptance Criteria」SCRUM ALLIANCE
https://resources.scrumalliance.org/Article/need-know-acceptance-criteria

2-5 『大規模スクラム Large-Scale Scrum(LeSS) アジャイルとスクラムを大規模に実装する方法』Craig Larman・Bas Vodde（2019、榎本明仁 監修、榎本明仁・木村卓央・高江洲睦・荒瀬中人・水野正隆・守田憲司 訳、丸善出版）

2-6 『CODE COMPLETE 第2版 上 完全なプログラミングを目指して』Steve McConnell（2005、クイープ 訳、日経BP）

2-7 「Patterns for Managing Source Code Branches」Martin Fowler（2020）
https://martinfowler.com/articles/branching-patterns.html

2-8 「A successful Git branching model」Vincent Driessen（2010、nvie.com）
https://nvie.com/posts/a-successful-git-branching-model/

2-9 「GitHub Flow」Scott Chacon（2011、A little space for Scott）
http://scottchacon.com/2011/08/31/github-flow.html

2-10 「Trunk Based Development」Paul Hammant
https://trunkbaseddevelopment.com/

2-11 「FeatureToggle」Martin Fowler
https://martinfowler.com/bliki/FeatureToggle.html

2-12 「Feature Toggle Types」（Unleash）
https://docs.getunleash.io/reference/feature-toggle-types

2-13 「git-commit(1) Manual Page」
https://mirrors.edge.kernel.org/pub/software/scm/git/docs/git-commit.html#_discussion

2-14 「Write Better Commits, Build Better Projects」Victoria Dye（2022、TheGitHub Blog）
https://github.blog/2022-06-30-write-better-commits-build-better-projects/

2-15 『エクストリームプログラミング』Kent Beck・Cynthia Andres（2015、角征典 訳、オーム社）

2-16 「Ten minutes explanation or refactor」Urs Enzler（2017、101 ideas foragile teams）
https://medium.com/101ideasforagileteams/ten-minutes-explanation-or-refactor-2679fccfeeaa

2-17 「コードオーナーについて」(GitHub Docs)
https://docs.github.com/ja/repositories/managing-your-repositorys-settings-and-features/customizing-your-repository/about-code-owners

2-18 『エクストリームプログラミング』Kent Beck・Cynthia Andres (2015、角征典 訳、オーム社) (翻訳)

2-19 「Fast git handover with mob」
https://mob.sh/

2-20 『Experiences of Test Automation: Case Studies of Software TestAutomation』Dorothy Graham・Mark Fewster (2012)

2-21 「自動テストとテスト駆動開発、その全体像」和田卓人 (2022、Software Design 2022 年 3 月号、技術評論社)

2-22 『テスト駆動開発』Kent Beck (2017、和田卓人 訳)

2-23 「TableDrivenTests」(TableDrivenTests·golang/go Wiki)
https://github.com/golang/go/wiki/TableDrivenTests

2-24 「Unit testing Anti-patterns catalogue」(Stack Overflow)
https://stackoverflow.com/questions/333682/unit-testing-anti-patterns-catalogue

2-25 「State of Mutation Testing at Google」Goran Petrovic・Marko Ivankovic (2018)

2-26 「How deep are your unit tests?」(Stack Overflow)
https://stackoverflow.com/questions/153234/how-deep-are-your-unit-tests

2-27 『Clean Architecture　達人に学ぶソフトウェアの構造と設計』Rober C. Martin (2018、角征典・高木正弘 訳、KADOKAWA)

2-28 『新装版 リファクタリング―既存のコードを安全に改善する』Martin Fowler (2014、児玉公信・友野晶夫・平澤章・梅澤真史 訳、オーム社)

2-29 『レガシーソフトウェア改善ガイド』クリス・バーチャル (2016、吉川邦夫 訳、翔泳社)

2-30 『プログラマが知るべき 97 のこと』Kevlin Henney (2010、和田卓人 監修、夏目大訳、オライリージャパン)

技術的負債―問題発見までの時間とリスクをビジネス側に説明する

アギレルゴコンサルティング株式会社
シニアアジャイルコーチ
川口 恭伸
Yasunobu Kawaguti

技術プラクティスに関わるコストについて話していると、「開発者たちは認識しているが、ビジネス側に説明しにくい」という意見を聞くことがあります。まさにそういうケースで発明された用語が「技術的負債」です。経営者や財務担当者にとって、負債は必要なときには取るべきリスクであり、一方で溜めてしまえば会社を危機にさらすものだと理解されています。この負債をメタファーとして使い、エンジニアが抱えている課題を説明しようとしたのです。例えば、「問題の発見までの時間がかかっている」ことは、現時点ではリスクに過ぎませんが、いざ緊急の障害が発生した場合には、そのビジネスを危機にさらします。「当面は問題ないように見えるかもしれないが、実は大きなリスクがある」ということをビジネス側の人にも共有しておき、そのリスクを減らすための投資として技術プラクティスを調査／適用するコストを今のうちに取ることへの共通理解を目指します。アジャイル開発を作り上げてきた先達も、エンジニアでありながら、相手に伝わるような上手な説明を編み出し、関わっているビジネスの成功を目指してきました。

しかし、ただ「技術的負債があるから返済したい」といっても、ビジネス側の人には伝わりません。具体的なエピソードにかみ砕いて伝える必要があります。1つの例として、問題が見つかってから直すまでにかかる時間について、いくつかのケースを通じて考えてみます。

1. リリース前の手動テストに頼っている

初期にプロトタイプとして作ったアプリケーションが、よい評価を受けて本番に成長していく過程では、自動テストは後回しにしておき、自分で動かして確認した上で他の人に渡す、というケースがよくあります。自動テストができることよりも、新しい機能を早く顧客に見せたいと判断するケースはこれに当たります。リリースした後に問題が発見され、数週間前に作った部分のどこかにあるであろう原因を調べる必要が出てきます。報告者の勘違いで問題がない可能性も考慮に入れるべきですし、かなり広い範囲の推測を頭に描きながら、問題の理解に頭を使うことになります。これはストレスも高い作業です。そして、対応をリリースすると、さらにその変更によって同じような問題を埋め込んでしまうことすらありえます。サービスが正常に動いている状態に戻すには、リリース前の状態に戻す必要があります。もし、このタイミングでリリースしないといけない機能がある場合、かなり難しい判断を迫られることになります。

2. テストを自動化して、毎日ビルドとテストを行っている（デイリービルド）

以前は毎日ビルドを行うことをデイリービルド、夜間に行えばナイトリービルド、などと呼んでいました。ビルドを自動化して毎日自動的にチェックするようにすれば、翌日には問題が発見されることになります。ただし、テストケースの範囲内だけですが。少なくとも、ビルドできない、などの致命的な問題は発見できます。昨日行った作業のどこかに問題があったということはわかるため、まず一旦そのコミットを取り消して前日の「動いていた」状態に戻すことができます。一日分の作業を一時的に戻すだけなので、それほど大きなインパクトはない可能性があります。その上で、その後に行ったコミットを確認して、怪しいところを探り出していきます。

3. コミットをフックして、自動的にテストが走る（継続的インテグレーション）

コードの修正をメインブランチにプッシュすると、自動でテストが走るようにしておくことを、継続的インテグレーションといいます。開発者たちにとっては、作業完了ごとにさまざまなフィードバックが得られるようになります。それまでに「動いていたコード」と「パスしていたテスト」のいずれかが、「先ほどの作業」で動かなくなったということがわかります。原因を探すために検討すべき範囲は非常に狭くなります。製品を作り込んだ10分後に問題が発見されたなら、まずはその10分間にした作業を疑うだけでよいですし、その部分を一旦捨てることは容易でしょう。

アジャイル開発では「既知の不具合はない」状態を維持することを目指します。それは既知の問題に関するテストを自動化しておいて、人間はそれ以外の部分をちゃんと探索するようにしよう、ということです。「ゼロバグトレランス（Zero Bug Tolerance）」ともいいます。もちろん我々は全知全能ではないので未知の問題は発見できないわけですが、この状態をなるべく高い頻度で確認できる状況を作り、維持することで「次に問題が見つかったとき」の反応速度が向上し、障害対応時の心理的負荷が下がります。そして「今は深刻ではないが、いずれ大きな問題になるかもしれない懸念」について、早い段階で検討することができるようになります。心の余裕を持ちながら、検討を忘れない慎重さが生まれてきます。品質の悪いコードを抱えているチームほど、次に発生する問題に対する余力は少なくなり、しばしば明確に存在している問題にすら対応できません。

「それは理解しているものの、ビジネス側から継続的インテグレーションやテスト作成のための時間を許可してもらえない状況だ」という相談を受けたことがあります。こうしたときに「技術的負債」のアイデアを活用して、ビジネス側にもわかるように説明することができるかもしれません。以下のように説明してみるのはいかがでしょうか。

バグが少なく、問題点の修正が早いということは「アジリティ」すなわち「近い将来のビジネスの変化についていくためのスピード」を向上させることにつながります。技術プラクティスを自分たちの選択肢として使えるようにしていくことは、ビジネス価値を高めることにつながります。まだそうなっていないのは、これまで対応のコストをかけてこなかったからかもしれません。その部分を「技術的負債」として考えることで、未来への投資となることがわかります。もちろん、いきなり大きな時間をかけてシステム全体をカバーする自動テストを書くなんてできませんし、まずは目の前にある1つの変更点から、自動テストを足がかりにしていきます。

具体例を使って説明することで、ビジネス側の人にもリスクを伝えることができます。技術的負債を解消することには、ビジネス的に価値があります。「なぜそんなこともわからないんだ！」と口にしてしまう前に、一歩一歩説明する勇気を持ってみましょう。深刻な問題が起きてしまう前に、こうしたことを話す勇気を持っておきたいものです。今日からでも遅くはないはずです。

第 3 章

「CI/CD」で活用できるプラクティス

プロダクトの品質は開発プロセス全体で維持／改善していく必要があります。テストやリリースする際にだけ頑張るのではなく、開発のもっと早い段階からプロダクトの品質を作り込んでいきます。そのために必要となる中心的な技術プラクティスが継続的インテグレーション（CI：Continuous Integration）／継続的デリバリー（CD：Continuous Delivery）／継続的テストです。

技術プラクティスで
開発にリズムが出て
きましたね！

ソースコードは継続的にチェックして、
動かなくなったらすぐにわかるように
していきましょう
CI/CDって
やつですね！
キリッ!!

厳しく指摘してくれる
先生みたいな感じ？
キョトン…
ま、まあ
そうかな

CI/CDって自分でゼロから
設定したことはないんですよね
とにかくツールでたくさん
チェックするようにしたら
いいんじゃない？

でもチェックはすぐ終わる
ものもあれば、時間がかかる
ものもありますよね
確かに

全体のチェック時間が
かかりすぎないように、
工夫しないとですね

後は、確認環境に
頻繁に反映させて
いくことも大事です
人手でやろうとすると
難しいところですね
忘れたり、面倒に
なったりしちゃう
もんな～
トホホ…

自動化は品質向上の
ためにも大切なんですね

具体的にどんな取り組みが
できるのか教えてください！
任せて
ください！

3-1 継続的インテグレーション

ビルドやテストを繰り返し、問題を早期発見する

継続的インテグレーション

「継続的インテグレーション」3-1 は、開発者の修正（コミット／マージ）を随時リポジトリに取り込み、それをきっかけに自動化されたビルドやテストといった処理を行う技術プラクティスです（図3-1）。頻繁にビルドやテストを実施することで、コミット／マージによって入り込む問題を早期に検知し、素早く開発者にフィードバックできます。処理の失敗をきっかけにチームがコミュニケーションを取って対応すれば、開発速度の低下も防止できます。自動化によって一連の作業の実行コストが下がり、人手によるエラーの混入を避けられます。継続的インテグレーションは、現在のソフトウェア開発に不可欠な技術プラクティスです。

図3-1　継続的インテグレーションの仕組み

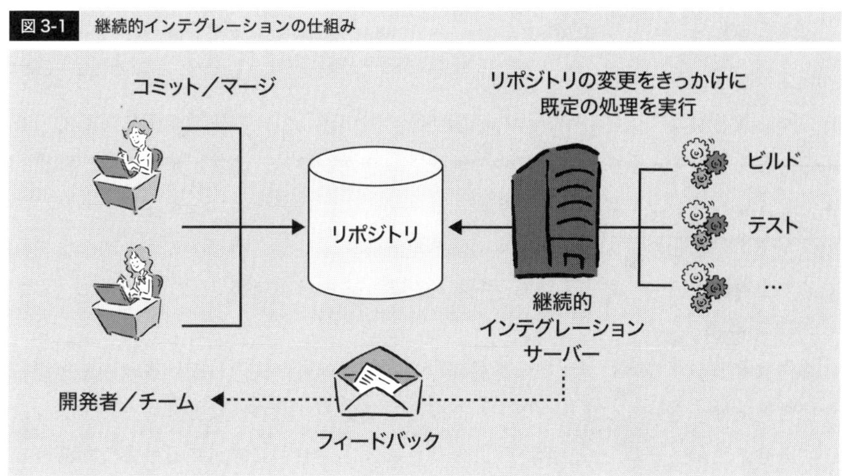

継続的インテグレーションで行う処理は現場により異なりますが、以下のような作業を行うことが多いです。

- ソフトウェアのビルド（※3-1）、アーティファクト生成（※3-2）
- 自動テスト

※3-1　ビルド：ソースコードを実行可能な形式に変換したり、配布パッケージを作成する処理のこと。
※3-2　アーティファクト：ビルドによって生成されるファイルのこと。

- linter、formatter の実行
- ドキュメントの生成／更新
- メトリクスの収集

継続的インテグレーションサーバーで実行する処理が多くなるほど、フィードバックまでの時間が長くなります。自動テストやビルドに長い時間がかかると、開発者は頻繁な統合を嫌がるようになります。統合の頻度が低くなると、1 回の統合作業でたくさんの修正を同時に確認することになります。その結果、統合によってビルドが通らなくなった、テストが動かなくなったといった問題が発生したときの調査時間が長くなります。**継続的インテグレーションサーバーで実行する処理を何分以内に収めなければならないといった決まりはありませんが、開発に関わる全員で我慢できる時間の上限について認識を合わせるべきです。**筆者の経験では 10 分を超えると「遅い」と感じる開発者が増えてきます。サーバースペックを引き上げる、実行する作業を減らす、作業を並列に実行する、自動テストや linter ／ formatter の処理対象を絞る、時間がかかる処理ではキャッシュを活用する、といった工夫で処理時間を短くできる可能性があります。限られた時間内で何をすべきか検討し、改善しましょう。継続的インテグレーションは最初に準備を整えるために工数が必要になりますが、開発プロセス全体の効率化につながり、すぐに元が取れる技術プラクティスです。後から導入すると工数が膨らみ苦労するため、開発の初期から準備しましょう。

継続的インテグレーションで一番重要なことは、処理が失敗し続ける状態を放置しないことです。どんなに気をつけても問題のある修正が取り込まれてしまうリスクは 0 にできません。そのため、問題が見つかり次第、速やかに修正する必要性があります。メインブランチはいつでもデプロイできる状態を保つことが継続的インテグレーションを成功させる一番の秘訣です。

ローカル環境で頻繁にチェックを動かす

フックスクリプト

継続的インテグレーションで実行する自動テスト／linter／formatterは頻繁に動かすほど早くフィードバックが得られます。これらを開発者のローカル開発環境でも頻繁に実行できれば、より早くにフィードバックができます。**バージョン管理システムには「フックスクリプト」と呼ばれる、操作に紐づけて処理を挟み込む仕組みが用意されています。**フックスクリプトを使うことで、コミット時に自動でソースコードを整形したり、検査でエラーが出たらコミットを中止したり、といった処理が実現できます。この項ではGitを例に取り、フックスクリプトの種類と活用例を紹介します。

表3-1　Gitフックの種類と用途

フックの種類	動作タイミング	用途
pre-commit	コミット前	・テストを実行する ・linter／formatterを実行する ・特定ブランチでのコミットを禁止する ・コンフリクト未解消ファイルがあったらコミットを禁止する ・変更禁止のファイル修正を禁止する
prepare-commit-msg	コミットメッセージを入力するエディタを開く前	コミットメッセージのテンプレートを用意する
commit-msg	コミットメッセージの入力後	・空のコミットメッセージを禁止する ・特定のコミットメッセージ書式を強制する
post-commit	コミット後	・何らかの通知を呼び出す ・継続的インテグレーションサーバーの処理を実行する
pre-push	プッシュ前	特定のブランチへpushできないようにする
pre-receive	サーバー側でrefsの更新が始まる前	サーバー側での開発ポリシーの強制。プッシュしてきた人の確認、コミットメッセージのフォーマット、修正したファイルに対する適切なアクセス権を持っているかの確認など
update	サーバー側でrefsの更新があるたび	・pre-receiveと同様に使える ・一度のプッシュで4つのブランチがプッシュされた場合、pre-receiveは1回、updateは4回呼ばれる違いがある
post-receive	サーバー側でrefsの更新が終わった後	他システムの処理呼び出しや、ユーザーへの通知を行う

ローカル環境で動作するフックスクリプトは .git/hooks ディレクトリ以下に所定の名前で置くことで動作します。フックスクリプトの記載例は Git のリポジトリ内にあるサンプル 3-2 が参考にできます。図 3-2 はソースコードを修正し、コミットして、リモートリポジトリへプッシュするまでの流れと、挟み込むフックスクリプトの動作タイミングを表したものです。図中では似たようなタイミングで動作するフックスクリプトがありますが、これは次のような違いがあります。

- **ブロックの有無：フックスクリプトの終了コードで後続の処理を止められるか**
- **スキップの能否：フックスクリプトの実行をスキップできるか**

図 3-2　Git 操作と対応するフックスクリプト

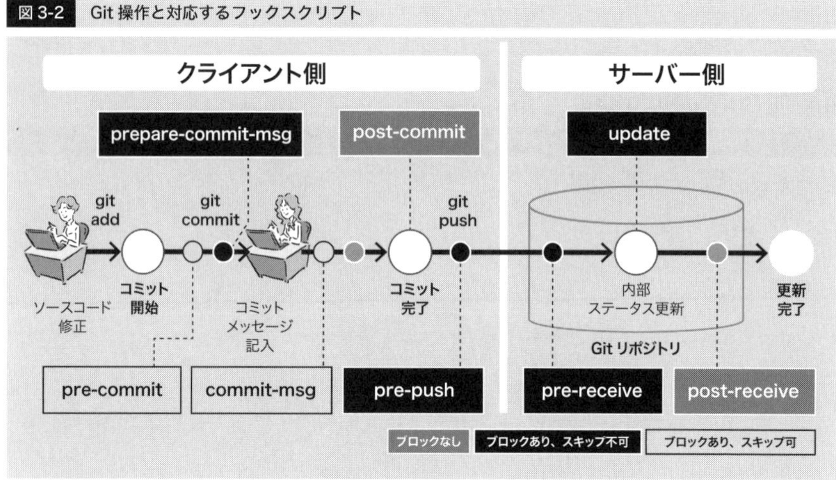

.git ディレクトリ以下のファイルは Git でバージョン管理ができないため、開発者にフックスクリプトを共有して、設定するにはひと手間必要になります。フックスクリプトの自動設定を行うためのツールがあるため、活用するとよいでしょう。

- Node.js：husky
- Python：pre-commit
- Go：Lefthook

これ以外にも、チームの各員が手元の環境で以下の設定を行えば、Git の公式機能だけでフックスクリプトを設定することができます。

1. .githooks というディレクトリの中に共有するフックスクリプトを置く
2. 下記のコマンドをリポジトリのクローン後に実行する

```
$ git config --local core.hooksPath .githooks
```

これはクローンしてきたリポジトリにおいて .githooks フォルダに置かれたフックスクリプトを読み込むように設定を追加しています。いずれを使う場合でも、リポジトリに置く README ファイルなどに、開発環境のセットアップ方法の 1 つとして、フックスクリプトの説明を記載しておくとよいでしょう。

便利なフックスクリプトですが、使い過ぎには注意が必要です。例えばコミットするたびに自動テストが動いて数分待たされることを開発者は望まないでしょう。同じリポジトリを扱う開発者メンバー同士で話をして、全員が許容できる落とし所を見つけてください。

ドキュメントの継続的な更新

ツールによるドキュメント自動生成

ソースコードや定義ファイルからドキュメントを自動生成するツール、テキストデータから図を生成するツール、ドキュメントのフォーマットを変換するツール、ドキュメントの校正をサポートするツールなど、ドキュメントの継続的な更新をサポートするさまざまなツールがあります。継続的インテグレーションでドキュメントを自動生成し、チームが最新のドキュメントを参照できるようにしておくと便利です。現場で採用しているプログラミング言語やプラットフォームに応じて使えるものを導入しましょう（表3-2～表3-7）。

表3-2 ソースコードからドキュメントを自動生成するツール

ツール名	プログラミング言語
Doxygen	C++、Java、Python、PHP、C#
Javadoc	Java
phpDocumentor	PHP
Sandcastle	C#
YARD	Ruby
godoc	Go
JSDoc	JavaScript

表3-3 定義からAPIドキュメントを自動生成するツール

ツール名	対象
OpenAPI	RESTful API
Protobuffet	Protocol Buffers（gRPC）
proto-gen-doc	Protocol Buffers（gRPC）
Buf	Protocol Buffers（gRPC） （Protocol Buffers開発をサポートするツールの一機能としてドキュメント生成がある）

表 3-4 DB から ER 図を自動生成するツール

ツール名	対応 DB	備考
SchemeSpy	PostgreSQL、MySQL、SQLite、Oracle	Java 製のオープンソースのツール
MySQL Workbench	MySQL	DB 接続クライアントの一機能

表 3-5 所定のフォーマットを Web ページ・配布コンテンツに変換するツール

ツール名	対応フォーマット	備考
AsciiDoc	Asciidoc	軽量マークアップ言語の 1 つ。AsciiDoc はフォーマットのみを規定しており、Asciidoctor など対応変換ツールが複数存在する
Sphinx	reStructured Text	Python 製のオープンソースのツール
Docsaurus	MDX	JavaScript（Node.js）製のオープンソースのツール
mdBook	Markdown	Rust 製のオープンソースのツール
Pandoc	Markdown、HTML、LaTeX、reStructured Text など多数	多数の入出力フォーマットに対応したオープンソースのツール

表 3-6 図の作成・変換ツール

ツール名	出力用途	備考
mermaid	フローチャート、シーケンス図、クラス図、状態図など	mermaid 記法のテキストを変換するオープンソースのツール
PlantUML	UML	PlantUML 記法のテキストを変換するオープンソースのツール
diagrams.net	システム構成図など	SaaS 型のサービス

表 3-7 校正ツール

ツール名	対応フォーマット	備考
textlint	自然言語（日本語・英語）、Markdown	JavaScript（Node.js）製のオープンソースのツール
RedPen	Wiki、Markdown、AsciiDoc, LaTeX、Re:VIEW、reStructuredText	Java 製のオープンソースのツール

3-2 継続的デリバリー

QA チームにテストしてもらおうと思って、ステージング環境を更新したのですが…
エラーが出て動いていません。心当たりがある人いませんか？
う〜〜ん…

この間フレームワークのバージョンを更新したのが怪しそうです

もっと早く気づくにはどうしたらいいのかな…？
メインブランチを更新したら、自動でステージング環境も更新したいね
メイン
ブランチ
デリバリーの自動化ですね！

今回は QA チームのテストが優先なので、バージョンは元に戻しましょう
対応します！

常にデプロイ可能な状態にシステムを保つ

継続的デリバリー

「継続的デリバリー」3-3 は常にデプロイ可能な状態にシステムを保つことを目的とした技術プラクティスです。新しいバージョンを動作確認できる環境へ配置するまでの準備を自動化します。プロダクトの種類によっては、デプロイするためにパッケージやインストーラーを作成する場合もあります。反復可能で信頼できるデプロイの自動化により、デプロイの頻度や回数が高まります。新しいバージョンをより早く試せることで、内部からのフィードバックが早く広く得られます。中長期的に品質の向上に寄与するほか、後から導入すると工数が膨らみ苦労するため、開発の初期から準備しましょう。

継続的インテグレーション／継続的デリバリーはCI/CDと省略され、品質を作り込むための技術プラクティスとして紹介されることが多いです。継続的インテグレーションは統合（ビルド／テスト）までを扱い、動作確認できる環境へのデプロイや本番環境へのリリースは継続的デリバリーに含まれます（図3-3）。

図3-3 継続的インテグレーション／継続的デリバリーの役割

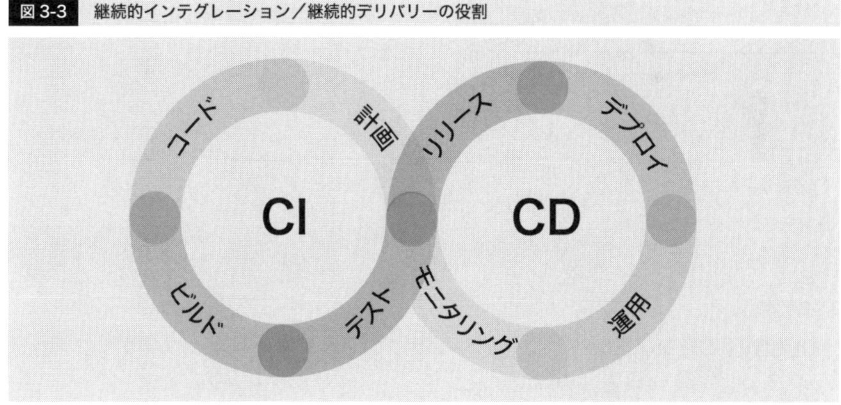

デプロイの自動化ができたとしても統合時のチェックが不足していてバグがたくさん入り込んだり、その修正によって本番リリースに時間がかかったりするようでは継続的デリバリーの目的が達成できているとはいえません。メインブランチを常にデプロイ可能な状態に保つには「トランクベース開発」（52ページ）や「自動テスト」

（110ページ）といった技術プラクティスも合わせて取り入れる必要があります 3-4 。反復可能で信頼できるデプロイ処理を自動化し、品質を高めていきましょう。

CI/CDパイプラインの構築

P CI/CDパイプライン

継続的インテグレーション／継続的デリバリーで行うべき処理に一通りの正解はなく、扱っている技術や習熟度、ビジネスニーズに合わせて、現場ごとに設計、実装していく必要があります。

多くの継続的インテグレーションサービスではビルド／テスト／デプロイといった**リリースまでに必要な個々の処理（ジョブ）**と、その**実行順序やタイミング（ワークフロー）**を整理して定義します。整理されたジョブとワークフローの全体を指して、「**CI/CDパイプライン**」と呼びます（図3-4）。

図3-4　CI/CDパイプラインの構成例

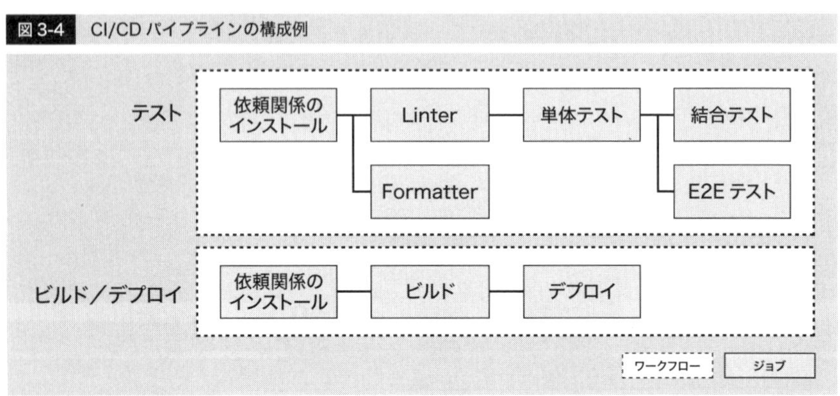

CI/CDパイプラインは1つ以上のワークフローから構成され、ワークフローは1つ以上のジョブから構成されます。ワークフローはプルリクエストが作られたり、プルリクエストがマージされたり、他のワークフローが成功したりといった任意のタイミングで実行されます。ワークフローの実行は、ワークフローで定義されたジョブがすべて完了するか、途中のどこかのジョブで失敗するまで継続するのが一般的です。

ジョブの実行には順次と並列のパターンがあります。図3-5はどちらも5つのジョブを実行しますが、すべてのジョブが同じ実行時間を要するなら、並列実行のほうが

早く処理が終わります。ジョブは処理内容によって実行時間が異なります。またジョブを並列で実行するには、それぞれのジョブを独立して実行できるようにすることや、同時に実行できるだけのサーバーリソースが必要になります。リソースが十分にあるなら、ワークフローの早い段階から多くのジョブを動かすのがよいでしょう。一方でリソースに限りがある場合は処理時間が短く、開発者にフィードバックできるlinterやformatter、単体テストを先に実行し、処理時間が長いビルドやE2Eテスト（※3-3）は後に実行するようにジョブを並べることになるでしょう。

図3-5 ジョブの実行例

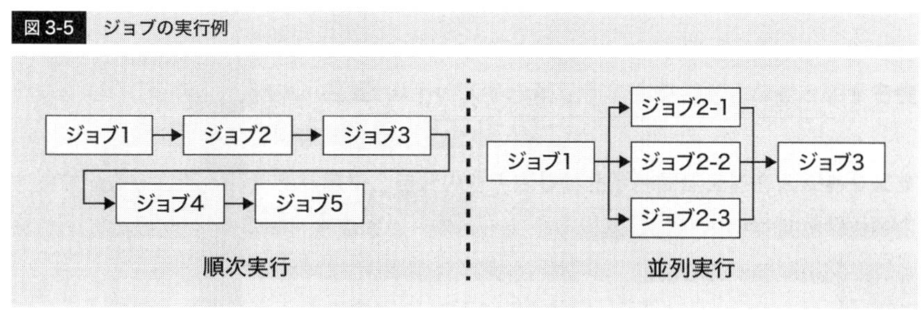

ジョブとして実行される処理に制限はありません。ビルド／テスト／デプロイなど、どの現場でも必要なものから、パフォーマンステスト／セキュリティスキャンといったものまで適用可能です。**ソフトウェアをリリースするために必要な処理や確認事項、要件をCI/CDパイプラインに含め、自動化する**ことが継続的インテグレーション／継続的デリバリーを機能させる秘訣です。メインブランチにマージされるすべての変更に対して、パイプラインで定義されたチェックを高頻度に実行することで、変更によって品質が損なわれていないか、またデプロイの準備が整っているかどうかを、時間や人を問わずに確認できるようになります。

継続的インテグレーション／継続的デリバリーをサポートするツールは、構築したCI/CDパイプラインを特定の条件に合わせて実行する機能を備えています。Gitホスティングサービスに付属するもの、クラウドプラットフォームで提供されるもの、SaaS型にインストールして使うものまでたくさんの種類があります（表3-8）。機能や価格、統合のやりやすさなどを踏まえ、自分たちにあったものを選んで使ってください。

※**3-3** E2Eテスト：本番相当の環境で、ビジネスプロセスを最初から最後まで実行するテストの一種のこと。

表3-8 継続的インテグレーション・継続的デリバリーをサポートするツール

サービス名	備考
CircleCI	SaaS型のCIサービス
Bitrise	SaaS型のモバイルアプリ向けCIサービス
GitHub Actions	GitHubに付随するCI/CDサービス
GitLab CI/CD	GitLabに付随するCI/CDサービス
Jenkins	オープンソースの自動化サーバー

利用環境をブランチ戦略と紐づけ自動更新する

ソフトウェア開発では用途別に複数の利用環境を用意し、リリースまで複数の環境で動作確認を行い、バグを直して品質を高めていきます（図3-6)。一般的によく使われる利用環境とその用途は以下の通りです。

ローカル開発環境（local）／開発環境（development）

開発者が実装中の機能を確認する環境です。開発者が使うPC上（ローカル開発環境）、またはリモートに構築したサーバー上（開発環境）で動作します。開発中の機

図3-6 利用環境名と用途

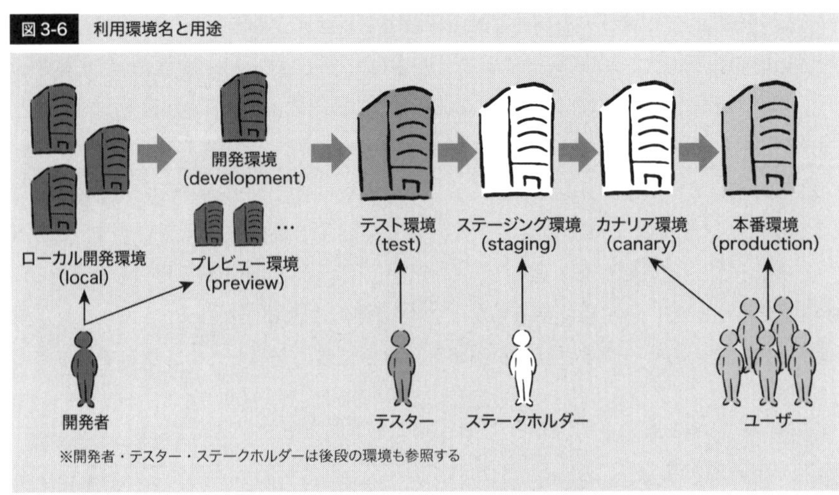

能やプルリクエストごとに個別のプレビュー環境（preview）を構築することもあります。開発環境は本番環境に影響を与えることがないように構築します。

テスト環境（test）

開発が終わった機能をテストするための環境です。開発環境と分けて用意することでテストを行っている間も並行して開発を進めることができます。「開発者」と「テスター」で役割が分かれている場合に必要となりますが、両者が一体となってテストを行っているのであれば開発環境と兼ねることもあります。テスト環境も本番環境に影響を与えることがないように構築します。

ステージング環境（staging）

本番環境と条件を限りなく近づけた、最終テスト用に用いる環境です。本番環境へのデプロイ作業をシミュレーションしたり、実行環境の設定やデータの違いによる検証漏れを見つけたり、ステークホルダーによるリリース前の確認を行ったりします。

本番環境に影響を与えることがないように構築するのが望ましいですが、データベースやキャッシュ、ファイルストレージなど複製が難しいものやコストがかかるものは本番環境を使うこともあります。プロダクトの特性や不具合を見逃した際の影響を鑑み、どこまでコストをかけて本番に近づけるかを考える必要があります。

カナリア環境（canary）

本番環境へのリリース前に、一部のユーザー限定で公開して、問題がないかを確認する環境です。これは炭鉱のカナリアをモチーフとした呼び名で、炭鉱員がカナリアをカゴに入れて炭鉱に持ち込み、有毒ガス発生などの危険を検知するために使っていたというエピソードに由来しています。カナリア環境でエラー率や応答性能をモニタリングし、問題がありそうなら本番環境へリリースする前に止める判断を行います。

本番環境（production）

ユーザーが利用する環境です。

P ブランチ戦略と利用環境との紐づけ

利用環境を自動更新するには、ブランチ戦略との紐づけも決めなくてはなりません。紐づけ例をいくつか紹介します。

メインブランチにステージング／本番環境を紐づける

最も基本的なパターンは、メインブランチにステージング環境と本番環境の両方を紐づける方法です（図3-7)。メインブランチへのコミットやマージがあれば、自動的にステージング環境を更新します。検証して問題がなければメインブランチに対してリリースを示すタグづけを行います。メインブランチでリリースタグがつけられたら、本番環境を更新します。開発環境は用意しないこともあれば、ブランチに対して用意することもあります。

管理するブランチが少なく済むメリットがありますが、メインブランチの最新版が本番環境である保証がないため、リリースされている内容物を確認するのにタグから探す手間がかかります。

図3-7　メインブランチにステージング・本番環境を紐づける

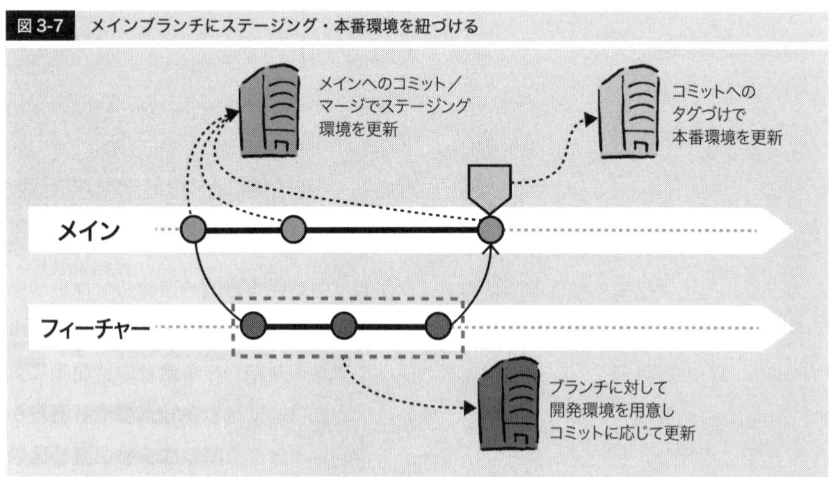

メインブランチと開発ブランチを分けて紐づける

影響範囲が大きいサービスなど、開発環境でのテストを十分に行いたい場合、メインブランチと開発ブランチを分けることがあります（図3-8)。複数のブランチを開

発で運用する場合、修正を加える基点となるブランチを1つ選び、デフォルトブランチと呼びます。この場合は開発ブランチがデフォルトブランチとなり、修正時のブランチは開発ブランチから作ります。開発ブランチにコミット／マージすることで開発環境が更新されます。メインブランチへのマージでステージング環境が更新され、メインブランチでのタグづけで本番環境が更新されるのは先ほどと同じです。

図3-8 メインブランチと開発ブランチを分け、ステージング環境をメインブランチに紐づける

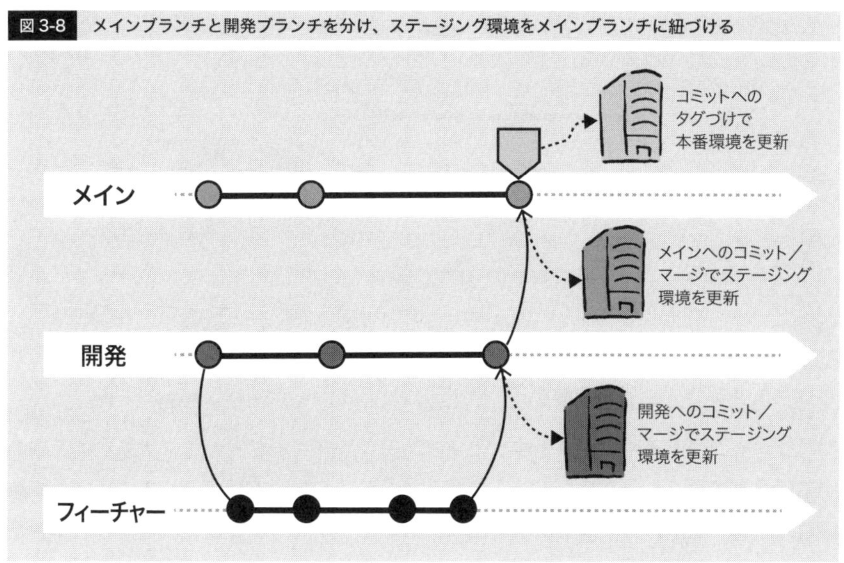

ステージング環境の紐づけを開発ブランチ側に寄せることもあります（図3-9）。ステージング環境の更新が頻繁になるため、リリース前にバグを見つけやすくなる利点があります。この場合もデフォルトブランチは開発ブランチとなり、開発ブランチにコミット／マージを行うことで開発環境とステージング環境の両方が更新されます。本番環境への反映はメインブランチへのマージとなり、タグづけが不要となります。

メインブランチの最新版が本番環境と同じとなり、リリース内容の確認が簡単になりますが、バグの緊急修正などメインブランチに修正を入れたい場合は、開発ブランチにも同じ修正を入れる必要が生じ、運用が少し複雑になります。

図 3-9　メインブランチと開発ブランチを分け、ステージング環境を開発ブランチに紐づける

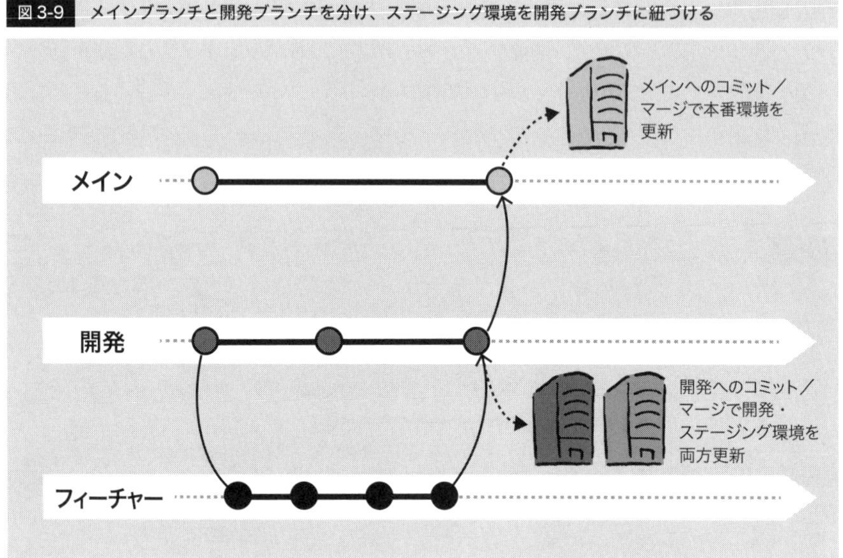

リリースブランチを別途用意する

パッケージソフトやファームウェア、オンプレミス環境など簡単に更新ができないプロダクトでは、十分に検証を行ってからリリースしたい場面があります。また複数のバージョンをサポートする必要があり、1 つのリリースブランチでは足りないこともあるでしょう。このような場合、メインブランチからそのリリース専用のブランチを新規に作るケースがあります。そしてそのブランチでは、該当のリリースに関する不具合の修正のみを反映し、十分に検証したのち、任意のタイミングで本番環境を更新します（図 3-10）。この場合、リリースバージョンをサポートする必要がある限り、ブランチは削除せずに残します。

ブランチに反映する修正をリリース前のテストで見つかった不具合の修正に限定できるため、リリース前に規定のテスト項目がある場合などに適した方法です。一方、リリースブランチで見つかった不具合をメインブランチにも反映させる手間が生じたり、リリースブランチがメインブランチから離れすぎたり、複数のリリースブランチの継続的なサポートが必要になったりと、ブランチ管理が複雑になるデメリットもあります。

図 3-10 リリースブランチを別途用意する

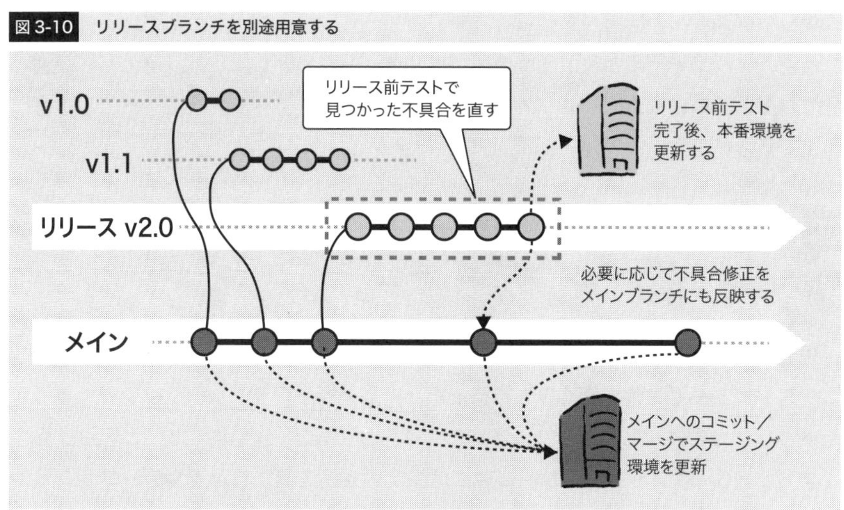
v1.0
v1.1
リリース v2.0
メイン
リリース前テストで
見つかった不具合を直す
リリース前テスト
完了後、本番環境を
更新する
必要に応じて不具合修正を
メインブランチにも反映する
メインへのコミット/
マージでステージング
環境を更新

トランクベース開発で本番環境に即時リリースする

十分なテスト自動化と本番環境のモニタリングを備えたトランクベース開発の行き着く先に、ステージング環境のない積極的な本番リリースがあります（図 3-11）。1 日に何度もデプロイでき、頻繁なリリースが実現できますが、バグを見逃してしまうとただの不安定なシステムとなってしまう点に注意が必要です。自動テストで失敗したらマージを差し戻す、本番環境でおかしな挙動が見られたら自動で切り戻し（システムを更新または切り替えた後で、元の状態に戻すこと）を行うなど、高いエンジ

図 3-11 トランクベース開発で本番環境に即時リリースする

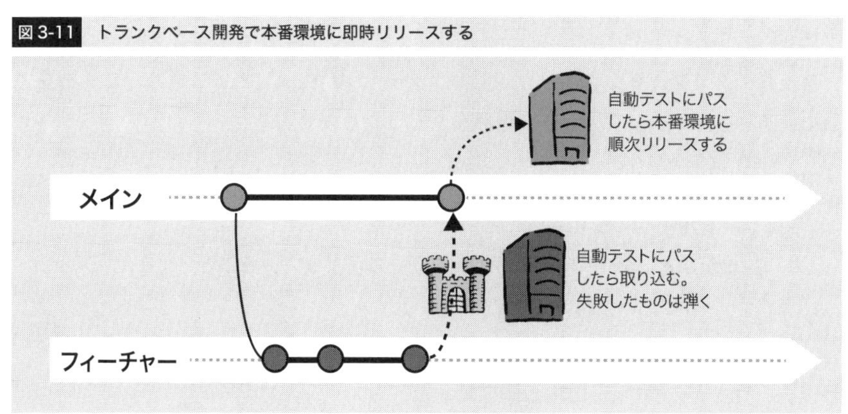
自動テストにパス
したら本番環境に
順次リリースする
メイン
自動テストにパス
したら取り込む。
失敗したものは弾く
フィーチャー

ニアリングスキルの活用が求められます。

以上、ブランチ戦略と利用環境の紐づけパターンを紹介しました。自分たちが携わるプロダクトの特徴や、リリース前に必要な利用環境を鑑みて、決定する際の参考にしてください。

ブランチ保護を設定し、リリースできる状態を保つ

P ブランチ保護

現場ではしばしば、メインブランチがデプロイできなくなる事態が発生します。コードレビューで問題を見逃してしまったり、継続的インテグレーションでエラーが起きているのに見逃してしまったり、ブランチへの操作を間違えたりと理由はさまざまです。**Git ホスティングサービスには特定の条件を満たした場合のみプッシュやマージを受けつけるブランチ保護機能があります。** この機能を利用すれば、メインブランチを保護し、先に挙げたような問題の発生を防止できます。

よくある保護設定には以下のようなものがあります。開発を阻害することなくブランチの品質を向上できるような、適切な設定の組み合わせを見つけることが重要です。

削除を禁止する

メインブランチや特定の役割を持ったブランチが誤って削除されるのを防止します。

継続的インテグレーションのステータスをチェックする

継続的インテグレーションで行っているチェックが失敗している場合、マージをできなくする設定です。次のような項目をチェックします。

- linter で指摘事項がないこと
- 自動テストがすべて成功すること
- カバレッジなど、メトリクスが所定の範囲に収まっていること

リモートブランチへの直接プッシュを禁止する

直接プッシュができなくなるため、すべての修正はプルリクエスト形式でマージされます。チームの運用として「修正はすべてプルリクエストを通じて行う」と合意していれば、ブランチの切り替えを忘れて直接プッシュしてしまうケースを防げます。

プルリクエストの承認を必要とする

プルリクエストがレビューされた証拠として、他メンバーからの承認をもらうようにします。リポジトリの持ち主やコードオーナーが決まっている場合、コードオーナーの承認を必須にできます。

2人以上の承認が必要な設定にするとレビューに時間がかかり、マージまでの時間が長くなります。一方で、システム全体への影響が大きい重要なリポジトリでこの設定を用いると、設計議論や確認を多く促すことができ、品質を保ちやすくなります。

コミット履歴を一本線にする

トランクベース開発の項で紹介したように、コミット履歴を一本線のシンプルな状態に保ちたい場合、マージ時にマージ先ブランチへの追従（リベース）を行うか、マージ時に変更内容を1つのコミットにまとめる「スカッシュマージ」にすることを強制できます。マージ後にコミット履歴が一本線にならない条件の場合、マージをできなくしてしまうのがこの保護内容です。コミット履歴を一本線にすると変更履歴がわかりやすくなり、バグが入り込んだタイミングの調査が簡単になります。

Q&A ブランチ保護ルールの数と厳しさ

開発の最初から厳しくブランチを保護しておけば、変な修正が入り込むこともないし、いいことずくめだと思います。ブランチ保護は徹底的にやっていきましょう！

優先順位が変わって無駄になるかもしれませんし、再開するときには思い出すための時間のコストがかかります。開発初期はソースコードが大きく改変されることが多く、ブランチ保護を厳しめに設定していると、開発スピードが大きく損なわれることがあります。ある程度開発が安定してきてから少しずつルールを見直していくのでも遅くはないでしょう。1つずつ終わらせていきましょう。

インフラ構築を自動化しよう

株式会社アトラクタ
アジャイルコーチ
吉羽龍太郎
Ryutaro
Yoshiba

本書ではテストや静的解析、デプロイなどの自動化について触れていますが、自動化できるものは他にもたくさんあります。その中で効果の大きいものの１つがインフラ構築の自動化です。

アジャイルチームがインフラを構築するのか、それとも別のチームが作ったインフラを使うのかはプロダクトの規模やステージによって変わります。しかし、チームの認知負荷が溢れないようであれば、インフラの構築もアジャイルチームで取り組んだほうが、他のチームに依存することなく仕事を進められます。今はクラウドを使うのが当たり前で、従来のように最初にサイジングをしてハードウェアを発注するといったこともなく、インフラをサービスのように扱えるため、開発者にとっても敷居は高くありません。

ではアジャイルチームでクラウドを使ったインフラを構築するときはどのようにすればいいでしょうか。

まず思いつくのは、設計書などを元にクラウドサービスのコンソールから１つずつ手作業で設定する方法です。このやり方でもインフラの構成がシンプルな場合や、ごく初期の段階では問題にならないかもしれません。しかし、さまざまなコンポーネントを含んだ構成になると、インフラ構築に時間がかかったり、手順を間違えたり、手順書がメンテナンスされずに同じ環境が再現できなかったりと、さまざまな問題が起こります。

例えば、Amazon Web Services 上で、主なアプリケーションや管理画面は Amazon EC2 に配置し、一部のアプリケーションはサーバーレスで AWS Lambda と Amazon API Gateway を使い、データは Amazon RDS と Amazon DynamoDB に保存するという構成の場合、これらすべてのサービスを手作業で起動し、ネットワークや操作権限も含めたあるべき設定を間違えずに行うのはかなり大変です。サービスの成長やビジネスニーズに合わせて構成要素が追加されると、さらに複雑で時間がかかるようになります。ソフトウェアを素早く顧客に届けるためにアジャイル開発を適用するのに、インフラ構築がそのボトルネックになってはいけません。

これらの問題への対処としておすすめなのが、インフラ構築の自動化です。インフラの構成をコードで記述して、それを実行することでインフラを構築することから、Infrastructure as Code と呼ばれています。

コードを動かすだけでインフラを作れるため、開発環境、ステージング環境、本番環境など、必要な環境をすぐに構築でき、手順を間違える心配もありません。またインフラが適切に構築できているかを検証するテストを書けば、手作業での動作確認も減らせますし、継続的インテグレーションも可能です。つまりインフラをコード化すれば、アプリケーションと同じように扱えるのです。

これらに使える汎用的なツールとして Terraform、Ansible などがあり、またクラウドベンダーごとにツールが用意されています。うまく組織内で汎用化できるとさらに効果は高くなります。自動でインフラを構築できる便利さを一度知ってしまうと戻れなくなります。ぜひ試してみてください。

3-3 継続的テスト

ステージング環境が自動で
更新されるようになって
悩みが減った気がします

そもそも、問題そのものを
減らすことってできないん
ですかね
テストを増やしていけば
いつか改善するのかな？

何かいい方法は
あるのかな？
QAチーム
私たちも同じテストを
繰り返し行っているので、
効率的なやり方があるなら
助かります

開発チームでテストを
増やしていくのも
大事ですが、今回は
QA チームのメンバー
にも手助けしてもらって、
全体でテストを整備
しましょう

おいしそう！
まずはピラミッドと
アイスクリームの話から
していきましょう！
そう？

自動テストの望ましいテスト分量

テストピラミッド

品質を担保するテストはさまざまな種類のものがありますが、何をどの程度行えばよいのかは悩ましい問題です。この疑問に対する1つの答えが「**テストピラミッド**」です。**これは効率のよい自動テストを構築し、実行していくための望ましいテスト分量に関する考え方を示しています。**テストピラミッドはMike Cohn氏が発案したコンセプトで、『Succeeding with Agile』3-5 で詳しく紹介されています。後述するアイスクリームコーンとの対比のため、「Testing Pyramids & Ice-Cream Cones」3-6 の図を引用し説明します（図3-12）。

図3-12 テストピラミッドとアイスクリームコーン

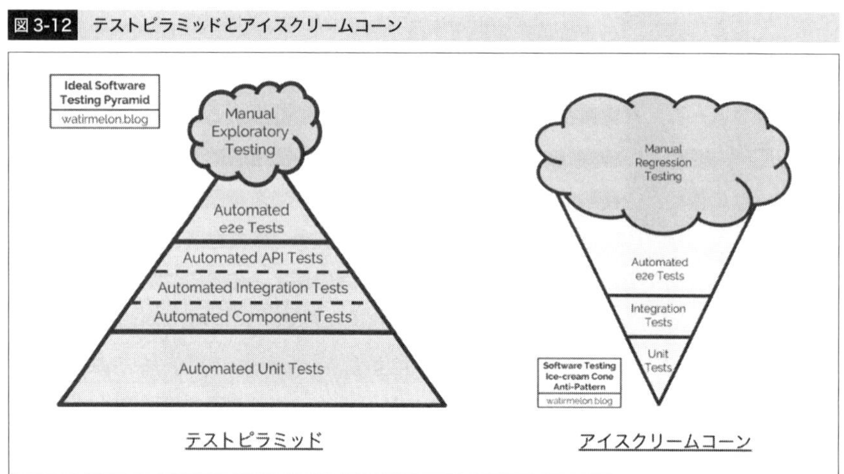

テストピラミッドの1段目は自動化された単体テストです。メソッド／関数／クラスなど、個々のユニットやコンポーネントに対するテストで、主に開発者が書いて実行します。2段目は自動化された統合／ API ／コンポーネントのテストで、システム間のやりとりやリクエスト／レスポンスをテストします。これも多くの現場で、開発者によって準備、実行されるでしょう。3段目は自動化されたE2E（エンドツーエンド）テストで、実際にシステムを利用するエンドユーザーの視点でシステムをテストします。ブラウザやクライアントアプリを操作してテストを行います。実際の利用環境に最も近いテストが行えますが、準備にも実行にも最も時間がかかり、ちょっ

としたシステムの修正や挙動に影響を受けやすいため、実行が不安定になりがちです。これらに人手による探索的なテストが加わります。

3つのテストを自動化しようとすると、上の層ほど実際の利用環境に近いテストができる一方で、テストの実行時間が長くなり、テスト動作も不安定になります。またテストをメンテナンスするコストも高くなりがちです。そのためテストピラミッドの形が示すように、単体テストを多く、E2E テストを少なくするのがよいとされています。

逆に自動テストの分量としてよくない例として挙げられるのが「**アイスクリームコーン**」です。段の並びはテストピラミッドと同じですが、テスト分量が逆になっています。単体テストが一番少なく、結合テスト、E2E テストと割合が増えていき、人手によるリグレッションテスト（※**3-4**）が最も多くなっています。実際の現場では、開発の途中からテストを入れる場合、単体テストの整備に回す工数が割けない、または単体テストや結合テストが入れづらい設計になっているといった理由から、人手を大量にかけてシステム全体をテストし、品質を担保しようとします。しかし、これでは自動化できる領域が狭く、効率が悪いため時間とお金がかかってしまいます。

とはいえ、この項で伝えたいことは単体テストの量を増やし、E2E テストを減らしましょうということではありません。現場ごとに事情や前提条件が異なるため、よいとされている考え方をそのまま取り入れるのが正解とは限りません。そこで、自分たちの現場に合わせたテストの配分を、テストピラミッドを参考にしながら具体化しましょう。議論は単体テストを増やそう、あるいは、E2E テストを減らそう、といった狭い範囲の話にはとどまらないはずです。起きては困る不具合を念頭に置いた上で、どのテストで何の不具合を見つけるべきか、その準備にはどのくらいの工数が必要か、そして、そのテストによる不具合の発見が本当に効率的かどうかを、先入観を捨てて考えるのが重要です。

もう1つ、自動テストの分量を考える際に考慮してほしいことがあります。テストピラミッドとアイスクリームコーンは「単体テストは作りやすく壊れにくい。E2E テストは準備／実行にコストがかかって不安定である」という前提に立っています。しかし、E2E テストツールも日々進化しており、開発者以外がテストを追加したり、

※**3-4** リグレッションテスト：プログラムの修正を行った際、変更した箇所以外に不具合が出ていないかを確認するためのテストのこと。

システムの変更を検知してテストを自動修正したり、といったことができるようになっています。**テストピラミッドの前提が自分たちの現場でも変わらず正しいのかを考えていきましょう。**

ユーザー環境に近しいシステム全体のテスト

E2Eテストの自動化

E2Eテストは実際のユーザーと同じく、ブラウザやクライアントアプリを操作してテストを行います（図3-13）。**ユーザーが実際に体験する機能／外観／パフォーマンスなどの観点をすべてテストできます。**

図3-13 E2Eテストの自動化

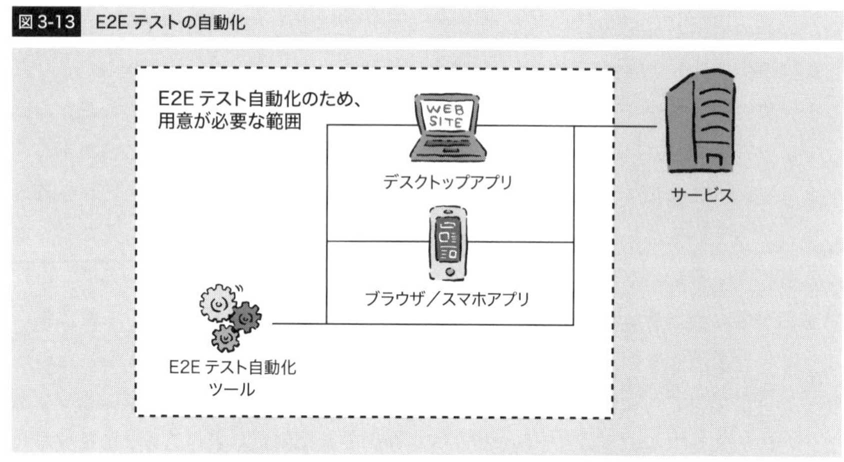

望ましく見えるE2Eテストの自動化ですが、後回しにされがちです。これは開発の初期段階では確認項目が少ないため、手動テストで十分と判断されてしまうためです。またE2Eテストの自動化ツールのセットアップが、単体テストの自動化や継続的インテグレーション／継続的デリバリーツールのセットアップと比べて、難しく手間がかかることも要因でしょう。デバイス／OS／ブラウザなど、異なる複数の環境で動作確認が必要であれば、それぞれに合わせて環境を準備する必要もあります。また、E2Eテストはさまざまな条件の下で動作するため不安定になりやすく、失敗したときの確認／修正コストも大きくなりがちです。ツールの学習コストや動かすため

のサーバーの費用もかかります。とはいえ、**手動テストに頼りきりではテスト時間やテスト工数が限界に達するため、どこかでE2Eテストの自動化に取り組む必要があります。**

E2Eテストを導入する際、手動で行っているテストをすべて自動化しようとして失敗するケースがよくみられます。**E2Eテスト自動化は手動テストの置き換えにはなりません。**Verification と Validation の項でも説明したように、自動化の向き／不向きを考慮してテスト項目を検討する必要があります。**前項で説明したテストピラミッドも考慮すると「重要なカスタマージャーニーに絞って、継続的にE2Eテストを実行する」のがおすすめです**（図3-14）。

図3-14 重要なカスタマージャーニーに絞って、継続的にE2Eテストを実行する

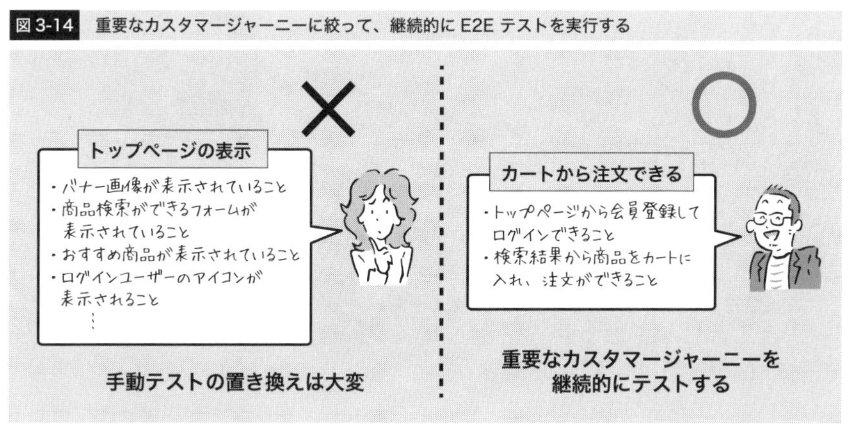

まずはすでにある手動のテスト項目をそのまま自動化しようと考えるのをやめ、繰り返し自動的に実行することを前提としたE2Eテストの項目を準備します。「トップページが表示できていること」といった曖昧な確認項目ではなく、「トップページから会員登録してログインできること」「検索結果から商品をカートに入れ、注文ができること」といった具体的な確認項目に置き換えます。E2Eテストは単体テストや結合テストと比較して実行時間が長くなりやすく、またテスト対象のちょっとした変更に影響されて失敗しやすいという性質があります。確認項目を細かくたくさん設定するのではなく、本当に必要なものだけに絞り、シンプルに作ったほうが扱いやすくなります。E2Eテストの自動化ツールでは部品化や再利用の仕組みが用意されているので、処理を共通化して積極的に使い回しましょう。

またE2Eテストが失敗しやすい原因の1つにタイミングがあります。表示画面の読み込み待ちや遷移の完了など、人手のテストでは無意識に行っていた操作を明示的に設定する必要があります。またデータの準備が必要な場合があるため、E2Eの実行単位ごとにテストで使うデータ／設定／環境を分けられるとよいです（図3-15）。例えばテストの実行ごとにテスト環境を用意し、テストが完了したら環境を削除するという形式です。「確認項目をシンプルに作る」「タイミングを考慮する」「テスト環境を個別に用意する」が達成できていれば、E2Eテスト同士の依存関係が減り、並列で実行してもテストが失敗しづらくなります。

図3-15 E2Eの実行単位ごとにテストで使うデータ／設定／環境を分ける

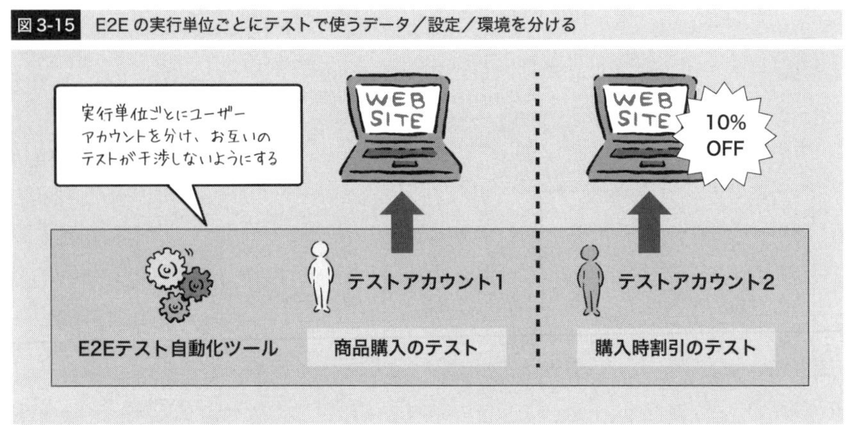

E2Eテストの自動化を実現するツール／サービスもSaaS型から、インストールやセットアップして使えるものまでたくさんの種類があります。他にもソフトウェアテスト技術振興協会（ASTER）の「テストツールまるわかりガイド」 3-7 でプロプライエタリソフトウェアを中心に多くのツール情報がまとめられています。

自分たちの現場にあったツールを使えばよいのですが、オンプレミスで動作させる場合は運用工数や学習コストも考慮する必要があります。

- 動作させるサーバーやPCのセットアップ作業
- サーバーやPCのOS更新
- ツールのバージョンアップ
- テスト失敗時の調査のため、サーバーやPCからログの取り出し

SaaS 型ではセットアップやバージョンアップ作業が不要です。テスト実行時の通信ログや画像キャプチャが自動で記録され、テスト失敗時の調査も簡単になります。

またテストの設定にプログラミングの知識が必要なこともあります。これらのハードルを回避したい場合は、有償ツールを検討するとよいでしょう。プログラミングの知識がない人でもテストを追加していけるよう、アプリやブラウザ操作を記録してテスト設定を簡単に行えるようになっています。適切な E2E 自動化ツールを選べば、開発者以外もテストに参加しやすくなります。E2E テストの工程だけを見れば追加の利用コストがかかりますが、開発全体で見て費用対効果を検討するとよいでしょう。

開発にまつわるすべての工程でテストする

継続的テスト

テストはリリース前の最終確認ではなく、開発の各工程でも実行できる活動です。 開発で必要な各工程においてテストを継続的に実行し、またその仕組みやプロセスを整理し効率化していく考え方を「Continuous Testing in DevOps…」3-8 では**「継続的テスト」**と紹介しています（図 3-16）。

開発にまつわるすべての工程でテストが実行できます。開発中のブランチをテストし、実装中の機能が動作するかを自動テストで検証し、マージ前にはコードレビューを行います。マージされたら継続的インテグレーションによってビルドが通るかをテストし、検証環境にデプロイして動作確認します。第 4 章で紹介するリリース／モニタリングは、リリースされたプロダクトがきちんと動作しているかどうかの確認です。チームはソフトウェア開発のライフサイクル全体にわたって、さまざまなテストを継続的に実施する必要があります。各工程でテストを実行できると、うまく開発できていない箇所がより早くわかり、フィードバックが得られます。とはいえ各工程でテストを実行するのは工数がかかり大変です。手動でも実行できますが、より継続的な取り組みとするには、自動化を積極的に取り入れ、生産性を高めていかなくてはなりません。

またアジャイル開発ではリリースして得られた知見を踏まえ、次の開発の計画を見直していきます。開発は継続的で、一連の開発サイクルを繰り返し行っていきます。技術プラクティスを活用し、個々の開発工程でのテスト結果をフィードバックできるようにすることで、一連の開発サイクルにかかる時間も短くできます。品質の高いプロダクトを迅速に提供できるだけでなく、プロダクト品質の安定化やデプロイにかかる負荷の軽減をはじめとして、ビジネスの柔軟性にとって重要なメリットが数多く得られることが期待できます。

図3-16 継続的テスト

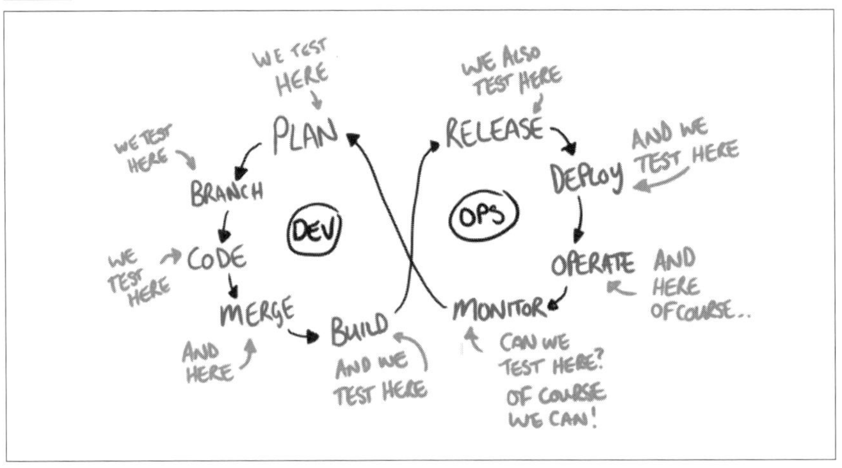

開発を継続するにはデプロイを継続できる仕組み作りだけでなくモニタリングも重要です。第４章ではシステムを安定稼働させ、アジャイル開発を継続していくために必要な運用に関する技術プラクティスを紹介します。

References

3-1 『継続的インテグレーション入門』Paul M. Duvall・Steve M. Matyas・Andrew Glover（2009、大塚庸史・丸山大輔・岡本裕二・亀村圭助 訳、日経 BP）

3-2 「git/templates」
https://github.com/git/git/tree/master/templates

3-3 『継続的デリバリー 信頼できるソフトウェアリリースのためのビルド・テスト・デプロイメントの自動化』Jez Humble・David Farley（2017、和智右桂・髙木正弘 訳、ASCII DWANGO）

3-4 「Revisit the DevOps Origin: 10+ Deploys Per Day by Flickr」John Allspaw・Paul Hammond（2022、川口恭伸 訳、SpeakerDeck）
https://speakerdeck.com/kawagutirevisit-the-devops-origin-10-plus-deploys-per-day-byflickr

3-5 『Succeeding with Agile: Software Development Using Scrum』Mike Cohn (2009)

3-6 「Testing Pyramids & Ice-Cream Cones」
https://alisterscott.github.io/TestingPyramids.html

3-7 「テストツールまるわかりガイド」
https://www.aster.or.jp/business/testtool_wg.html

3-8 「Continuous Testing in DevOps…」Dan Ashby
https://danashby.co.uk/2016/10/19/continuous-testing-in-devops/

第 4 章

「運用」で活用できるプラクティス

実装／テストが終わると完成したシステムは本番環境へリリースされます。本番環境ではバグが見つかるかもしれませんし、障害が発生するかもしれません。継続的に運用していくには、システムの動作状況を常に把握するとともに、問題を素早く捉えて対処できるようにする必要があります。また、プロダクト開発の過程で新しくチームに入ったメンバーが知識をキャッチアップしていくために、ドキュメントを用意することも重要です。この章ではデプロイ／リリース、モニタリング、ドキュメントにまつわる技術プラクティスを紹介します。

今週末の本番リリース、
大丈夫でしょうか？
ソワ
ソワ

テストも通ったし、
大丈夫でしょう！
いけるいけるー！

リリースや
障害時の手順も
確認できて
いますか？
まだです

あはは。
リリースや運用の
ための準備も始めた
ほうがよいですね

そういえばプロダクトの
運用に携わるのは初めてです

リリースや運用も
しっかり考える必要が
あります
おろそかにすると、
細かな対応のために
開発の時間がなくなって
しまいますからね

リリースや運用でも
プラクティスって
あるんでしょうか？
もちろん！

例えばリリース時に
障害が見つかっても
戻せるようにするとか、
リリースをできるだけ
自動化するとか
メモ
メモ

モニタリング状況を
ダッシュボードで
わかりやすくしたり、
サービスのログを
一箇所に集めるのも
聞いたことがあります
モニタリング？

リリースやモニタリングは
工夫の余地が少ないかと
思っていましたが、
そんなことないんですね

おおー!!
まずは週末の
本番リリースです！
みんなで乗り切り
ましょう！

4-1 デプロイ／リリース

リリースは自動化しましたが
結構時間がかかりますね。
障害発生時はどうしますか？
ERROR

さらに時間を短縮するには、
インフラ構成の抜本的な
見直しが必要そうです…
時間がかかると、
その分、ユーザーに
とっては不便だよね

ゆくゆくは障害が
見つかっても
影響範囲を狭められる
ようにしていくのが
よいですね
そのために必要なのが
デプロイ戦略です

戦略！
わくわく
する響き！
落ち着いて

安心してリリースするための、
デプロイ戦略をいくつか
見ていきましょう

デプロイ戦略の選択

開発しテストを終えたサービスは、本番環境へデプロイしてリリースします。ユーザーに価値を届ける、開発者の努力が報われる瞬間ですが、本番環境にリリースして初めて不具合が見つかることもあります。ステージング環境と本番環境の差をどれだけ近づけても、またどれだけ念入りにテストを行っても、修正が予期せぬ箇所に影響を与えたり、想定できていなかった条件で問題が発生したり、本番環境でバグが起こったり、といった問題を完璧に防ぐのは難しいでしょう。

またシステムの構成によっては、デプロイ時にシステムが使えなくなるダウンタイムが発生します。**デプロイや障害でシステムが使えない時間が頻繁に発生してはユーザーにとって不便です。**ダウンタイムを短くするため、デプロイにはいくつかの方法が存在します。以下、デプロイ戦略のパターンを紹介します。

●インプレースデプロイ

「インプレースデプロイ」は旧環境を新環境で上書きする、最も単純なやり方です(図4-1)。複数環境を用意する必要がなく、コストが抑えられることがメリットです。しかし1つの環境を上書きするため、ダウンタイムの発生が避けられません。またデプロイで問題が見つかった場合の復旧作業に時間がかかります。

図4-1 インプレースデプロイ

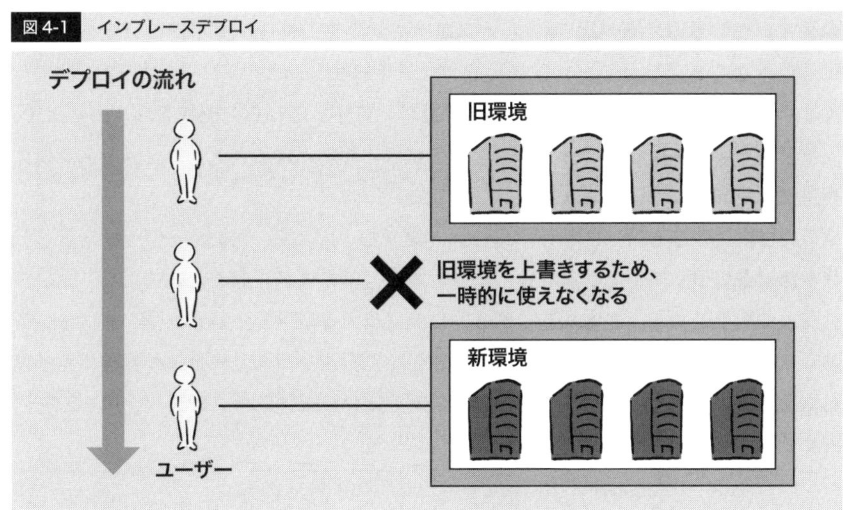

デプロイの最中に問題が発生した場合に備えて、デプロイを開始する以前の状態に戻せるようにしておく必要があります（図4-2）。予期しない動作をしていた場合、ロールバック（※4-1）ができるようにソフトウェアを作っておかないと、デプロイ時のリスクが上がってしまいます。

図4-2　ロールバック

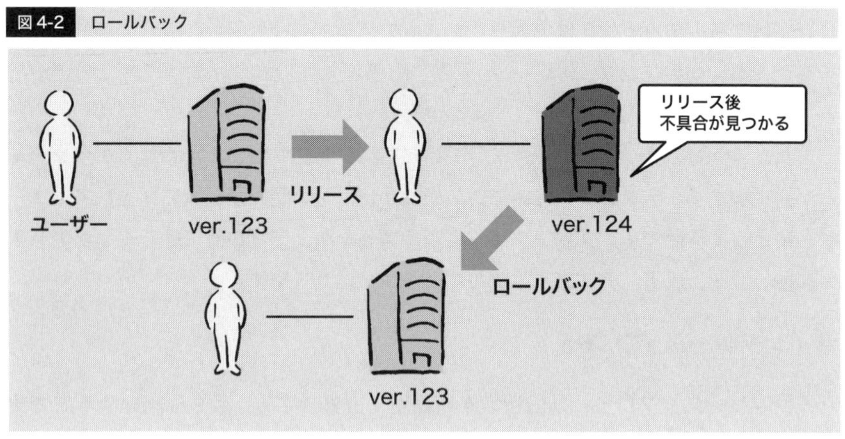

ローリングアップデート

「ローリングアップデート」 4-1 **は稼働中のサービスを少しずつ新しいものに置き換えていくやり方です**（図4-3）。デプロイに起因するダウンタイムの発生を極力抑えることができます。ローリングアップデートの実現には、ロールバックだけでなく、後方互換性やヘルスチェックの機能も必要です。これらの機能を備えることで、アップデートが失敗した場合でも、以前の状態に簡単に戻ることができ、システムの可用性や信頼性を確保できます。

後方互換性があるとは、新しいバージョンのサービスが、古いバージョンと同じ仕様や機能を提供している状態を指します。後方互換性を持たせることにより、古いシステムの機能を損なうことなく、部分的にシステムを刷新していけます。ローリングアップデートの最中は古いバージョンと新しいバージョンのサービスが共存する状態となります。ユーザーが操作するUIやクライアント部は新サービスが提供し、そこ

※4-1　ロールバック：正常に稼働していたある時点の状態に戻して復旧を試みること。

図 4-3　ローリングアップデート

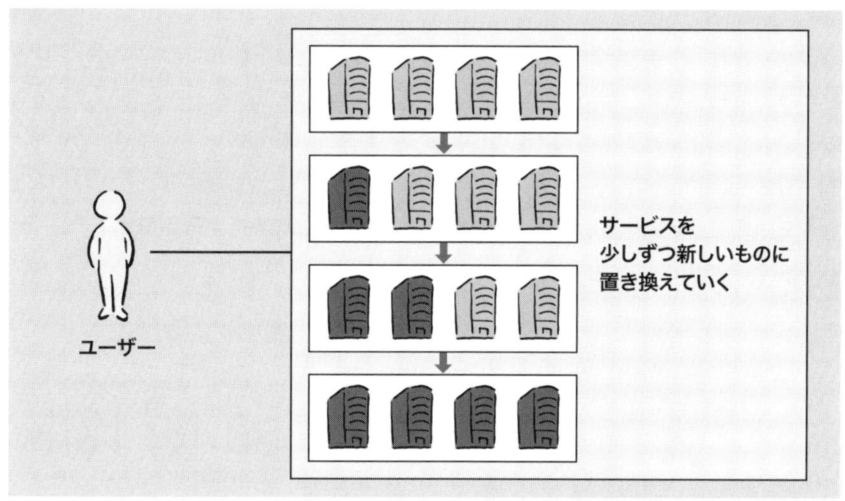
ユーザー
サービスを
少しずつ新しいものに
置き換えていく

からのリクエストは旧サービスが受けるという状態が起こります。この際、サービスを呼び出すためのインタフェースが合わなくなっていたり、呼び出された際の機能が違うものになっていたりすると、プロダクトとして正しく動作しなくなってしまいます。これではローリングアップデートの最中にプロダクトが使えない状態となり、ダウンタイムが発生してしまいます。

ヘルスチェックはサービスが正常に稼働しているかの確認です。後方互換性を保てていても、新しいバージョンへのアクセスではエラーが発生しているかもしれず、いち早く検知する必要があります。

ローリングアップデートの過程でエラー率が高いなど問題が見つかった場合、**安定稼働していた以前のバージョンへのロールバックを行って元の状態へ戻す**ことがあります。これを「**デプロイメントサーキットブレーカー**」と呼びます。デプロイメントサーキットブレーカーはロールバック／後方互換性／ヘルスチェックを備えているからこそ実現できます。

ローリングアップデートは少しずつサービスを入れ替えるため、デプロイが完了するまでの時間が長くかかるデメリットがあります。またロールバックを行う際もデプロイと同じだけの時間がかかります。

ブルーグリーンデプロイメント

「ブルーグリーンデプロイメント」 4-1 **は、新しい環境に新バージョンのサービスをデプロイしたのち、アクセスを切り替えるやり方です**（図 4-4）。ダウンタイムもなく、一度にアクセスを切り替えられます。既存環境も残るため、切り戻しもすぐに完了します。ブルーグリーンデプロイメントは、現在の本番環境の他に、新しく本番環境を用意する必要があるため、環境構築にコストがかかるのが難点です。

図 4-4　ブルーグリーンデプロイメント

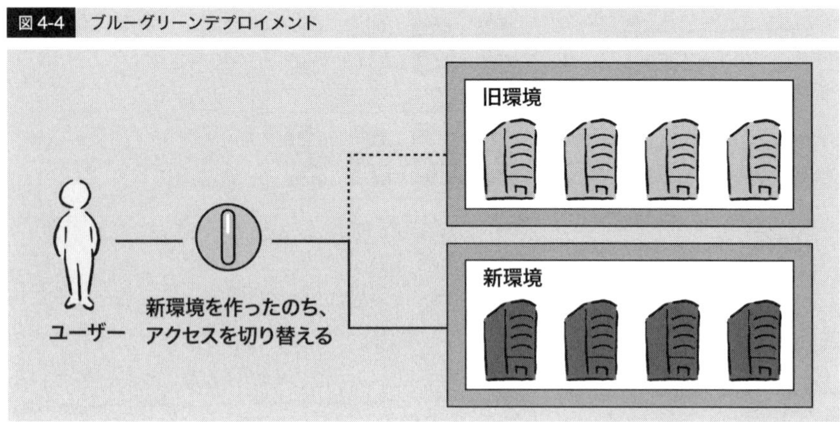

カナリアリリース

「カナリアリリース」 4-1 **は、ブルーグリーンデプロイと構成が似ていますが、新環境へのアクセスを徐々に増やしていくやり方です**（図 4-5）。本番アクセスの一部だけを新環境に流したり、特定ユーザーからのアクセスや、一部の機能へのアクセスだけを新環境に流すことで、アップデートによる影響範囲を制御します。問題発生時の影響範囲を狭められる一方で、デプロイ完了までの時間は長くかかります。

データベーススキーマの管理とマイグレーション

データベーススキーマの定義と管理

データベースの設計（スキーマ）を行き当たりばったりで変更することは避けるべきですが、プロダクトを継続的に開発していく上で、一度もスキーマを変更せずにい

図 4-5 カナリアリリース

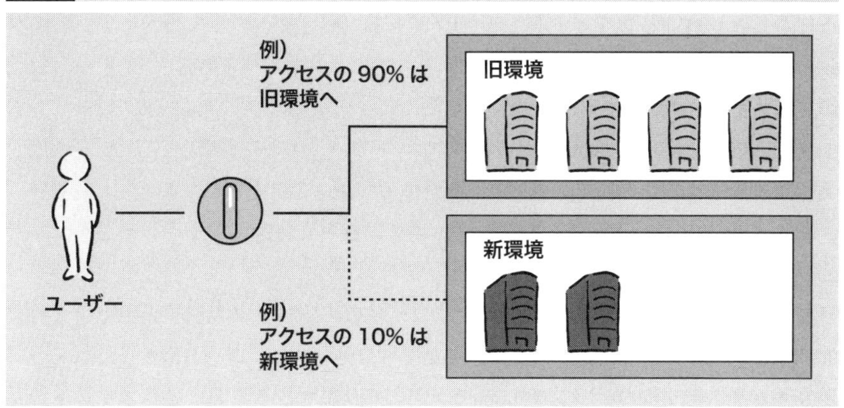

るのは不可能でしょう。**プロダクトの成長や状況の変化、開発を進めていて学んだことなどに基づき、スキーマを見直していくことが必要になります。**

データベースのスキーマは SQL で変更できますが、変更内容をツールで管理するのが一般的です。このツールはマイグレーションツールと呼ばれ、マイグレーションファイルに記載されたスキーマ変更の SQL を実行することや、変更前後のスキーマ定義から SQL を生成し実行することで、データベースのスキーマバージョンを変更します。マイグレーションツールは以下の 3 つのタイプがあります。

[1. フレームワークに付属するマイグレーションツール]

- Ruby on Rails
- Django
- Laravel

[2. マイグレーションファイルを元にスキーマ定義を管理するマイグレーションツール]

- Flyway
- sql-migrate

[3. スキーマ定義を元に既存 DB に対して変更 SQL を生成／実行するマイグレーションツール]

- sqldef
- ridgepole

開発が初期段階にあり、プロダクト開発に携わる人数が少なく、システムもまだ小さい場合、フレームワークに付属するツールを利用するケースはよくあります。そして、開発に携わる人数が増え、システムが分割されてデータベースが共用されるようになると、独立したマイグレーションツールへ移行するのが一般的です。マイグレーションファイルを使うタイプのツールなら、スキーマ変更時に実行されるSQLの把握は容易ですが、各バージョン時点でのスキーマ全体の把握は個別のマイグレーションの履歴を追う必要があり、困難です。一方、スキーマ定義からSQLを生成／実行するタイプのツールでは、スキーマ全体の把握は容易ですが、スキーマ変更時のSQLが適切かどうかの確認は必要です。現場に合わせて適切なツールを選んでください。

マイグレーションツールの実行はデプロイやロールバックの手順の中で行われます。マイグレーションツールの操作が手動でも自動でも、レコード数が多くなると時間がかかるようになり、システムのダウンタイムが生じる原因となります。**そのため、スキーマを変更する場合は、変更前のスキーマと変更後のスキーマの両方で適切に動作するよう、ソフトウェア側を実装しておくとよいでしょう。**

誰でもデプロイ／リリースできるように整備する

P デプロイツール

どのデプロイ戦略を選んだとしても、人手でデプロイ作業を行う限り、操作の間違いや記録の漏れは生じてしまいます。手順書と実際の手順のずれも放置されやすくなります。デプロイ作業が誰でも簡単にでき、検証と改善が好ましいサイクルで回るよう、自動化を試みましょう。自動化のツールを表4-1にまとめました。

表4-1 デプロイツール

ツール名	備考
Capistrano	Webアプリケーションのデプロイ作業を自動化するオープンソースツール。Ruby製
Ansible	オープンソースの構成管理／デプロイツール
Fabric	Webアプリケーションのデプロイ作業を自動化するオープンソースツール。Python製
Shipit	Webアプリケーションのデプロイ作業を自動化する管理画面つきのオープンソースツール。Ruby On Railsで作られている
ecspresso	Amazon ECS用のデプロイツール
Spinnaker	マルチクラウドに対応したオープンソースの継続的デリバリーのプラットフォーム
ArgoCD	Kubernetesクラスター向け継続的デリバリーツール

ChatOps

デプロイツールを直接使うこともできますが、普段利用しているチャットツールと連携し、チャット経由で操作（**ChatOps**）すると、より多くのメリットが得られます（図 4-6）。**チャット経由の操作は、単純化したコマンドでのやりとりとなるため、普段あまり使わない機能を隠した上で、操作手順を簡略化できます。**デプロイに複数のツールを使っている場合、全員で覚えなければならないツールが増えてしまう事態も回避できます。またリリース後はシステムが正常に稼働しているかモニタリングする必要がありますが、**モニタリングツールとチャットツールを連携させることで、通知をまとめられます。**また、リリース作業の記録がチャットツール上に残りますし、チームメンバーとの共有にもなります。ChatBot フレームワークを利用し、組織やチームの開発プロセスにあった操作を作り込めます（表 4-2）。

図 4-6　チャットツールと連携させる

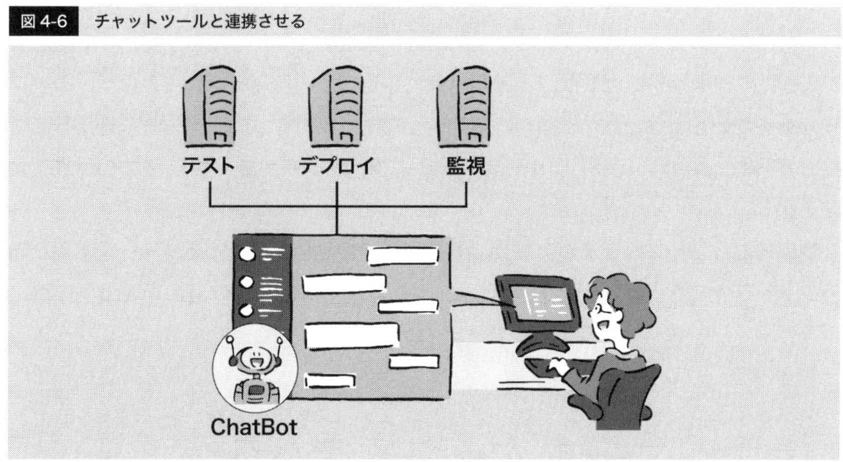

表 4-2　ChatBot フレームワーク

ツール名	備考
Bolt	Slack が開発した Slack アプリフレームワーク。Java、Python、JavaScript（TypeScript）に対応している
AWS Chatbot	Slack チャンネルで AWS のリソースをより簡単に操作／モニタリングをできるようにしてくれるサービス
Microsoft Bot Framework / botkit	botkit は Microsoft Bot Framework の一部で OSS としてリリースされている
Errbot	OSS の ChatBot フレームワーク。Python に対応している

デプロイツール／ChatOps の構築には、手動でのデプロイ手順やツールの動作方法、ツールの連携方法などに関する知識が必要ですが、その知識が運用担当者に限定されてしまいやすい、という課題があります。ドキュメントの整備と合わせて、知識を持った特定の個人に依存しないように気をつけましょう。

どんなデプロイ戦略を選んでも、デプロイで問題が発生するリスクは0にはなりません。事前のテストで見落としがあった可能性もあります。**デプロイやリリースにリスクがあることは認識しつつ、特定の誰かに依存しない運用体制をチームで構築しましょう。**

定期リリースを守るリリーストレイン

P リリーストレイン

開発中のプロダクトにリリース予定日が設定されるのはよくある話です。しかしリリース日を決めていても、開発の進捗や内容によってはリリース日を変更したくなることがあります。例えばスケジュールが遅れると「この機能を絶対に入れたいのでリリースを延期しよう」とか、開発が予定通り進んでいても「ユーザーから見える機能差分が少ないのでまとめてリリースしましょう」という会話がされることがあります。

定期的なリリース日を決めておき、そこに間に合ったものだけをリリースするというプラクティスが「リリーストレイン」です（図4-7）。電車の時刻表のように時間が来たらリリースを始めます。スケジュールが遅れそうになった場合は、リリース予定日を守る、もしくは、次のリリース日に変更する、という2つの選択肢から対応を決めます。機能差分が少ないことを理由にリリースするかどうかを議論することもなくなり、リリースの時間がきたからという理由でリリース作業が行われます。

定期的にリリースを行っていると、何度もリリース作業を繰り返すことになるため、継続的デリバリーのプロセスを整備する動機づけになります。また不具合が入り込んだタイミングが特定しやすくなります。

図 4-7 リリーストレイン

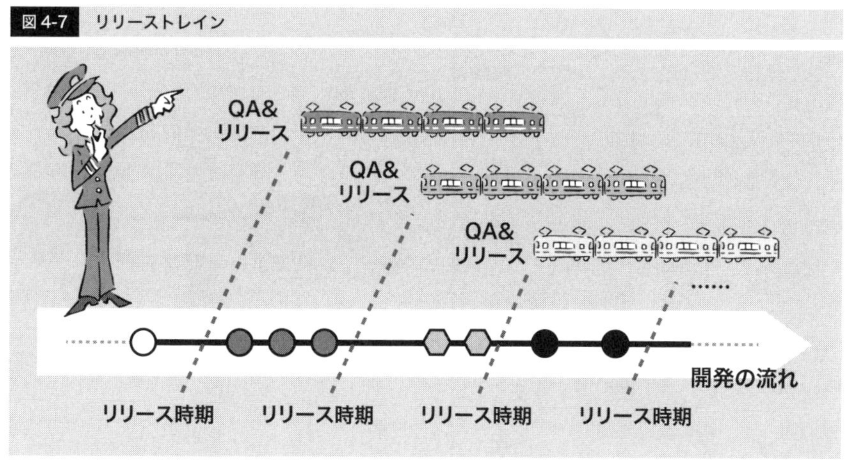

4-2 モニタリング

先週末エラー率が
急上昇してましたね
原因はわかり
ましたか？

今調査中ですが…
最近リリースしたAPIが、
特定の条件でエラーを
発生させているみたいです

今もまだたくさん
エラーが発生して
いるんですか？
はい…。
やっと再現に
成功して原因が
わかってきました

ユーザーからの問い合わせは
来ていないみたいですが、
早めに直したいですね
確かに…
あ、そうだ！

本番環境のログ
からも辿れるかと。
一緒に見てみましょう！
はい！

メトリクス／ログ／トレース

システムをリリースした後は、きちんと動作しているかモニタリングが必要です。サービスが稼働しているか、システムの負荷が想定通りか、想定外の挙動やエラーが出ていないかを定期的に観測します。情報として収集するものには、メトリクス／ログ／トレースなどがあります。

メトリクス

CPU使用率、メモリの空き容量、ストレージの空き容量や読み書き速度、イベントの発生、処理にかかった時間、単位時間あたりの処理数／処理待ち数／エラー数、ネットワークの帯域、DB接続数など、**動作の状況を示す定量値が「メトリクス」**4-2です。対象は多岐にわたり、メトリクスを収集し保存することでシステムに関する安定性と稼働状況がわかります。

メトリクスはある時点の測定値です。送信側で事前に値を計算／加工したものを扱うこともできます。なぜメトリクスデータを確認するのか、それはシステムのパフォーマンスや状態を把握するためです。そのため、一般的には過去数週や数ヶ月の期間を、データ収集の対象期間とすることが多いです。メトリクスは保存しておけば、後から推移や変化を参照できます。しかし、保存のためにはストレージを確保する必要があります。保存期間が長くなるとコストがかさむため、適宜必要なサンプルだけを残した上で不要なものを捨て、保存するデータを減らす場合もあります。

メトリクスは自動警告の通知基準として使うのに適しています。システムの稼働状況を常に気にし続けることは大変です。「一定期間の負荷が所定の値を上回っている」「エラーの発生回数や発生割合が多い」といったルールに従って通知を行えば、システム挙動の疑わしい期間や箇所を特定できます。こうすることで、問題の発生箇所を絞り込み、効率的に調査を進められます。

ログ

「ログ」4-2**はシステム内で発生した事象に関連する情報の記録です。**ログのデータサイズはメトリクスのそれよりも大きくなる傾向があり、運用しながら取り回しを見直ししていく必要があります。ログだけでは切り分けられない問題が発生した際は出力する内容を増やすかどうか、検討する必要があります。またログに出力されている内容が冗長なら整理する必要があります。

ログに出力すべきでない情報もあります。アクセス元が特定できるセッションIDや、アクセストークンなど、流出すると不正アクセスの要因となる情報は出力すべきではありません。また氏名／メールアドレス／電話番号／クレジット番号など、個人情報を出力することも避ける必要があるでしょう。開発者が手動で注意するよりも、ログ出力ライブラリにマスキング機能があるかどうかを調べ、積極的に活用するのが望ましいです。

システムで出力したログは一箇所に集めます。ログを集める仕組みはいくつもあります。ログを集めて閲覧／検索できるようにするところまでを実現してくれるサービスを使うのが一番楽でしょう。SaaSであれば「Amazon CloudWatch Logs」や「Datadog」などがあります。SaaSが使えなくても「Fluentd」「Logstash」「Elasticsearch」「Kibana」などのOSSを組み合わせることで同様の仕組みを構築できます。またスマートフォンアプリではクラッシュ時に動作ログを送る仕組み（Firebase Crashlytics）があります。このようにインターネット上にシステムを構築する場合、自動的にログを収集／解析するための選択肢は豊富にあります。しかしオンプレミスのシステムの場合、ログを調査するためにはシステムからログを取り出さなければならないことがあります。場合によっては顧客にログの取り出しを依頼して、送付してもらうこともあります。

集められたログは一定の期間、検索や集計の対象として使われ、システムの稼働状況の把握に使われます。一方で、検索／フィルタリング／集計ができる期間を長くするとログの保存コストが高くなってしまいます。システムの稼働に求められる要件を鑑みて、ログをどの程度保存するのかを考えます。

P トレース

「トレース」4-3 はリクエストがどのような処理経路を辿ったのかを表すデータです。スタックトレースは、サービス内のある時点における処理の呼び出し関係と処理時間を追跡します。分散トレースは、複数のサービスをまたがる処理における各サービスの呼び出し関係と処理時間を追跡します。トレースを見ることで、開発者はボトルネックを特定し、パフォーマンス改善に集中できます。

図4-8　分散トレースの例

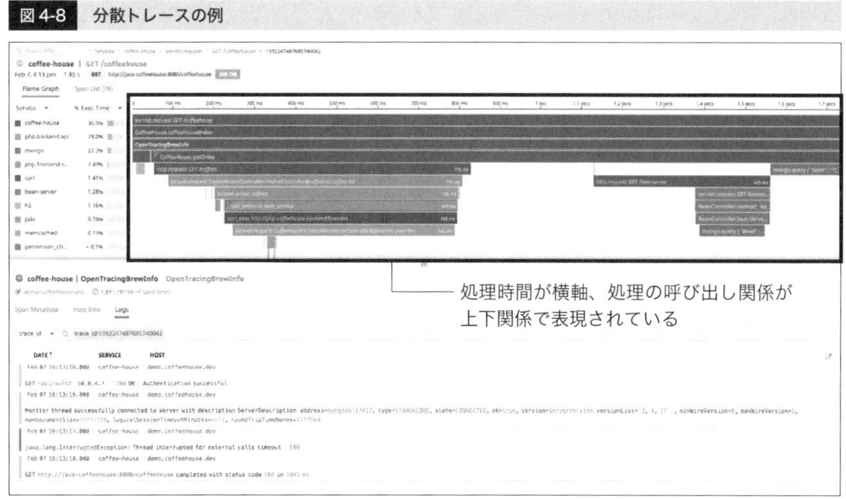

システムを継続的にモニタリングすることで、問題が発生した場合にすぐに対処できるだけでなく、問題が発生する前に潜在的な問題を見つけられます。これにより、問題を未然に防ぐことができ、システムの安定性や信頼性を向上させられます。また、モニタリングを活用すれば、システムのパフォーマンスや利用状況を把握できるため、システムの改善や最適化につなげられます。

モニタリングとオブザーバビリティ

モニタリング、オブザーバビリティ

システムの状態を把握する際の根拠となるデータの収集や、その能力を表す言葉として「**オブザーバビリティ**（Observability、可観測性）」が使われます 4-3 。**モニタリングは「異常の兆候を継続的に観測する」行為ですが、オブザーバビリティはさらに「なぜ異常が起きたかを解明する」意味合いが強い表現です。**

モニタリングもオブザーバビリティも、何でも収集すればよいというものではなく、**有用なデータに絞る必要があります。**メトリクスを収集するのであれば、そのメトリクスからどんな異常を検知できるのかを考えましょう。ログもあらゆる情報を出力したくなるかもしれませんが、量が増えると収集や保管のコストがかかります。と

はいえ、情報を絞りすぎて障害調査に必要なログが欠損してしまうのでは本末転倒です。

モニタリングもオブザーバビリティも、開発者が主体的に携わっていく姿勢が重要です。担当するチームに任せきりにするのではなく、チームでダッシュボードを管理し、定期的に確認する習慣を作ることで、問題発見の属人化を防ぎやすくできます。また問題を直す動機づけにもなるでしょう。

ダッシュボードでは、おかしな状態が一目でわかることが重要です（図4-9）。システムへのリクエスト数や応答時間、CPU／ストレージ／ネットワークなどのリソースの利用状況、エラー数やエラー発生率などをダッシュボードに表示します。アプリケーションの警告やエラーを収集しているのであれば、継続的に対処を行って発生数がゼロになるようにしましょう。**警告やエラーが日常的に発生している状態を放置していると、問題があることが当たり前となってしまい、本当に対処が必要な問題が出てきても見逃してしまいます。**また初めて見る人にとっても、ノイズが多くわかりにくいダッシュボードになってしまいます。チーム作業や開発の状況を可視化するツールを指して「情報ラジエーター」と呼びますが、ダッシュボードはその一種です。運用状況の透明性を高めることで、チームが自ら判断し、主体的に行動できるよ

図4-9　ダッシュボードの例

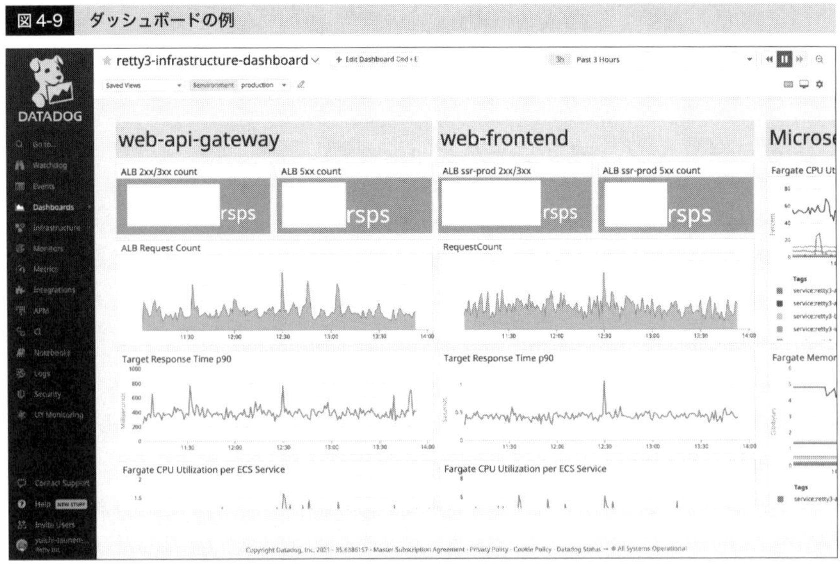

うに促せます。朝会で毎日確認したり、チャットツールに定期投稿したりといった工夫を行い、毎日でも気にする機会を作りましょう。意識せずとも情報が目に入ってくる状態や、指示がなくても行動を起こせる仕組みまで作れると理想的です。

有用なログを出力する

システムで障害が発生した場合、機会損失や直接的な損失が発生します。**いち早く復旧させるには、調査の役に立つログが出力できている必要があります。**ログを利用する機会は障害発生時が一番多いかもしれませんが、他にも利用目的があります。

- 障害調査
- システムモニタリング
- デバッグ
- 監査

ログに含める内容もプロダクトやシステム、利用環境（開発／テスト／ステージング／本番）によって異なりますが、以下から選ぶことが多いでしょう。

- 日時
- アクセス元の識別情報（ユーザー ID、トレース ID など）
- アクセス先のリソース（URL など）
- 処理内容（表示、追加、更新、削除）
- 処理対象（処理対象の ID）
- 処理結果（成功／失敗、処理件数）
- エラー情報、スタックトレース
- 関数の呼び出し／終了
- 関数に渡されたパラメータの内容
- 実行環境、OS、ライブラリバージョン

P ログレベル

ログの出力はライブラリやプログラミング言語に用意された仕組みを使いましょう。用意されたログ出力の仕組みでは、表 4-3 のようなログレベルが設定されているはずです。

ログの重要度を鑑み、適切なログレベルで出力を行います。過不足のないログ出力

表 4-3 ログレベルと用途

レベル	概要	用途
DEBUG	デバッグ情報	デバッグ目的のログ。内部で発生していることに関するあらゆる情報
INFO	情報	処理の開始／終了など何らかのアクション、スケジュールタスクの記録
WARN	警告	将来的にエラーとなりうる状態。古い API の使用、利用可能なリソースの不足、パフォーマンス低下など
ERROR	エラー	実行時エラー
FATAL	致命的なエラー	システムの異常終了を伴うエラー。実行に必須のリソースが確保できない、動作に必須のシステムと通信できないなど

にする調整は難しいですが「**トラブルが発生したときに今のログ出力内容で問題を発見し、対処方法を見つけられるのか**」といった観点から、継続的に見直すとよいでしょう。

JSON によるログ出力

ログの出力フォーマットにも種類があります。古くはメッセージごとに一行ずつ出力するのが主流でしたが、ログを集約して解析する仕組みが広まるにつれ、機械的に読み取りやすい構造化されたログフォーマットへと主流が移っています。

JSON フォーマット

ログ出力を JSON フォーマットで行う方式です。ログの構造を柔軟に決められ、解析しやすいメリットがあります。冗長なためログのデータサイズが大きくなりやすいというデメリットがありますが、データサイズが許容できるのであれば最も扱いやすいでしょう。

```
{"level":"info", "status":"200", "size":"13599","time":"2022-10-09T14:26:41+09:00"}
{"level":"warning", "status":"404","size":"105","time":"2022-10-09T14:29:41+09:00"}
{"level":"info", "status":"200", "size":"12539","time":"2022-10-09T14:35:41+09:00"}
```

（次ページへ続く）

```
{"level":"info", "status":"200", "size":"14000","time":"2022-10-09T14:36:41+09:00"}
{"level":"error", "status":"500", "size":"130", "time":"2022-10-09T14:40:41+09:00"}
```

LTSV フォーマット

LTSV は "Labeled Tab-Separated Values" の略で、ラベルと値をコロン（:）でつなぎ、タブ区切りで出力するフォーマットです。解析しやすく、ログの項目が増減しても問題になることがありません。多くのログ転送ツールでもサポートされています。

```
level:info status:200 size:13599 time:2022-10-09T14:26:41+09:00
level:warning status:404 size:105 time:2022-10-09T14:29:41+09:00
level:info status:200 size:12539 time:2022-10-09T14:35:41+09:00
level:info status:200 size:14000 time:2022-10-09T14:36:41+09:00
level:error status:500 size:130 time:2022-10-09T14:40:41+09:00
```

1 行で所定のフォーマットに従う

行ごとに所定の規則に従ってログを出力する形式です。Web サーバーのアクセスログなど、広く使われるアプリケーションやツールで目にする機会が多いです。ログの出力内容に無駄がないというメリットがありますが、解析する側で処理の作り込みが必要です。ログ出力項目が増減すると都度対応が必要になることも問題となります。

```
[info] [2022-10-09T14:26:41+09:00]200 13599
[warning] [2022-10-09T14:29:41+09:00]404 105
[info] [2022-10-09T14:35:41+09:00]200 12539
[info] [2022-10-09T14:36:41+09:00] 200 14000
[error] [2022-10-09T14:40:41+09:00]500 130
```

複数行にわたる独自フォーマット

これは悪い例です。ログの仕様を見直す時間を取らずに、新機能の追加など、ビジネス的にわかりやすい機能の開発を優先してしまう組織はよくあります。そのような場合、ログにも不要な情報が大量に含まれてしまい、見づらい形式のまま放置されがちです。

```
[info]
status: 200
size: 13599
time:2022-10-09T14:26:41+09:00
-
[warning]
status: 404
size: 105
time: 2022-10-09T14:29:41+09:00
-
[info]
status: 200
size: 12539
time: 2022-10-09T14:35:41+09:00
```

ログ情報はファイルなどへの出力が一般的ですが、問題にいち早く気がつけるように、緊急性を要するログはSlackやメールなどに送ることも効果的です。ログの出力は、さまざまな場所のソースコードに埋め込まれるため、後から全体像を修正するのは難しい作業になりがちです。その結果、問題は放置される傾向にあります。この悪循環を解消するために、継続的にログの出力仕様を見直し、開発者全員がそれに従うようにしましょう。優れた障害対応は、継続的にログ形式を見直すことから生まれます。異変に気づいたらすぐに見直しを行うことが、将来に起こり得る障害対応の負担を減らす助けになります。

Logging as API contract

Microsoft
Senior
Software
Engineer
牛尾剛
Tsuyoshi
Ushio

クラウドの技術が一般化し、アジャイル開発も進化を遂げ、DevOpsの広まりとともに、技術プラクティスをみんなでシェアしていく重要性を感じています。私がみなさんにご紹介したい技術プラクティスは「Logging as API Contract」です。

これは私の同僚で友人のChris Gillumが名付けたロギングに関するプラクティスで、ログをAPI規約のように考えようというアイデアです。分散システムが一般化して以来、DevOpsモデルで開発しているチームにとって、ログは開発においても、ライブサイトの問題にしても、毎日触るツールとしてスタンドアロンのシステムに比べると格段に重要になっています。

ロギングが分散システムで重要な理由には次のようなものが挙げられます。

- サービシングでの問題解決を高速化する
- 分散システムの振る舞いを観察、測定、実証する
- サービシングでの問題発見、解決を自動化する

近年ログは、「問題の発見」だけではなく、分散システムの振る舞いを観察、測定実証したりすることにも使われます。それにより、Integration TestingやE2E Testing、果てはUnit Testingにおいても、ログを使って、期待する振る舞いを測定して、Assertするというコードが一般的になっています。

またログは、問題を自動的に発見したり、解決したりすることにも使われます。そのような場合、何も考えずにログを変更してしまうと、仕組みが壊れてしまうこともあります。そのため、ログの変更は、自動化を踏まえて、仕組みが動き続けるように気をつかう必要があります。さらに、プラットフォーマーの場合、ログの変更によって、顧客が自動化している環境を壊してしまうかもしれません。もちろんログを変えてはいけないということではありませんが、ログはそういった影響を考慮してAPIと同じようにデザインするとよい、というベストプラクティスです。

ちなみに、私の所属しているAzure Functionsチームの、Diagnostics and solve problemsはそういったログの自動化によってできています。このシステムは、サーバーレスのサービスであるAzure Functionsのログやデータベースを自動で解析して、問題の分析をし、解決策を示してくれます。従来であれば、エンジニアがログを調査して、お客様の問題を解決するしかなかったのですが、普段みなさんがログを読んで、障害を発見するときはきっと決まったパターンがあるはずです。そしてベテランの方なら、この「Exceptionが発生したらこういう問題が起きてるはず」といった分析ができるでしょう。そういった分析を自動化していくというわけです。これを体験してみたい方はぜひ「Azure Functions 診断の概要」（※A）を参照して試してみてください。中身を想像しながら見てみると楽しめるはずです。

みなさんもログを使って作業をどんどん自動化し、楽になってみませんか？

※A　URL：https://learn.microsoft.com/ja-jp/azure/azure-functions/functions-diagnostics

4-3 ドキュメント

そういえばドキュメントは
用意していないのですか？
開発を始めたころに
用意したんですが今も
使えるかどうか…
ドキュメントも目的を
はっきりさせないと
無駄になってしまい
ますからね。
整理しましょう

プロダクトも
大きくなってきたし、
新しいメンバーが入る
ことを想定して
ドキュメントを用意
しないとですね
任せてください！
私もみなさんにたくさん
支えてもらったので、今度は
私がサポートします！
まだ新しい人が入るって
決まったわけじゃない
ですけどね

いつも新人には
誰かがつきっきりで
サポートして
いましたが…
ドキュメントを
整備すれば、
キャッチアップも
うまくできるはずです！

チームのためにドキュメントを書く

チーム内のコミュニケーションのためのドキュメント

アジャイルソフトウェア開発宣言には「包括的なドキュメントよりも動くソフトウェア」という一文があります。ドキュメントの価値を認めつつ、動くソフトウェアにより価値を置くというのが正しい意図ですが、「アジャイルなソフトウェア開発ではドキュメントは後回しでいい」「いろいろと状況が変わるのでドキュメントはなくてもよい」という残念な誤解があります。**アジャイル開発でもプロダクトを長期にわたって開発／運用していくにはドキュメントが欠かせません。**

アジャイル開発でドキュメントを書く目的は大きく2つあります。1つはチーム外に向けて必要な知識や情報を共有することです。システム全体の仕様や非機能要件(※4-2)、設計方針や運用方法などをまとめたドキュメントを、チーム外との取り決めに基づいて用意します。もう1つはチーム内のコミュニケーションのために、議論した内容や取り決めを後から思い出せるように残しておくことです。知識やスキルの伝達は、ペア／モブプログラミングなどの共同作業によって行えますが、その効率をより高めるためには、ドキュメントが重要な役割を果たします。2つの目的のうち、前者はプロジェクトマネジメントを扱う書籍で解説されているため、本書では後者の「チーム内のコミュニケーションのためのドキュメント」に絞って話をします。

ドキュメントは一度に全部書いて完成とするのではなく、必要に応じて頻繁に更新していく必要があります。誰か1人だけが書くのではなく、チームが協力して更新します。しかしドキュメントの更新は作業時間も工数もかかります。読み手の少ないドキュメントの場合、工数のデメリットが、ドキュメントが役立つメリットを上回ってしまうかもしれません。メンテナンスできないドキュメントは、場合によっては削除してしまったほうがよいでしょう。新規にドキュメントを書くのと同じくらい、古いドキュメントの削除も重要です。

プロダクトをチームで運用していくためによく使われるドキュメントを2つ紹介します。

※4-2　非機能要件：実現したい機能以外の要件。性能、セキュリティ、運用／保守などを指します。

README ファイル

システムの開発に携わることになって最初に目を通すドキュメントが「**README ファイル**」です。リポジトリのトップに置かれるこのファイルは、古くはテキストファイルでしたが、今では Markdown ファイルで書かれることが多いです。

README ファイルは以下のような内容から構成されます。多くの情報はこれから開発に参加する人に向けた情報です。

- システムやサービスの概要
- 開発者／開発責任者
- 実行環境（OS、フレームワーク、ライブラリなど）
- 開発環境の構築手順（環境変数など）
- デバッグ方法、テスト方法、デプロイ方法
- 外部ドキュメントへのリンク
- Issue 管理システムへのリンク
- 開発に役立つ何らかの情報

README にシステムに関するすべての情報を書きたくなりますが、長くなると読みづらくなり、古い情報が残っていても気がつきにくくなります。開発を始めるのに必要な最低限の情報に絞り、チュートリアル／ハウツーガイド／参考資料／説明は別の場所に詳しく書いてリンクを載せるとよいでしょう。チームメンバーのスキルや、開発に参加する際に期待する開発知識も踏まえて書くようにすると、不要な記載を省略できます。

時間が経つと README の内容が現状と合わなくなってきます。気がついたときに修正し、README が信頼できる状態を保ちましょう。新メンバーが参加するタイミングが、README を修正する一番の好機です。記載が間違っていたところ、つまずいたところ、説明がわかりにくかったところのフィードバックを新メンバーからもらい、チームメンバーが一緒に修正する仕組みを設けましょう。

Playbook ／ Runbook

頻繁に起きる障害や、事前に想定できる障害について、手順や対応をまとめたドキュメントを「**Playbook**」や「**Runbook**」と呼びます（※4-3）。Playbook を整

備することで、システムに詳しくないメンバーでも障害が発生した場合に一次対応ができるようになります。整備されたPlaybookは、緊急事態に必要な情報を迅速に提供でき、効率的な対応を促してシステム停止時間を最小限に抑えられます。

Playbookは障害のアラートを受け取った人が読むことを想定し、以下の内容を記載します。

- モニタリング内容
- モニタリングの目的、アラートの設置理由
- アラート発生のトリガー
- 問題の影響範囲
- 調査方法
- 対処方法
- 問い合わせ先
- 問題が解消したことを確認する方法
- その他情報

Playbookはどんなツールで管理してもよいですが、運用に携わる全員が参照できる共通の場所に置いて管理しましょう。障害発生時のアラートにPlaybookのURLを含めておくとすぐに参照できて便利です。運用を続けていくとPlaybookに追加すべき新しい項目が増えてくるため、運用に携わるメンバーで継続的にドキュメントを更新します。

目的を意識してドキュメントを書く

Diátaxis フレームワーク

ソフトウェア開発に関わるドキュメントにはさまざまな種類があります。サービスの仕様書、アーキテクチャ／設計に関する資料、アルゴリズムやAPIを説明する資料、ユーザー／管理者／サポートスタッフ向けのドキュメントなどがあります。既存のドキュメントやテンプレートがあると、その内容を拡充することに意識が向いてしまいがちですが、本当に大事なことは、ドキュメントを利用する目的が何かです。

※4-3 Playbookはアメリカンフットボールのプレーブック（作戦帳）が由来で、Runbookは手順書を指します。

ドキュメントは分量が多ければよいものではなく、見る人がいないドキュメントには価値がありません。見る人がいないドキュメントが書かれることを避けるには、読み手も書き手も、どこに何を記載するのか迷わないようにする必要があります。そのためには事前にドキュメントの目的を分類し、決めておく必要があります。ここで紹介したいのが「**Diátaxis**（ディアタクシス）」4-4 というフレームワークです。これは**ドキュメントを「実践（Practical steps）／理論（Theoretical knowledge）」「学習目的（Serve our study）／業務目的（Serve our work）」の2軸で、4つの象限に分類し整理する**ものです（図4-10、表4-4）。Linuxディストリビューションの1つ であるUbuntuの開発を行うCanonialが2021年に「今後Diátaxisでドキュメントを整理していく」と宣言しています。

目的の異なる文章を混ぜて書くと読み手が混乱してしまいます。ドキュメントを作成する際は、まず目的を明確にすることが大切です。Diátaxisに照らし合わせて考えることで、何を書くべきかがより明確になります。目的をはっきりさせることで、読み手が必要な情報を意識したドキュメントが書けるようになるでしょう。

図4-10 Diátaxisフレームワーク

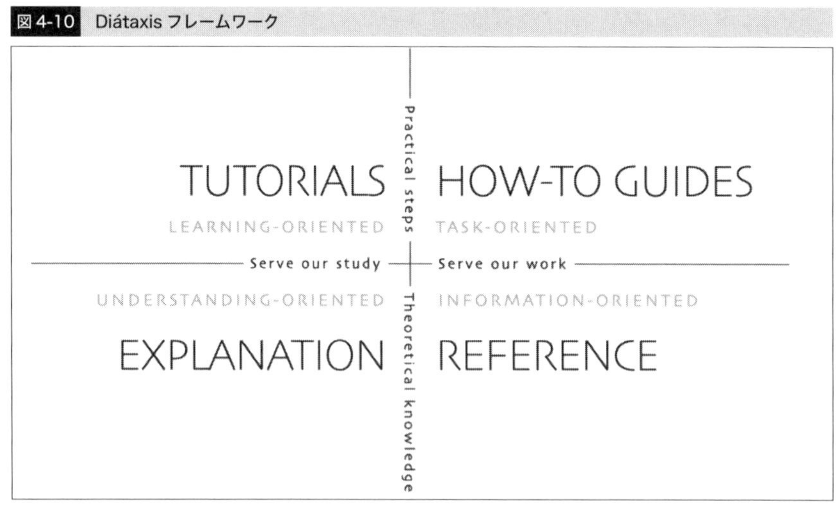

表 4-4 Diátaxis の 4 分類

分類	目的
Tutorials（チュートリアル）	初学者向けの学習起点。必要に応じて基本的なトピックがスキップできる体裁になっているとよい
How-to guides（ハウツーガイド）	特定のタスクや課題のやり方説明。ガイド、デモンストレーションなど単なる手順書以上のものである。詳細に入りすぎず、適度な量の記述にとどめる
Reference（参考資料）	仕様や挙動の定義。利用するための情報提供を目的として技術的な概要や使い方を説明するもの。より詳細な情報へのリンクを含むことがある
Explanations（説明）	技術詳細を理解するためのドキュメント。読み手がある程度一般的な技術用語に精通していることを前提に書く

ここまでの説明で、開発の一連の流れに沿って工程ごとに活用できる技術プラクティスが紹介できました。開発の規模が大きくなると複数の関係者が関わることが一般的です。それぞれの関係者は、異なる視点や利害関係を持ち、開発のゴールやスコープ、進め方について異なる認識を持っています。そのため、開発計画を継続的に見直して、関係者間での認識の共有や整合性を確認していくことが必要になります。第 5 章では開発の内外で認識を揃えるためのプラクティスや、開発を進めながら計画を見直していくためのプラクティスを紹介します。

References

4-1 「Continuous Delivery」
https://github.com/microsoft/code-with-engineering-playbook/blob/main/docs/continuous-delivery/README.md

4-2 『システム運用アンチパターン —エンジニアが DevOps で解決する組織・自動化・コÄb0 ミュニケーション』Jeffery Äb0D. Äb0Smith（2022、田中裕一 Äb0 訳、オライリージャパン

4-3 「Observability」
https://github.com/microsoft/code-with-engineering-playbook/blob/main/docs/observability/README.md

4-4 「Diátaxis A systematic framework for technical documentation authoring.」Daniele Procida（2017、Diátaxis）
https://diataxis.fr/

AIフレンドリーな ドキュメントを書こう

GitHub
Customer
Success
Architect
服部 佑樹
Yuuki Hattori

AI 技術の急速な進歩により、エンジニアの働き方にも変革の波が押し寄せています。GitHub Copilot の登場で、コード作成の労力が劇的に軽減される一方、エンジニアにはプロンプトという指示文を AI に提供する操縦士の役割が求められるようになりました。

AI は単純作業や反復作業において驚異的な能力を発揮しますが、複雑な要求に対しては、指示を出すエンジニアの技術力が重要な要素となります。特に、ハイコンテキストな領域は AI には難しいとされています。具体的には、AI はアプリケーションの内部構造やアーキテクチャを完全には理解せず、コードを確率的に提案します。そのため、高度なプログラムを AI に要求する際には、エンジニアがコードベースの全体を把握している必要があります。さらに、大規模プロジェクトでは、複雑なデータベースやシステムが絡む上、ビジネスロジックと実務が密接にリンクしているため、その背景を理解しないと AI に適切なコードを提案させることが困難です。

AI と人間が共同で働く時代では、より適切な情報をピンポイントで AI に提供できるようにする必要があります。ここで重要となるのが、AI フレンドリーなドキュメント作成です。AI はテキストベースの文章を好みます。あなたのチームのドキュメントはどうでしょうか。PowerPoint で表現されたダイアグラムや Excel の複雑な表で溢れていませんか？その場合、AI はうまくあなたのドキュメントを理解してくれないかもしれません。

テキストベースのドキュメントは、AI との協業に有益です。テーブル定義書からマイグレーションコードの生成や、テストケースのリストからテストコードへの変換が可能になるほか、クラウド構成に関するドキュメントは Infrastructure as Code のコードに変換可能です。つまり、組織としてのパフォーマンスを上げるためには、エンジニアだけでなく組織全体で AI と協働することを前提に情報の整理に取り組む必要があります。

まずは、組織としてプロンプトにコピーしやすいドキュメント作成を心がけましょう。エンジニア以外のメンバーもイシューやプルリクエストを通じたコミュニケーションに慣れることから始めるとよいです。そして、次に社内ドキュメントを Git で管理することに挑戦してみましょう。

私の所属する GitHub 社では、エンジニアだけでなく営業チームも GitHub を積極的に活用しています。さまざまな情報がテキストベースのドキュメントで管理されており、社内の知識共有や情報の整理に役立っています。大規模なコードベースへのコントリビューションはハードルが高いものですが、社内ドキュメントへのコントリビューションであればバグを発生させる心配もないため、多くの人にとって参加するハードルは低いのです。まずは小さいところから始めてみましょう。

みなさんのチームでも AI フレンドリーなドキュメンテーション文化を育んでみてはいかがでしょうか。みなさんのチームが AI の力を 100% 引き出すことができる AI ネイティブのチームへと成長していくことを願っています。

開発と運用、分けて考えていませんか？ —ダッシュボードのその先へ—

Microsoft
Senior
Software
Engineer
河野通宗
Michimune
Kohno

ソースコードのレビューが終了して無事マージされると一安心しますよね。でも、それは終わりではなく、始まりです。その後はステージング環境、そして本番環境へのデプロイを経て、お客様に使ってもらう（運用状態）ことで初めて価値を生み始めます。つまり、運用に至るまではいわば準備段階です。そこまでが大切なのは言うまでもありませんが、適切に運用されることも同じく大切です。

開発者が運用も受け持つことは、システムの改善のサイクルを早める効果があります。私の所属するチームでは、毎週のミーティングでダッシュボードやコードを共有しながら、システムの状態や起きた障害について議論しています。障害の対応は我々開発者がローテーション（オンコールと呼びます）を組んで受け持ちます。オンコール中のメンバーは障害対応が最優先なので、その期間中は開発作業が割り当てられません。新しく加わった開発メンバーをいきなりローテーションに加えることはせず、システムの理解がある程度進んでから参加してもらっています。

障害が起きたときは、ログやテレメトリから障害の深刻度を見極め、状況に応じた判断を下します。緊急度が高い場合は根本原因の追究を一旦後回しにしてシステム全体の復旧を優先させることもあります。必要であれば他のメンバーや他のチームの助けをリクエストし、協力して問題解決に取り組みます。修正したコードをデプロイする際も、単純にバイナリファイルをデプロイすれば済むのか、データベースの修復が必要かなど、考慮すべき事柄はたくさんあります。

障害がひとまず復旧したのちは、ポストモーテムに参加します。ポストモーテムとは、障害の根本原因、どうしてテストで検出できなかったのか、どうすればもっと早く原因を特定できるか、自動で復旧できる手段はないかなどを議論することです。トヨタ生産方式で有名な「five whys」が一例です。

私の所属するチームでは five whys のような深掘り型ではなく、システムやプロセスなどを含めた広い範囲のトピックから複数選びます。問題の理解の助けになるならトピックに含まれない内容を書くこともあります。障害に対応した人が中心になってポストモーテムの前に記述し、議論の出発点とします。

議論の最中は、犯人探しや名指しは一切せずに、問題点の理解やシステムおよびプロセスの改善などにフォーカスします。マネージャーもポストモーテムに参加します。各メンバーがオープンに問題を議論できるように努めながら技術的な問題点を理解し、前向きな改善の提案に協力します。

議論の結果、新しいログの追加やテストケースの追加などの具体的な作業項目を作成できたら、優先度を高めに設定して取り組みます。ここでの議論はシステムの詳細に関わることが多いので、対外的な障害報告（Root Cause Analysis、または RCA と略します）は別途作成することが多いです。議論の終了をもってポストモーテム承認としています。

以上、私のチームの運用方法の一部を紹介しました。万能なやり方は存在しないので、それぞれに適した運用方法を模索し、定期的に見直すのが大事だと思います。

第 5 章

「認識合わせ」で活用できるプラクティス

ソフトウェア開発は複雑な活動です。規模の大小を問わず、複数の人がチームとして協力し合うためには、物事に対する認識を共有し、同じ目線に立って取り組んでいく必要があります。開発を進めながら認識を揃えるよりも、はじめにある程度揃えてしまったほうがその後の作業も進めやすくなります。とはいえすべてを最初に合意することはできません。開発を進めながら認識を合わせ、計画を常に見直していく意識が重要です。第5章では開発の内外で認識を揃えるためのプラクティス、また開発を進めながら計画を見直していくためのプラクティスを紹介します。

チームの動きも
よくなってきて、
手ごたえを感じる
なあ
ユウさん、元気に
やってそうだね
部長！
お疲れ様です
実はちょっと
相談があってさ
会議室
ええ！
新しいキャンペーンの
リーダーを私に！？
ぜひやらせて
ください！
いやあ
よかったよ
ただ、今回は
開発だけじゃなくて
プロジェクト全体を
見てほしいんだ
プロジェクト全体ですか？
経験がないので何とも
言えませんが…

大丈夫！
プードルチームの
取り組みを組織にも
広げてたくってさ。
期待しているよ

…というわけで

いろいろ勉強して
いるんですが…
でも、取り組みを
褒めてもらえたのは
嬉しいですね

どのあたりの取り組みを
広げることが期待されて
いるんでしょうね？
変化に対応しながら
短い期間で成果を
出していくのを
求められてるみたいです

なるほど。
でしたら、
いい機会です
キリッ

チームで取り組んでいた
プラクティスを次は
ステークホルダーも交えて
やっていきましょう
そんなこと
できるんですか？

アジャイル開発が目指す
ゴールにつながるように
１つずつ活動を見直して
いきましょう
ユウさんの
よい経験にもなると
思いますよ
はい！
ありがとう
ございます！
ナナメ

5-1 関係者との認識合わせ

新プロジェクトの会議
というわけで…

新プロジェクトでは、
リピート購入を促すため、
クーポンの配布を行います

利用率が低かった
場合はどうしますか？
企画のみなさん、
どうですか？

その場合は魅力的な
クーポンになるよう
見直していくという
ことで…

う〜〜ん…
具体的な話が
できてない気が
するなー

今日はまだ関係者が
全員揃ってないようです。
まずは全員で認識合わせ
から始めましょう

関係者を集め、ゴールやスコープを揃える

関係者を揃える／ゴールを揃える／スコープを揃える

多くの人が絡む作業をはじめる際は、最初の認識合わせが重要です。実装が完了し、テストを行い、デモを見せる段階になって初めて、作っていたものが期待と違うものになっていたとわかるのは誰もが避けたいことです。こうした事態を避けるには、**関係者を早い段階から巻き込み、プロダクトに対して継続的にフィードバックを得られるようにすることが必要です。**

一方で、多くの関係者を集めればよいというわけでもありません。さまざまな立場からバラバラに要望や要求が突きつけられることで、開発は簡単に迷走し、せっかくの時間や人を浪費することになります。筆者はそのような現場をいくつも見てきました。

多くの人が関わるプロジェクトで、円滑な進行をするために、認識合わせは以下の順に進めていくとよいでしょう（図 5-1）。

図 5-1 認識を揃える順番

1. 適切な関係者を揃える
2. ゴールの認識を揃える
3. スコープの認識を揃える

1. 適切な関係者を揃える

開発者と異なる立場や役割の人は、これから開発するプロダクトのゴールや要件について、異なる情報や期待を持っているかもしれません。**関係者が全員揃う前の段階で、いろいろな決定を下してしまうと、手戻りが発生するリスクが大きくなります。**

関係者の範囲は広く多様です。開発中に直接やりとりする役割もあれば、開発が終わってから動き出す役割もあります。開発の成果物をユーザーとして利用する人や、開発に直接関与しなくとも、リソースや情報を提供してくれる人も関係者です。関係者をきちんと洗い出せていなかった結果、後から物言いがついて開発が遅延または失敗するというのは残念ながらよく聞く話です。将来的に関わる人々を含めて、プロダクト開発でやりとりする関係者はしっかり探しておきましょう。図5-2は適切な関係者を挙げた一例です。

図5-2 適切な関係者の候補

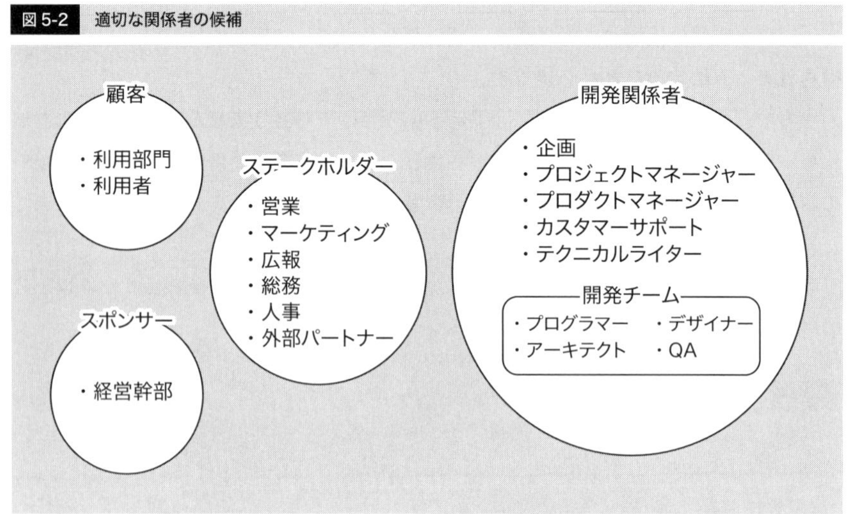

その人が関係者にあたるのかを見極めるためには、「今度こんな機能を開発するんですけど、関係や影響するところはありそうですか？」と尋ねてみましょう。話を急に振られたとしても、関係者であれば少し考えた後に、気づいた点を答えてくれるでしょう。短い質問であれば相手の時間をさほど取らないので、声をかけられて迷惑に感じる人は少ないはずです。後から関係者だったことが判明して手戻りが発生してしまうリスクを考えれば、早くに声をかけたほうがよい判断といえるでしょう。

関係者に該当していても、当人が持っている興味には幅があります。単にプロダクトに興味がある人もいれば、自分の仕事に直接関係や影響がある人もいます。また開発に対してどの程度の権限や影響力を持っているのかも異なります。それぞれが持つ開発との関係性を整理するのは大変ですが、**「興味の高低」と「権限／影響力の高低」の2軸で関係者を分類するだけでも、気にかけるべきことや適したコミュニケーション手段が整理できます**（図5-3）。

図 5-3 関係者の分類

権限／影響力	興味：低	興味：高
高	[満足させるべき関係者] ・興味は低いが、権限／影響力は高い ・定期的に相談し、意見／懸念／アイデアが理解され、受け入れられていると感じてもらえるよう、耳を傾ける必要がある	[重要な関係者] ・開発の成功を左右する ・密接な協力関係／信頼関係を築き、深く関与してもらう必要がある
低	[重要でない関係者] ・最小限のコミュニケーションで、情報を定期的に共有すればよい	[気を配るべき関係者] ・権限／影響力は低いが興味は高い ・適度に情報を共有し、関与してもらうことで、取り組みを推進するための助けになってくれる

筆者が調べた限りで最も古い出典は「Strategies for Assessing and Managing Organizational Stakeholders」5-1 です。その他にも、「ステークホルダー分類」で調べると細部が異なるバリエーションがいくつか見つかります。

2. ゴールの認識を揃える

関係者への声かけが終わったら、次はゴールの認識を揃えていきます。**ここでいうゴールとは、関係者全員がプロダクトを通して実現したいことを指します。**集まった関係者は「置かれている状況」「持っている前提知識」「解決したい課題」がそれぞれ異なっている状態です（図 5-4）。まずはお互いの理解や考え方を話し、共有することから始めましょう。

気をつけるべきなのは、プロダクトを通して最終的に何を実現したいのかをきちんと確認できているかどうかです。関係者の話を聞くことで、開発でやるべきことは明確になっていきます。しかし、**やるべきことをすべて達成しても狙っていたゴールに辿り着かない場合があります。**例えば EC サイトで「ユーザーにまとめ買いを促したい」と考えた際、その理由は複数考えられます。他にも「一人当たりの売上を上げたい」「送料の負担を抑えたい」「定期購入を促したい」といった目標は異なる立場の人たちから出てくるであろうゴールです。まとめ買いを促すことが達成できても、プロダクトを通して実現したかったことが達成できていなければ意味がありません。ゴール認識を揃えておかなければ、開発する内容が適切かどうかを判断できません。関係

図5-4 ゴールの認識を揃える

者の話がゴール（What）ではなく、解決手段（How）に向いているとこういった問題が起きやすくなります。また、成功の指標や基準は決まっていても解決手段がゴールに結びついていない、という場合もあります。先に揃えるべきはゴールであって、解決の手段やスケジュール／スコープではありません。関係者から話を一通り聞き終わった後、その先に何を成し遂げたいのかを聞くようにしましょう。

プロダクトとしての理想のゴールを話そうとすると、抽象的でフワッとしたものになりがちです。例えば「すべてのユーザーが満足してくれるストレスのない購入体験」はまさに理想のECですが、その実現手段はいろいろと考えられます。理想のゴールの手前にある「一人当たりの売上を10%上げたい」「送料の負担を10%抑えたい」「6ヶ月間の定期購入比率を5%上げたい」といった、**具体的なゴールを1つ選んだほうが、やるべきことを明確にでき、続くスコープの議論が進めやすくなります。**

事業戦略や長期的な方向性についても、わかっている限りで話しておきましょう。事業の方向性はシステムの設計に大きな影響を与えます。将来の計画について話し合う中で、設計に影響する要素や懸念事項がちっとも議論されない場合、適切な設計が行えていない可能性が高いです。ただし、可能性の段階ですべての詳細を詰めることは困難であり、予想が外れることもあります。それでも、事業戦略や方向性についてあらかじめ話し合っておけば、実際にプロジェクトが進行してから問題が起きたとしても、議論の概略を元に対処できます。将来のプロジェクトの成功につながる大切なステップとして取り組みましょう。

3. スコープの認識を揃える

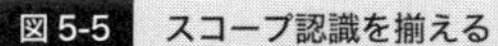

関係者が集まり向かうべきゴールの認識が揃ったら、**どの時期に何を達成したいのか、プロダクトに必要な機能やそのためのユーザーストーリーを洗い出し、開発するスコープの認識を揃えます**（図 5-5）。

図 5-5　スコープ認識を揃える

まずはやるべきことの洗い出しからです。考えていること、頭に思い浮かんだことはすべて共有しましょう。**「これは担当外のことだから言わなくて大丈夫」と考えるのはよくありません。**後になって実は必要だったと判明することがないよう、些細な事項でも検討する必要はないか確認しましょう。

やるべき項目を洗い出したら、緊急度や重要度を考慮して優先順位をつけます。同じ順位の項目ができないように、順序を定めます。優先順位がないと「すべて緊急である」「すべて重要である」と判断されてしまったときに、最初のリリースに含めたいユーザーストーリーが大きく膨れてしまい、スコープを小さくする議論ができなくなります。こうなるとスコープが大きいためにリリースまでの期間が長くなり、短くリリースして学びを得ていくというアジャイル開発の目標から遠ざかってしまいます。一方で最初のリリースは単に早ければよいというわけでもなく、プロダクトに求められる当たり前の品質や必須の機能も考慮する必要があります。そのためスコープはよく話し合い、**「必ずやる」項目以外に「できればやりたい」「余裕があればやりたい」といった濃淡をつけることが大切です。**機能やユーザーストーリーが決まれば、実現するためにどの程度の手間が必要になりそうか、作業の規模を見積もれるようになります。チームがイテレーションごとにどれくらいの量をこなせそうか、過去の実績から推定します。過去の実績を持っていない新しいチームの場合、一定の時間、実際に作業をしてみて、進捗を計ってみましょう。作業の規模は当初の想定や希望と離れているかもしれません。初回のリリース時期を優先するのであれば、スコープに含まれるユーザーストーリーを見直して減らす必要があります。スコープを見直すときに何を重視するのか意識できるようにしましょう。

またスコープには、すべての機能やユーザーストーリーを含めるべきだと言われがちです。しかし、それはシステムが当たり前に使えるようになった未来を想像しているからこその認識でしょう。例えば最初はデータも少なく、検索や絞り込み機能は必要ないかもしれません。もしくはそもそも機能自体が必要ないこともあります。**まず機能が必要となる前提条件を考え、開発側から関係者へ都度確認を取りましょう。スコープは少しでも小さく、明確なものに絞ることが重要です。**スコープは適切な大きさに抑えられていても、ゴールの達成に寄与しないものが含まれているかもしれません。適切なスコープ設定は難しく、丁寧に議論を積み重ねる必要があります。どんなステップを経て達成していくか、順序の入れ替えが可能な箇所はどこになりそうか、いつどんな協力が必要になりそうかなど、お互いが協力できるように納得がいくまで話し合いましょう。**認識や考え方の差はすぐに埋まらないため、継続して議論していくことが必要です。**

P ユビキタス言語

スコープを揃える場合の注意点として、関係者が使う用語の定義を揃えましょう。**議論で使う言葉を揃え、開発するシステムでも同じ名前を使います。**同じことを言っていると思っていても、後になって認識のすれ違いがわかり問題になることもあります。気がついたら声をあげる、相談／報告の窓口を作る、Wiki やチャットを活用するなど、ちょっとした仕組みで言葉を揃えることができます（図 5-6）。

全員が同じ言葉でコミュニケーションを行うための用語集を「ユビキタス言語」 5-2 **と呼びます。**関係者で同じ定義の言葉を使うように意識して注意し、違う言葉が使われていることに気がついたら、関係者で気軽に話し合えるような場や環境を作っていきましょう（図 5-7）。

図 5-6 関係者が使う用語の定義を揃える

箇所	表現
仕様書	クーポン
ソースコード	coupon
営業資料	引換券
ヘルプ	ページ割引券

▼

箇所	表現
仕様書	クーポン
ソースコード	coupon
営業資料	クーポン
ヘルプページ	クーポン

図 5-7 言葉を揃えた例

割引クーポンの利用

コード上の表現	consume coupon
UI 文言／社内呼称	クーポン利用
定義	ユーザーが使ったクーポンを消化する
注意点	決済完了時のタイミングでクーポンは利用された状態となる
類語／関連語	クーポン消化
関連ドキュメント	ロイヤルユーザー割引クーポン配布企画書

実例による仕様

実施することが明確になったら、順位の高いものから、システムに期待する振る舞いの認識を合わせていきます（図 5-8）。関係者を集め、実際に発生しそうな具体的なユースケース（※5-1）を 1 つずつ取り上げて会話をしていきます。システムで実現することも、人がオペレーションで対応することも、1 つずつ手順を確認していくと、会話の中でスコープや仕様、システム構成の見落としに気がつきます。利用者やシステム、サービスの構成図を簡単にでも用意しておくと、システムのどの箇所でどのような責務が必要になるのか、認識のずれも防げます。

※5-1 ユースケース：ユーザーがシステムを用いて目的を達するまでの、一連の流れやシナリオのこと。

図5-8 ユースケースを元に確認をする

これはGojko Adzicが提案した「実例による仕様（Specification By Example)」5-3 と共通点があります。それは実際のユースケースを用いて、関係者が協働して要件を整理することで、関係者の理解を1つにできるという点です。実例による仕様では自然言語で現実的な例を用いて、「Given（事前条件）- When（トリガー）- Then（事後条件)」の観点で仕様を整理します。開発者／テスター／ステークホルダーがそれぞれの観点で別々に要件を整理してから整合性を取るよりも、誤解や手戻りの発生を防げます。

Q&A どこまで確認したらよいのか

開発を始めてみないとわからないことがたくさん出てくると思います。納得いくまで話していると、時間が長くかかってしまいませんか？

下記が感じられるようになったら十分に確認ができたサインです。

- 次にどこへ向かうのか、どこまでいけばその先が見えるのかがわかっており、重要なことが隠れていないと感じる
- 適切な言葉が使え、プロジェクトについての会話がスムーズにできる
- 新しいユーザーストーリーが出てきたとき、どこを修正すればよいのかがわかる

話題が減るまで毎日話す

では、ここまで取り上げてきたような認識合わせ／議論の場は、どのように設定するとよいのでしょうか。筆者は**まずキックオフミーティングや合宿で土台を作った上で、毎日話す時間を設けて認識合わせ／議論を継続していく形をおすすめします。**キックオフミーティングや合宿は、必要な情報の共有と議論を集中的に行えて効率的ですし、関係者の士気も上がります。一方で日程や時間が固定されてしまうため、議論が不十分なまま終わってしまうこともあり、キックオフミーティングを行っただけでは、認識がずれたまま開発が進行する可能性があります。

キックオフや合宿の後に毎日話す時間を設けておけば、不十分だった議論を継続し、その過程で認識のずれに気がつけます（図5-9）。また、議論内容を咀嚼／理解するために必要な時間は、参加者それぞれで異なります。分散して継続的に開催することで各参加者が理解する時間を十分に取れます。毎日議論を続ける中で「関係者の認識がある程度揃い、これ以上時間をかけても議論することがない」状態に至ったら開催頻度を下げましょう。議論する時間が十分に持たれることで、短期のキックオフや合宿だけを開催する場合と比べて、関係する全員がより深く理解できるでしょう。

図5-9 話題が減るまで毎日話す

毎日話す時間を設ける形式では、参加人数が多くなった際の開催コストや、その場にいない人へ情報を共有するコストが問題になることもあります。参加者については積極的に議論に参加するコアメンバーと、その場で話される内容を把握するために参

加する聴講メンバーを分けて招集することも考えましょう。参加者を限定してしまうと持ち寄られる観点が少なくなる、もしくは偏ることになり、十分な意見が出揃わないかもしれませんが、聴講を許可することで気になる人は誰でも参加できるようになります。また共有の方法は議事録以外に、動画を録画して公開するのも効率的でしょう。

議論の場作りには、以下のようなバリエーションがあります。

- **キックオフ：開発の初期に行う**
- **合宿：開発の初期に行う**
- **話題が減るまで毎日話す：開発の初期に行う**
- **定例会議：開発期間を通して一定のペースで行う**
- **都度相談：開発期間を通して必要に応じて行う**

さまざまな背景を持つチームメンバーやステークホルダーが、一定期間1つの目標に向かうためには、さまざまな無理解や小さな衝突を全員で解決していく必要があります。どれくらいのコミュニケーション量が必要になるのかを事前に知る方法はありません。「会議まで待ってから相談しよう」となると、それまでの間、ボタンの掛け違いが増えてしまいますし、会議にいくら時間があっても足りなくなります。「すぐ相談する」「話題が減るまで毎日話す」は、アジャイル開発をうまく進める秘訣の1つです。

進め方の認識を揃える

スコープの認識を揃えても開発の進め方は複数考えられます。まずは価値が高く、プロダクトの本質的な機能となるものから手がけていくことが基本です。また、開発全体を見渡した上で、遅延や失敗のリスクが高いものを優先して対処し、リスクの軽減策を考えるような調整も必要です。合意したスコープに対する開発の進め方についても認識を揃えておかないと、チームやメンバーは取り組みやすいユーザーストーリーから着手してしまいます。

開発全体のリスクを下げていくために、考慮すべき事項を説明します。

不確実性の高いものからやる

ソフトウェア開発で不確実性が生まれる要因には次のようなものがあります。

- 考えたシステムの仕様で実際に課題を解決できるのかわからない
- これまでに経験がない領域である
- システムに求められる性能や可用性が高い
- 自分たちでコントロールできない外部要因がある
- 開発全体のボトルネックやクリティカルパスが把握できていない

取り組みやすいユーザーストーリーから手をつけてしまうと、不確実性の高いユーザーストーリーが後回しになってしまい、その後の開発で問題を引き起こす可能性があります。不確実性の高いユーザーストーリーに取り組むことは、開発のボトルネックやクリティカルパスを特定し、スムーズな進行に必要な情報を得る上で重要です。また、全体スケジュールは不確実性が高い項目の影響を大きく受けます。**開発のリスクを下げるため、不確実性の高いものは優先順位を上げ、早めに取り組めるようにしましょう。**

コントロールできる事項は早めに決定する

自分たちの責任範囲内で決定可能な事項については、早期に決定するのが望ましいです。設計方針や実装方針について複数の選択肢がある場合は、それぞれの利点と欠点を整理し、可能な限り早い段階で議論を行うことが大切です。しかし現実では、それなりに整理ができても、決め手を欠いて決定できずにズルズルと時間を過ごしてしまうことが少なくありません。**決定すべき事項は関係者全員が確認できるようにし、決定の期限も明確にします。**議論に参加しているメンバーでは決められないのであれば、より上位の権限を持つ関係者へエスカレーションし、早期に決断してもらいましょう。

コントロールできない事項の決定はできるだけ先送りする

プロダクトが外部のサービスやコンポーネントに依存している場合、自分たちだけで決定できない外部要因が存在するため、状況の変化を予測できずに決定できないことがあります。このような場合は、可能性を考慮に入れてシステムを設計し、情報が揃ってから意思決定を行えるようにします。具体的には処理の抽象化層を挟んで、変更の影響範囲を閉じ込めたり、後から処理を差し替えられるようにしたりします。あらゆる状況変化に対応することはできませんが、発生する可能性が高いものは対応の方針をあらかじめ議論し、確認しておきましょう。

進捗状況の認識を揃える

関係者の期待値を聞いて認識を合わせる

開発が始まってすぐに直面する悩みが、進捗についての認識合わせです。顧客／スポンサー／ステークホルダーは進捗が順調であることを期待しており、チームが苦戦しているようであれば改善策を打つよう促してきます。チームは集中して作業に取り組むため、または関係者に安心してもらうために、あの手この手で進捗に問題がないことを示そうとします。しかし、不確実性の高い領域の開発を進めている場合、そもそもの想定や計画が間違っていたというケースは、よく起こります。

そのため、**関係者と開発の状況について認識を合わせる際は、率直に期待値と比べてどう感じているかを質問してみてください。**計画を前倒しで進めていようが、難しい何かを達成していようが、結局のところ相手の期待に対してどのような状況なのかが焦点になります。素直に話したほうが話が拗れません（図5-10）。

ベロシティとは、スクラムにおいてチームが完了させた分の見積もりに対応する

図5-10　関係者の期待値を聞いて認識を合わせる

ストーリーポイント（※5-2）を合計した数字であり、特定の開発対象に取り組む1チームの開発スピードを計測したものです。ただし、ベロシティは異なるチームや開発対象での生産性の比較には適しておらず、定量的な進捗目安として捉えることが重要です。しかし、ベロシティを数値化して報告する際に、数字だけが一人歩きして、生産性の比較に使われたり、何らかの意思決定に使われたりするとリスクが生じます。そのため、ベロシティは進捗を見える化して予測を立てるのに有効ですが、生産性の指標と誤解される恐れがあるため、関係者への伝え方には十分注意する必要があります（図5-11）。

図5-11 無理に数値化して認識が合わないほうが問題

報告フォーマットを揃える

社内の公式な会議などで、関係者向けに進捗報告をする際は、相手に合わせて報告の形式を調整すると不要な誤解を避けられます（図5-12）。組織の全員がアジャイルなやり方やプラクティスを理解してくれるとは限りません。あなたのマネージャーやその上に立つ人は理解してくれても、さらに上の役職の人は理解してくれないかもしれません。**組織階層のどこかでアジャイルな進め方や報告様式が伝わらなくなる境界があり、変革には時間がかかるものです。**報告相手と対話し、理解してもらうように説明を重ねることは大事ですが、それまでの期間は境界に立つ報告者がフォーマットを相手に合わせて変え、やりとりするのがよいでしょう。場合によってはガント

※5-2　ストーリーポイント：対象の規模や大きさを表す相対的な数値のこと。

図5-12　報告フォーマットを揃える

先月のプードルチームはクーポン利用のロジック実装とテストを中心に作業を進めていました。**キャンペーン全体に対しての進捗は60%で、スケジュールに対してはやや遅れています。**残る作業はキャンペーン表示や文言修正など簡単なタスクが多いため、進捗が早まると考えていますが、2週間ほど様子を見て打ち手を検討します

チャート（※5-3）を作成してでも理解を得ることが重要です。もしかしたらアジャイルなプラクティスに興味を持ってもらえて、チームの詳細がより伝わりやすい報告フォーマットを模索する機会が得られるかもしれません。理解が得やすい報告フォーマットの1つとして、第6章で紹介するバーンアップチャート（275ページ）などがあります。

進捗の認識を合わせていると「どのくらいのリソースを最優先のユーザーストーリーに割り振れるのか」という話題が出てきます。アジャイル開発ではフロー効率を重視し、最優先のユーザーストーリーを小さく分割し、少しずつリリースしていくことを目指します。しかし、**現実的には最優先のタスクに100%の時間が割けるわけではなく、どうしても次のようなゴール／スコープに直結しない運用関係のタスクが発生します。**

- 既存バグの修正や障害対応
- セキュリティ対応
- ライブラリ更新やフレームワーク更新
- リファクタリング
- 技術調査。将来取り組むことの準備

適切な割合は現場の状況によって異なりますが、筆者は運用関係の作業には全体の30%程度の時間を使うことを想定しています（図5-13）。バグやリファクタリン

※5-3　ガントチャート：時間を横軸に、作業内容を縦軸に配した作業計画と進捗を表現する棒グラフの一種です。

図 5-13 開発に割ける割合

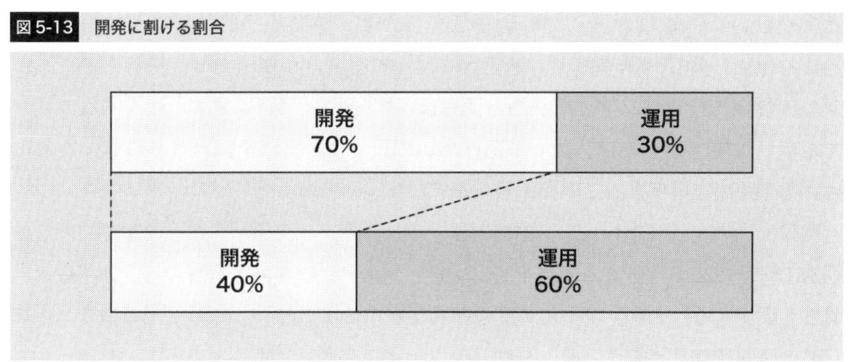

グなどの対処を後回しにして開発を進め、より早くゴールに辿り着きたいという話はよく聞きます。しかし、そうして得られたスピードは徐々に減衰し、あまり長続きしません。筆者の経験ではプードルチームが取り組むような Web サイトの開発では、3ヶ月ももてばよいほうです。いずれバグや障害への対応に振り回されて、機能を開発するどころではなくなってしまいます。また多くの場合「残り 70% の時間はいつでも開発に使える」とはいかないのが難しいところです。筆者の経験では開発の割合が 40% まで減ることも想定しておかないと、計画の見直しが起きやすいです。バグの修正や障害への対応はどうしても発生するので、期日が重要な開発は余裕を持った計画を立てましょう。

技術プラクティスを適用する余力を確保する

スケジュールを検討する際には、これまでの各章で取り上げた多様な技術プラクティスをどのように適用するか、総合的に考慮することが重要です。例えば、第4章で紹介した運用はちゃんと検討できているでしょうか？　ログ運用の改善を考える時間は取れるでしょうか？　第3章で紹介した継続的デリバリーのツールを導入するタイミングはいつになりますか？　また、第2章で触れた自動テストやリファクタリングは十分に実施できるでしょうか？　未経験のツールも多く存在することでしょうが、それらを調査するのはいつですか？　コードベースが拡大すると、メンテナンスに必要な時間も増えていきます。

ビジネス価値と密接に関連する機能の成長速度を維持するためには、技術プラクティスも継続的に進化させることが求められます。「そんなことに時間を使っている暇がない」―これは誰にでも当てはまります。時間や予算、人員が常に限られているため、賢く時間を使い、継続的に改善することが重要です。そのため、エンジニアとして成長し、学ぶための時間も確保することが必要です。個人的な成長ができない環境で働くのは、誰もが避けたいでしょう。実験や試行を繰り返すためには、その時間を確保することが不可欠です。

困難な現実を述べましたが、本書で紹介した技術プラクティスの多くは、時間を効率的に使うための方法でもあります。ソフトウェアビジネスの世界では、効率性と経済性を実現するために、開発者の知恵と勇気が求められます。成果を上げつつ、学ぶための時間を作り出すことを、技術プラクティスを通じて実現できることを期待しています。

5-2 開発内での認識合わせ

設計を事前に協議する

事前の設計相談

ソフトウェア開発において、設計は重要な工程です。稀に、アジャイル開発は設計を行わずに進めてよいと考える人がいますが、これは誤解です。設計はもちろん行うのですが、全体の状況を踏まえてあまりにも細かく検討しすぎないようにし、進行に応じて設計全体を繰り返し見直していくことが求められます。設計には、要求（ユーザーがやりたいこと）、要件（システムがやるべきこと）、仕様（システムの具体的な挙動）、設計（挙動をどう実現するか）と、考えておくべきことがいろいろとあります。

設計という言葉には、人によってさまざまなイメージがあります（図 5-14）。開発者は、プログラミング言語やフレームワークの選択、データベースのテーブル設計を考えますが、開発全体を見る立場では、システム全体の拡張性、信頼性、保守性などを考慮することを考えます。事前の設計相談は、**「実装前に考慮するべき大枠」**と**「実装後に具体化するべき事項」**に分けることができます。

図 5-14　設計に抱くイメージは人によって異なる

「実装に着手する前に考えておくべき大枠」にはプロジェクト初期の技術選定やアーキテクチャ検討が含まれます。また、２チーム以上が協力して開発を進める場合や、システム全体に影響する事項がある場合は、チーム同士での話し合いが必要です。技術面のリードを行うテックリードや、設計面で責任を持つアーキテクトのような役割があらかじめ決まっている場合もあります。実装が複数のチームにまたがらなくても、他とあまりにも異なる技術選定や設計がされている場合は、運用や保守に問題が

生じる可能性があります。複数のチームで開発、運用、保守を行う場合は、実装前にチーム間で設計方針を揃えておくことが重要です。

「実装後に具体化するべき事項」にはシステム内の詳細設計が含まれます。パッケージ、モジュール、クラス、関数、ソースコードなどの細部について、実装前に完全に考えきることは困難です。そのため、システム内の詳細に近づくほど、チーム内部のメンバーや担当者が設計を行うべきです。上位のユースケースや責務が整理されなければ、データ構造やクラス／パッケージなど下位の実装設計の話はできません。データ構造やクラス設計などを積み上げ、機能するソースコードを考えることだけが設計ではありません（図 5-15）。

図 5-15　システム設計のレベル

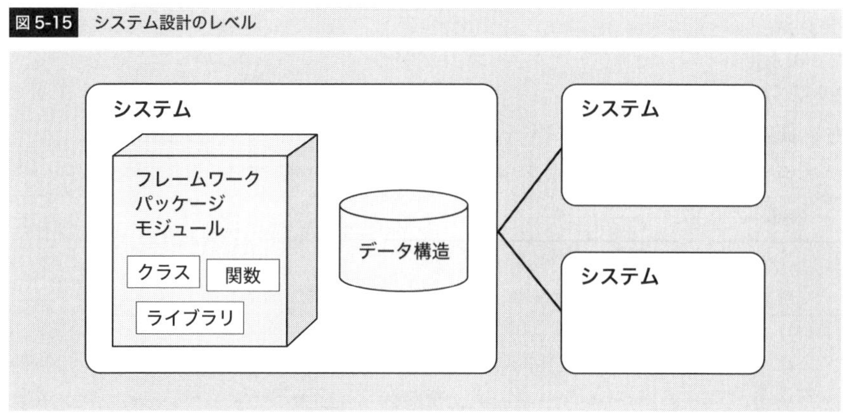

リスクがあるユーザーストーリーは「スパイク調査」

スパイク調査

ユーザーストーリーの中には実現方法や技術制約がすぐに見通せないものもあります。見通しが立たないまま開発に入ると、後になってから実現できないことが判明したり、できあがるまでどれくらいかかるかも想定できなくなったりと、時間と労力を浪費するリスクを抱えることになります。アジャイル開発では、こうした不確実性が高い場合に、予備的な調査や実験を行うことがあり、これを「**スパイク（探針）調査**」5-4 と呼びます。スパイク調査とは事前に行う技術的な調査のことで、**実現方法や技術制約が見通せないものに対して情報を集めたり、何らかの解決策を見つけた**

りするために実施します。スパイク調査に適した例には、次のようなものが挙げられます。

- **ユーザーストーリーの実現方法が不明で、調査時間も予測できない**
- **採用を検討している新技術について知識不足で、自信を持った決断ができない**
- **ユーザーストーリーが外部APIやライブラリに依存し、技術的なリスクがある**

スパイク調査のメリットは実際に開発に着手する前に、さまざまな情報が得られることです。ユーザーストーリーの見通しがついたり、開発作業の見積もり精度が上がったり、技術的なリスクに前もって気がつけたりします。

スパイク調査は特に決まったやり方はありませんが、取り組み時に気をつけるべきことがいくつかあります。

- **スコープについて**
  優先順位の高いユーザーストーリーを優先し、先のものは調査を控える
  目的や課題に応じて必要なストーリーにのみ調査を実施する
- **時間について**
  すべてを検証しようと時間をかけすぎない
  事前の設計フェーズではないため、時間をかけすぎないようにする

スパイク調査の目的は、直接的な開発の成果ではなく、調査する対象について理解を深めることです。そのため、何がどこまでわかれば次のステップを判断できるかを話し合っておくことも大切です。一定の時間を投資して結果を確認し、必要に応じて追加の調査が必要かどうか、方向転換するかを都度判断しましょう。スパイク調査は開発に割ける時間の20%ぐらいを目安にし、時間内に終わらなければ状況を整理した上で再計画してください。

Q&A スパイク調査の進め方

私たちの開発はスクラムで進めています。スパイク調査はプロダクトバックログアイテムとして扱えばよいのでしょうか？

やりやすい形で構いません。チームとしてスパイク調査が進められるのであればプロダクトバックログアイテムとして管理しましょう。

Q&A どのくらいスパイク調査を実施するか

開発リスクが高いユーザーストーリーが多すぎて、最近はスパイク調査ばかりやっています。

直近で着手するものに限定してスパイク調査を実施しましょう。スパイク調査の時間に上限を設けて、時間を使い切っても終わらなかったら改めて方針を考えるのも手です。

大きめの開発はDesign Docで目線を合わせる

Design Doc

「Design Doc」 5-5 **とは開発を始める前に、開発の背景／目的／設計／代替案を整理するドキュメント手法です。**ドキュメントを元に関係者と共有／議論することで、取り組みを明確化し、手戻りを減らすことを目的としています。Google で取り組みが始まり、現在では多くの技術企業に取り入れられています。Design Doc は設計書や仕様書というよりも議事録に近い位置づけで、何度も議論して修正しながら作り上げていくことを重視しています。この手法は、ソースコードを書き始める前のコードレビューのような役割も担っています。

Design Doc は、開発するものを十分に検討／詳細化できますが、一方で忙しくても読み通せるぐらいの短さにまとめる必要があります。重要な事項を書くことに絞り、詳細なことは書きすぎないことが重要です。すべての開発で事前に用意する必要はありません。筆者は数ヶ月以上かかる開発、いくつか実現案が考えられる開発、技術的／ドメイン的に新規で不慣れな開発に取り組む際、１～２週間程度の時間をかけて用意しています。

Design Doc の項目には規定はありませんが、そもそも「比較的形式ばらないドキュメント」という立ち位置です。項目が多ければよい、分量が書いてあればよいとするのではなく、自分たちの開発で何を明確に残しておかなければならないかを議論し、取捨選択してください。仕様書や設計書などのドキュメントでは記載される機会が少ない一方で、Design Doc では意味があるとされる項目に「目標でないこと」と「代替案」があります。開発が長期化するとやることがぶれてきてしまいますが、はじめに目標としないことを明示しておくと、スコープが広がることを抑制できます。また検討した際に考慮した代替案が記載してあると、開発時にどこまで考慮して意思決定したのかを推し量ることができ、意思決定の参考にも設計スキルの教育にも役立ちます。

[Design Doc に含める項目]

- 概要
- 背景
- 対象範囲
- 目標
- 目標でないこと
- 解決策／技術アーキテクチャ
- システムコンテキスト図
- API
- データストレージ
- 代替案
- マイルストーン
- 懸念事項
- ログ
- セキュリティ
- オブザーバビリティ
- 参考文献

5-3 計画の継続的な見直し

朝会にてー
手が空いたので次これやりますね
あ！こっちの作業が優先だから先にやってほしいです

それはこの間、片づけたのでもう不要です！
ありゃ

タスクをこなすのを意識しすぎて、進め方の見直しができていませんね

頻繁に開発状況の確認はしていますけど……
進め方の見直しはそういえばやってないですね

定期的に見直すにはどんなことに気をつけたらいいんだろう？

ユーザーストーリーを小さく分ける

ユーザーストーリーの分割

反復的に開発を行うには、全体として動作する状態を維持しつつ、イテレーションごとに着実にインクリメントを用意し、フィードバックが得られるようにします。しかしイテレーションで取り組むことができる量には限界があり、１つの大きな項目がイテレーションの大部分を占めると、イテレーション全体が失敗に終わる可能性があります。また大きな項目は見積もりが難しく、ブレの幅も大きくなりがちです。そのためイテレーションに取り入れるユーザーストーリーは、小さく明確になっていることが好ましいです。大きなユーザーストーリーは、着手する前に細かく分割し、不明確なところが残らないようにしておきます。小さく明確な項目であれば見積もりが容易になり、ブレ幅も小さくなることが期待できます。

ユーザーストーリーを分けるときは直近で着手する可能性が高いものを優先します（図5-16）。やるかどうかもわからないものを時間をかけて検討するのは無駄だからです。すべてのユーザーストーリーを細かく分ける必要はありません。大量の細かいストーリーがあると、全体の把握が難しくなります。そもそもすべてのユーザーストーリーに着手できる余裕はないでしょう。長期間（プロジェクトの長さによりますが数ヶ月〜１年以上）動きがないユーザーストーリーには、将来的にも手をつける可能性はほとんどないでしょう。すべてのユーザーストーリーを細かい単位で管理していると、結果として将来着手することのないユーザーストーリーの管理に工数を

図5-16　直近のユーザーストーリーを優先して小さく分ける

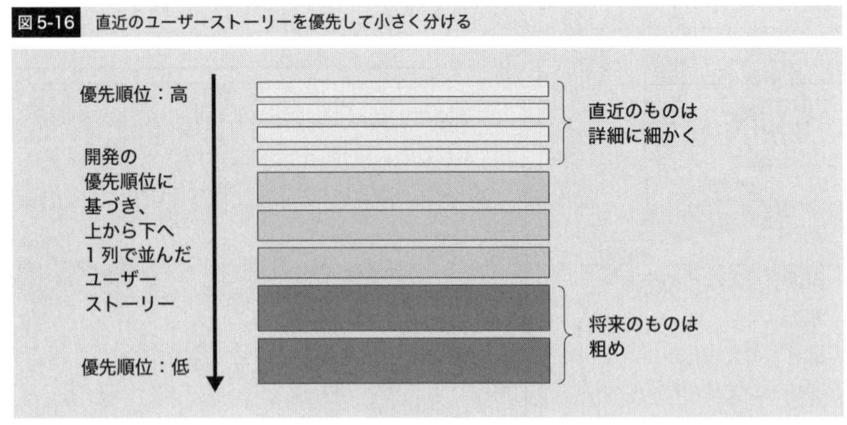

使ってしまうことになります。すぐに着手する予定の項目は、細かい単位への分割や見積もりを済ませておき、チームがすぐに実装を始められる状態にしておきます。直近の２〜４週間程度で開発を行う分を用意できているとよいでしょう。開発するかわからないものは大きい粒度で管理しましょう。優先順位の入れ替えも大きい単位のまま行えますし、計画に多少なりとも加味されていることは可視化できます。

INVEST

ユーザーストーリーを分ける際はいくつか考慮が必要です。**対話を重視した反復型の開発で扱いやすいユーザーストーリーの特性を整理した基準があり、これらは各項目の頭文字を取って「INVEST」** 5-6 **と呼ばれています**（表5-1）。扱いにくいと感じるユーザーストーリーがあったら、INVESTに照らして改善できるところがないか考えてみましょう。

表5-1 ユーザーストーリーが満たすとよい特性：INVEST

頭文字	意味	解説
Independent	独立している	お互いに独立している。依存関係や前後関係がないことが望ましい
Negotiable	交渉可能である	決定事項や契約でなく、相談や交渉の余地がある
Valuable	価値がある	ユーザーにとって価値がある
Estimable	見積もれる	見積もりができるぐらいの大きさで具体化されている
Small	小さい	十分な大きさに分割されている。チームが扱うのに適切な大きさである
Testable	テストできる	できたかどうか判断できる

ユーザーストーリーを分ける際のアンチパターンもあります。次の３つは慣れないうちによくやってしまいがちなパターンです。

- **工程ごとに分ける**
  ユーザー目線でのインクリメントが作れておらず、価値がない
  （例）設計→実装→検証→リリースなど
- **技術／レイヤーごとに分ける**
  ユーザー目線でのインクリメントが作れておらず、価値がない
  （例）DB設計→バックエンド実装→フロントエンド実装など

- **画面の単位ごとに分ける**
  フィードバックを参考にすることなく画面を構成するコンテンツを先に作り込んでしまう
  前後の画面遷移を考慮せずに作ってしまう

筆者の推奨する分割パターンを表 5-2 にまとめました。分割後に INVEST の条件を満たせているかを確認することで、徐々に望ましい分割のやり方を身につけていきましょう。

表 5-2　ユーザーストーリーの分割パターン

分割パターン	例
ユースケース／機能で分ける	・注文ができる ・注文確認メールが届く ・注文確認画面で確認できる
役割／ペルソナで分ける	・管理者／一般ユーザー ・初心者／ヘビーユーザー
デバイス／プラットフォームで分ける	・Windows ／ Mac ／ Linux… ・Chrome ／ Firefox ／ Safari… ・iOS ／ Android…
CRUD で分ける	・Create：追加 ・Read：表示 ・Update：更新 ・Delete：削除
テスト／非機能で分ける	・正常系／異常系 ・低負荷／高負荷
データフォーマット	・JPEG ／ PNG ／ WebP… ・JSON ／ XML…
インタフェース	・CLI ／ GUI ・HTTP ／ gRPC
ダミーデータ	スタブ、モック動作／実データ動作

ユーザーストーリーを整理して見通しをよくする

P ユーザーストーリーの定期的な棚卸し

ユーザーストーリーを長期間管理していると、現在どのような状態なのかわからないものが段々と溜まっていきます（図 5-17）。溜まったユーザーストーリーは定期的に棚卸しして、重要なユーザーストーリーが見落とされることのないようにしましょう。

図 5-17 ユーザーストーリーが不適切な状態で溜まるのを防ぐ

優先順位：高
開発の
優先順位に
基づき、
上から下へ
1 列で並んだ
ユーザー
ストーリー
優先順位：低
・・・
やるべきか判断できない
状態で下に溜まり、管理
しづらくなる

ユーザーストーリーの現在の状態がわからなくなるのは、次のような手入れ不足が原因です。

- **開発する内容が変わったのに中身が見直されていない**
- **仮で追加された不十分な状態のユーザーストーリーが放置され見直されていない**
- **すでに不要になったのにそのまま残されている**

「棚卸し」と聞くと、難しそうに感じるかもしれませんが、簡単に行うことができます。棚卸しを行う際は、次のように進めるとよいでしょう。

まずユーザーストーリーを眺めて「ステータスが間違っていそうだな」「これはもうやらないだろうな」と思うものをピックアップします。そして、ユーザーストーリーを起票した人／詳しいであろう人に確認してもらいましょう。3ヶ月に一度など時期を決めて定期的に棚卸しを実施し、ユーザーストーリーを見直します。「今はできないが、いつかやりたい」ようなユーザーストーリーも強い気持ちを持って捨ててしまいましょう。着手できるようになったとき、必要性が高まったときにまた記載すればよいのです。

ユーザーストーリーの数に制限を設けるのも 1 つのアイデアです。ユーザーストーリーの数が上限に達していないかを常に気にするのも 1 つのやり方ですが、不定期に優先順位の高いもの以外を捨ててしまうのが運用としては楽です。捨てたユーザーストーリーの中に必要なものが含まれているのではないかという懸念を持つかもしれませんが、必要だったことがわかったタイミングで改めて関係者と確認し、新規で追加し直しましょう。

Q&A 捨てないほうがよいユーザーストーリーもあるのでは？

デザインイメージまで用意した施策とか、すぐに着手できなくても記録のために残しておいたほうがよいのではないでしょうか？

いつかやりたいことを残しておくことで、より重要なユーザーストーリーを見落としてしまうほうが問題です。強い気持ちでより価値のあるユーザーストーリーに集中しましょう。

Q&A 別にリストを作って管理したい

僕の手元に別の「いつかやりたいリスト」を作っておきますね。まだ固まっていないアイデアや個人で認識している改善点などいろいろあるので。

リストが別に存在したり、個人管理のものがあったりすると、チームメンバーが把握しないものができてしまいます。議論する機会を奪ってしまうので、1つにまとめて共有管理しましょう。

開発の規模がさらに大きくなると、チームが複数に分かれることがあります。チームが複数あったとしても、プロダクトを全体として1つのまとまりあるものに維持しつつ発達させていくためには、チームを超えてコミュニケーションを取ることや、より広い範囲のステークホルダーを巻き込み認識を揃えていくことが必要になります。第6章では顧客価値のデリバリーに適したチームの編成方法、チーム間でコミュニケーションをうまく取るプラクティス、ステークホルダーを巻き込んで認識を揃えるプラクティスを紹介します。

References

5-1 「Strategies for Assessing and Managing Organizational Stakeholders」Savage, G.T.・Nix, T.W.・Whitehead, C.J.・Blair, J.D.（1991、ACADEMIA）
https://www.academia.edu/35352360/Strategies_for_Assessing_and_Managing_Organizational_Stakeholders

5-2 『エリック・エヴァンスのドメイン駆動設計』Eric Evans（2011、和智右桂・牧野祐子 訳、翔泳社）

5-3 『Specification by Example』Gojko Adzic（2011、Manning Publications）

5-4 『アジャイルな見積りと計画づくり ～価値あるソフトウェアを育てる概念と技法～』Mike Cohn（2009、安井力・角谷信太郎、毎日コミュニケーションズ）

5-5 「Companies Using RFCs or Design Docs and Examples of These」Gergely Orosz（2022、The Pragmatic Engineer）
https://blog.pragmaticengineer.com/rfcs-and-design-docs/

5-6 「INVEST in Good Stories, and SMART Tasks」Bill Wake（2003、XP123）
https://xp123.com/articles/invest-in-good-stories-and-smart-tasks/

開発項目をコンパクトに保つには、クリーンなコード

Splunk
Senior Sales
Engineer,
Observability
大谷和紀
Kazunori
Otani

私が経験した広告配信サービスでよくある仕事の１つとして、特定の広告掲載メディアに対して効果の低い広告案件を止めるという仕事があります。これを実現するには、例えば、メディアに出ている広告案件とその効果を表す指標を表にまとめ、広告運用チームの担当者が眺めて、「これ以上は出しても無駄だなぁ」と思う広告案件の配信を止めれば大丈夫です。しかしその場合、担当者は常にその表を開き、数百もの広告案件を確認する必要があります。確認して止めるまでに数日がかかると、無駄な広告費用が発生してしまいます。これはシステム化して自動化するのが妥当です。

さて、このバックログアイテムについて検討してみましょう。毎時の定期的なバッチ処理で実装してみるとします。重要なのは、どういう条件で広告配信を止めるかです。広告運用チームによる「これ以上は出しても無駄だなぁ」という判断を自動化するためには、どう進めていけばいいのでしょうか？

広告運用チームは、現在運用しているルールは５つあると言っています。１つめはコレ、２つめはアレ、３つめは……という具合に、or でつながる if 文の条件が出てくるわけですが、残念ながら、最後の５つめの条件だけ明確ではありませんでした。あなたは開発チームとして、広告運用チームに「バックログに着手するために、５つめの条件を明確にしてほしい」と要求するかもしれません。「５つめの条件」が明確でなければ実装はできないし、そうなると完成はできない……と考えるかもしれませんが、果たしてそれでよいのでしょうか？

広告運用チームが提示した４つの条件については、すでに明確であり、実装可能です。しかも、「５つめの条件」とは独立していることがわかっています。その場合、先に４つの条件を満たす処理を実装して完成させてから、最後に５つめの条件を追加することもできるはずです。４つの条件が自動化されるだけでも、広告運用チームの負担はかなり減ります。

さらに、もしかして将来「機械学習を使って広告を停止判定させたい」というようなアイデアが出るかもしれません。そのときでも、６つめの条件として追加すれば、一旦は大丈夫なはずです。もっとも、将来のことはわからないことも多いので、もしかしたら書き直しになるかもしれませんが、そのときはそのときです。

最小限の機能をデリバリーしつつ、コードをクリーンに保ち、デプロイを整理して、要件に対してさまざまなオプションを柔軟に提供していくのが重要です。コードは一度稼働させたら終わりではありません。

第 6 章

「チーム連携」で活用できるプラクティス

これまで紹介してきた技術プラクティスは1つのチームにおける活動にフォーカスしたものでした。しかし、実際の現場では別のチームや、異なる職種のステークホルダーがいます。第6章では、顧客価値のデリバリーに適したチームの編成方法、属人化の解消のためにできること、開発パフォーマンスの測り方、円滑なコミュニケーションのためのプラクティス、ステークホルダーを巻き込んで認識を揃えるワークショップを紹介します。

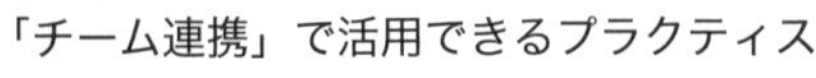

数ヶ月後
クーポンキャンペーンの
残務対応ようやく終わり
ました〜
おつかれさま

聞いた？
今度はもっと大きな
プロジェクトが
始まるんだって

ええっ!!
次は開発チームの
メンバーも変わる
みたいだよ…

そのころ、会議室
よし。じゃあ、
新プロジェクトの
メンバーを検討しよう
はい！

プードルチームは
この間のプロジェクトの
成功もあるし、
新プロジェクトもぜひ
引っ張っていってほしい
ありがとう
ございます！

ただ、1チームだと厳しそうだから、
チワワチームのメンバーも合流して
一緒に開発してもらおうか
え……

それだと人数が少し偏りますね。
別のプロジェクトに移ってもらう
人も考えたほうがよいのでは？
わわわ…

チームがバラバラに
なるってこと！？
前のプロジェクトで
せっかくチームが
まとまったのに…

すみません！
一度、プードルチームと
チワワチームで体制や
進め方を預からせて
もらえませんか？

チワワチームは私も
以前所属していて
よくわかっていますし
そうですね。
それなら任せますよ

新プロジェクトでも、
楽しく仕事ができる
やり方を模索しましょう！
はい！

6-1 チームの基本単位

ということで新しい
プロジェクトは
チワワチームと一緒に
担当することに
なりました

メンバーを大きく入れ替えると、
パフォーマンスが大きく
落ちてしまうこともあります
からね
プロジェクトに合わせて
チームを見直すものだと
思っていました

プードルチームと
合わせてチームを
シャッフルするんですか？
いえ、そこは
変えない予定です

チームメンバーって
そもそもどう決めて
いるんですか？
それは私も
気になっていました

アジャイル開発では
チーム単独でリリースまで
対応できるように
するのが望ましいです
そのあたりを、
これから説明して
いきますね

チームで仕事を担う

チームでの開発について、「人が集まれば自ずとチームワークが生まれ、一人では成し遂げられない成果が出せる」「チーム体制さえ決まれば後は大丈夫」と、つい楽観的に考えてしまうことはないでしょうか。しかし、実際にチームワークが生まれてチームが機能するようになるには長い時間がかかります。メンバーを短期間で入れ替えて、せっかく機能しかけているチームを壊してしまっては取り返しがつきません。開発の対象や注力する領域は変わっていくものです。**プロジェクトに合わせてチームを組成／解散するのではなく、チームにプロジェクトを与えるように発想を転換する必要があります**。開発体制を考えるときの基本単位は個人ではなくチームです。

ではチームをどのように構成するとよいのでしょうか。「小さなステップを踏み出し、経験からの学びに基づいて改善を繰り返す」というアジャイルなゴールをチームで目指すのであれば、大半のチームはフィーチャーチームで構成する必要があります。**フィーチャーチームは「組織の既存の枠やコンポーネント等にとらわれず、顧客価値を１つずつ完成させてデリバリーできる長寿命のチーム」です** 6-1 。フィーチャーチームの詳細に移る前に、まずはよくあるチーム構成から順に説明します（表 6-1）。

表 6-1 よくあるチーム構成

構成	特徴や利点	課題
プロジェクトチーム	・プロジェクトのために集められたチーム	・チーム寿命が短い ・プロジェクトの終了とともに解散することが一般的
目的別チーム	・リアーキテクチャ、運用保守など特定目的のために集められたチーム	・目的によってモチベーションが低下しやすい ・チーム間で対立が生まれやすい
職能別チーム	・同じ職能を持つメンバーが集まる ・専門性を高めやすい ・メンバーがすでに持っている専門能力を生かしやすい	・チーム単独で顧客価値がデリバリーできるとは限らない ・どの能力が必要になるか長期の予測が難しい。またその能力を持った人員を配置できるかといった悩みが常に発生する
コンポーネントチーム	・同じコンポーネントを担当するメンバーが集まる ・ドメイン知識や専門性を深めやすい	・チーム単独で顧客価値がデリバリーできるとは限らない
クロスファンクショナルチーム	・複数の職能／専門知識を持つメンバーが所属する	・チーム単独で顧客価値がデリバリーできるとは限らない
フィーチャーチーム	・顧客価値の提供を目的としたチーム ・チーム単独で顧客価値がデリバリーできる ・クロスファンクショナル＆クロスコンポーネント	・多くの領域（職能・コンポーネント）に携わる必要がある ・実践は難しい

プロジェクトごとにメンバーが集められ、終了すると解散するのが「プロジェクトチーム」です。中長期のリアーキテクチャや、期限のない運用保守など、特定の目的ごとに集められる「目的別チーム」もあります（図6-1）。プロジェクトチームは目的を達成するとチーム構成を見直すことが多く、チームの寿命は一般的に短くなります。目的別チームは時間が経つにつれ、取り組みがマンネリ化してしまい、長期間のモチベーションを保つのが難しくなるケースがよくあります。加えて、自分たちの目的に集中しすぎると、他チームと対立するような動きを取ってしまうこともあります。例えばバグ修正やリアーキテクチャ専門の特命チームを作ってプロダクトの技術的負債を減らすことに集中してもらうとします。チームはその使命を果たすべく積極的に取り組むでしょう。しかし次第に特命チームのメンバーは他のチームが積み上げるバグや技術的負債に対して不満を募らせていきます。最悪、きつい言い方や態度で職場の人間関係を悪化させるかもしれません。

図6-1　プロジェクトチーム、目的別チーム

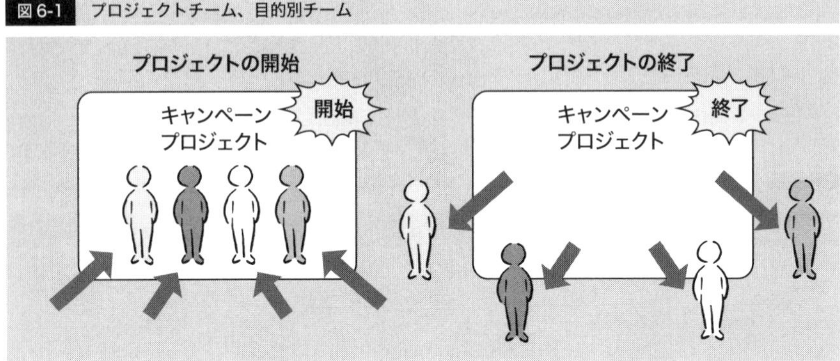

デザイナー／フロントエンドエンジニア／バックエンドエンジニア／インフラエンジニアなど、職能別にチームを形成するのが「職能別チーム」です（図6-2）。メンバーの人事評価をその職能に詳しい人が行うことを考慮して選択されることが多い形態です。似たスキルを持つメンバーが集まることで、技術的な専門性を高めやすいメリットもあります。一方で「自分たちの専門領域を見ていればよい」という考えが起こることで、専門領域外に目を配ることが減り、ドメインに関する知識が深まりにくくなる可能性があります。また顧客価値をデリバリーするには複数チームの知見や協力が必要となるため、他のチームと多くのコミュニケーションを取ることになります。デザイナーはフロントエンドエンジニアの力を借り、フロントエンドエンジニア

はバックエンドエンジニアの力を借りる必要があります。

図 6-2 職能別チーム

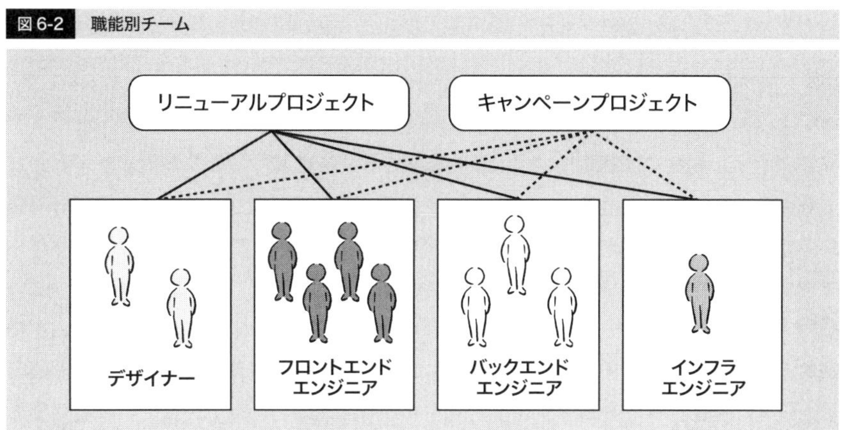

特定機能をまとめたコンポーネントやサービスごとにチームを割り当てる方式が「コンポーネントチーム」です（図 6-3）。ドメイン知識や専門性を深めやすく、チーム単独でコンポーネントをリリースできるようになります。しかし、チーム単独で顧客価値をデリバリーできるかどうかは、アーキテクチャにおけるコンポーネントの責

図 6-3 コンポーネントチーム

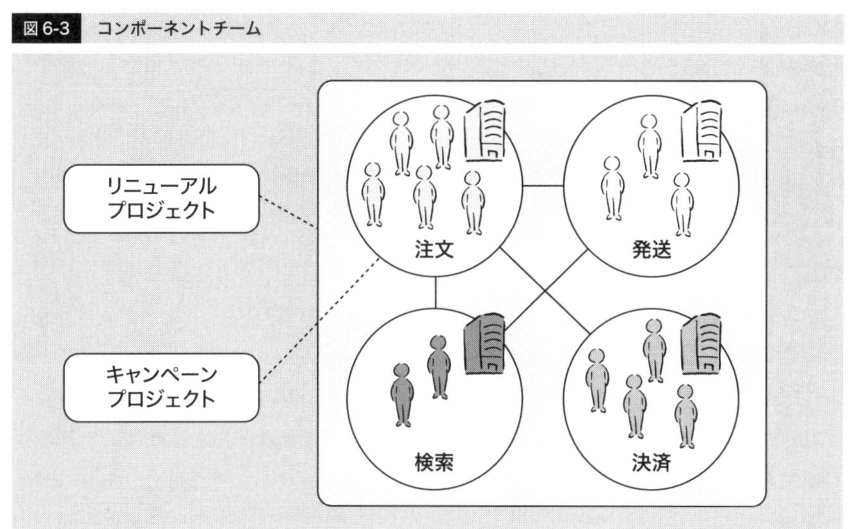

務に依存します。開発全体の優先順位とコンポーネントチームの優先順位とが整合しない事態はしばしば起こるため、複数のコンポーネントにまたがる機能をデリバリーするにはチーム間やステークホルダーとの調整が必要になります。

フィーチャーチーム

アジャイル開発では価値提供に必要となるさまざまな職能や専門知識をチームとして備えた、機能横断型のチームを組みます。チームを組む際は、チームに必要な開発スキルが広く網羅されているかどうかよりも、チーム単独で顧客価値をデリバリーできるかどうかを重視します。この能力を備えたチームを「**フィーチャーチーム**」6-2 と呼びます（図6-4）。フィーチャーチームは**コンポーネントごとにチームを構成するのではなく、各チームがコンポーネントを横断して扱えるようにします。**顧客にとっての価値に責任を持ち、知識やスキルが不足する場合はチームで学習して獲得します。

図6-4 フィーチャーチーム

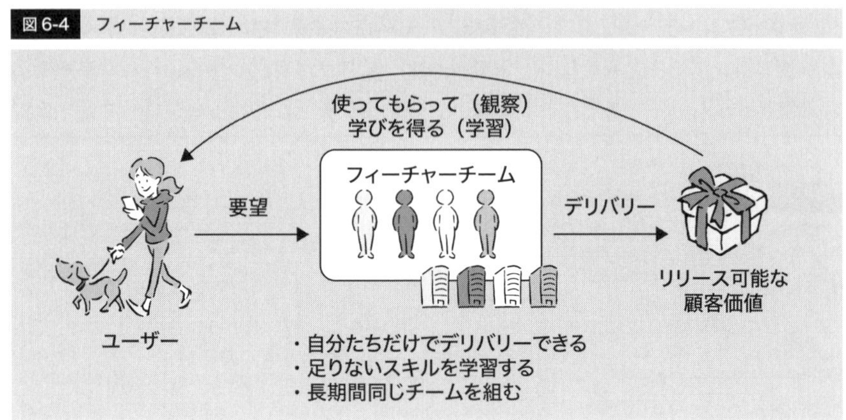

コンポーネントチームでは「ユーザーストーリーをコンポーネントごとに分割」し、「コンポーネントチームにそれぞれタスクを依頼」し、「定期的に情報を集めて進捗管理を行う」必要があります。この進め方では調整役が不可欠で、この役割はよく「プロジェクトマネージャー」と呼ばれます。この形式ではチームとは別に管理役や調整役を置くため、チームは自己管理することができません。そのため、チーム単体で顧客価値をデリバリーすることは困難になります。「このソースコードは誰が管理

している、どのチームが担当している」という意識を変え、「ソースコードとサービスを共同所有している」という意識を持てるようにフィーチャーチームへ移行すべきです（図6-5)。

図6-5 フィーチャーチームとコンポーネントチームの違い

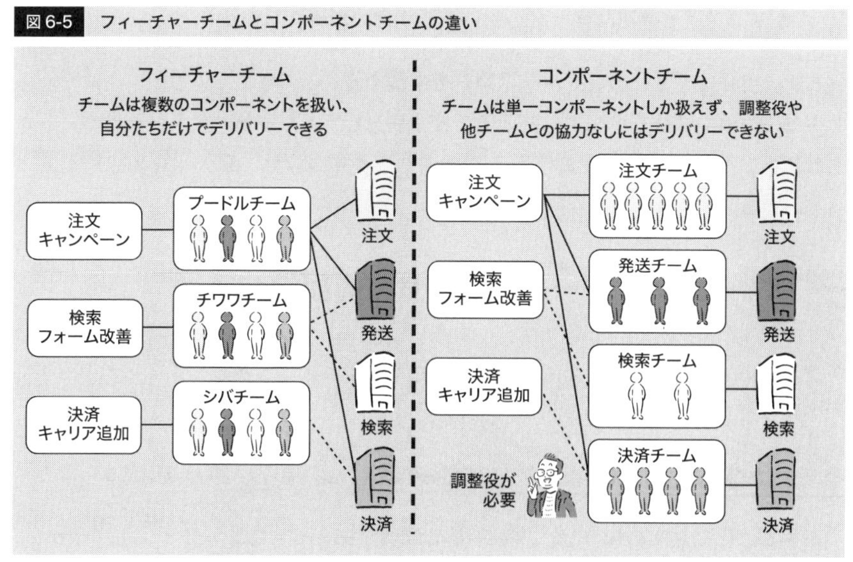

プロジェクトチームや目的別チーム、コンポーネントチームでは、わかりやすさを重視して、目的や担当するコンポーネントの名前がそのままチーム名となることが多いです。**フィーチャーチームではそれらに紐づかないチーム名をつけましょう。**目的や担当と紐づくチーム名がついていると、関連する作業がそのチームへ偏るようになります。フィーチャーチームは単体で価値提供を行うことができるため、自律したチームになっていきます。チームの名前も、チームメンバー自身で考えて決めるとよいでしょう。チームへの帰属意識を育み、チーム独自の文化を築くきっかけとなります。

フィーチャーチームの実現には時間が必要になります。**1週間や1ヶ月で成否を判断するのではなく、もっと長い期間でチームの成長をサポートします。**少人数のチームであっても、取り扱うコンポーネントは多く、足りない知識やスキルに出会うたびに学習し続ける必要があります。チームを信じ、次の点に丁寧に取り組んでいきましょう。

- フィーチャーチームを組んだ意図を丁寧に説明する
- 互いに教え合うことを奨励する
- 学習による一時的なアウトプット減少を受け入れる
- 心配するステークホルダーがいれば説明に伺い理解を求める

また一度にたくさんのコンポーネントを学習することにならないよう、ユーザーストーリーの優先順位を多少入れ替えることも検討してください。こうしたサポートがあれば、フィーチャーチームは扱える領域を1つずつ広げ、属人化を都度解消できるでしょう。

フィーチャーチームがよく受ける疑問や誤解

フィーチャーチームの考えは理解できても、実践しようとするとさまざまな困難にぶつかります。

●チーム単独で顧客価値がデリバリーできれば偏りがあってよい

チームにはスキルの偏りや、人数不足の職種がある場合もあるでしょう。しかし、重要なのは「チームとして単独で顧客価値をデリバリーできる」ことです。チーム単独で顧客価値をデリバリーできるのであれば、スキルに偏りがあっても問題ありません。チームで必要なスキルをすべてカバーできるように、メンバーを配置できるとは限りません。

チーム結成段階で特定領域のスキルが欠けていても、顧客価値のデリバリーが実現できたり、学習してスキルを獲得したりできるのであれば、問題ありません。現在のメンバーの保有スキルに加え、メンバー自身が興味を持っている領域や、学ぼうとしている領域、新しいスキルの学習に対する適応力なども加味して、チームを編成していきましょう（図6-6）。

インフラエンジニアやQA担当が別チームにいる場合、彼らが不在でもチームとして顧客価値をデリバリーできるのであれば、必ずしもそれらの役職のメンバーを加える必要はありません。

図6-6 フィーチャーチームとスキルセットの関係性

	プードルチーム	チワワチーム	シバチーム
デザイナー			
フロントエンドエンジニア			
サーバーサイドエンジニア			
インフラエンジニア			

コンポーネントメンターを任命する

コンポーネントの責任者がいなくなることで混乱が生じる可能性や、チームが専門領域から離れることで受託開発のようになってしまう懸念があります。しかし、コンポーネントはプロダクトの一部であり、チームやチーム間で共同して責任を負うべきです。もし責任を持つ人が不在になることに不安があれば、コンポーネントごとに各チームから世話役として、**コンポーネントメンター** 6-3 を任命するとよいでしょう。

会社組織とチーム体制の合わせ方

開発を進めていく中では、チームの体制や活動に合わせるよう、会社組織を変えたくなる場面があるかもしれません。しかしこれは敷居が高く、取り組んだとしても非常に時間がかかります。組織を先に変えるのではなく、実際の開発プロセスをフィーチャーチームに合わせて少しずつ変えることからはじめましょう。例えば、次のようなアプローチが考えられます。

- **工程や組織の境界を越えて協力し合い、成果を出して信頼を獲得する**
- **フィーチャーチームの改善にあたり、関係／影響する組織との協働が必要になったら、現状を踏まえて対話する。理解と協力関係を作り、実験への参加を促す**
- **少しずつ領域を広げ、これを繰り返す**
- **十分に安定したら開発の進め方に即した会社組織を検討し変更を行う**

組織は職能単位で作られていても、チームの体制をフィーチャーチームにできるかどうかの実験は小さく始められます。

チームに命を吹き込むゴール設定

サイボウズ株式会社
シニアスクラムマスター
アジャイルコーチ
天野祐介
Yusuke Amano

伝統的なコンポーネントチームや職能チームと異なり、自律的に活動するフィーチャーチームで決定的に重要な活動になるのが「ゴール設定」です。よいゴールを設定することができれば、仕事の優先順位の判断基準になるだけでなく、チームの仕事が意義深いものになり、楽しく一致団結して活動できるようになります。ゴールのないチームは、バックログに積まれたタスクを順番に処理するだけのチームになってしまいます。「あなたの仕事は野菜を切ることです」と言われるのと、「おいしいカレーを作ってお客さんを喜ばせよう」と考えるのとでは大違いですよね。

ゴールは与えられるものではなく、日々チームが自ら考える必要があります。しかし、初めてフィーチャーチームで活動するチームは経験がないため、ゴール設定にとても苦労することが多いです。そこで、私が普段行っているゴール設定支援を紹介します。

まず、ゴールは複数の時間軸で考え、1週間単位のものから、1年程度先までを扱います。私の場合、スプリントゴール（1～2週間）、プロダクトゴール（1～3ヶ月）、半期のゴール、1年後のゴール、といった単位で設定することが多いです。ゴールはなぜその活動をするのかの理由（Why）を説明する情報ですから、短期のゴールのWhyをより長期のゴールが説明する、という構造になります。

ゴールが達成できたかどうかを測定可能にすることも重要ですが、ゴールは売上のような数値目標ではありません。なぜその仕事に価値があるのかを説明するものなので、「どのように」「どうして」といった形式で始まるパワフルクエスチョンを多用し、チームの実現したい未来についてイメージを膨らませます。下記に私がよく使うパワフルクエスチョンの一例を紹介します。

- 一番の理想は何ですか？
- 成果を受け取った人に何と言ってほしいですか？
- 1年後、どうなっていたら最高ですか？
- まず何からやりますか？
- ゴールを達成したことをどうやって確認できますか？
- このゴール、ワクワクしますか？

チームと対話しながら、それぞれの時間軸のゴールとして表現します。ゴールは一度設定して終わりではなく、必要に応じてゴール自体も見直していきます。完璧なゴールを作るよりも、チームが進むべき方向性について継続的に対話することが重要です。

私は、よいゴールかどうかは「ワクワクするかどうか」で判断しています。

注意点としては、ゴールはチーム内の適切な権限を持った1人の人物が決めるようにしてください。プロダクトオーナーやチームリーダーが該当します。アイデアはチーム全員で話しますが、決定は1人の人物が行うことで、意思決定に一貫性が生まれます。

チームのメンバーが深く共感するゴールを設定できると、見違えるようにパフォーマンスが向上します。ワクワクするゴールを立て、みなさんのチームがいきいきと活躍できることを願っています。

6-2 属人化の解消

定期の
メンテナンス作業は、
いつもカタチくんが
やってくれていたけど、
今日はできそう？

長い作業ではないから
大丈夫ですよ…へへ…
今日は
ベテランさんに
頼むから、休んで！

でもカタチくん頼りに
なってしまっているのは、
チームとしてよくないね
どうして属人化
しちゃうんだろう？

作業をローテーション
にするとか？
ドキュメントに
まとまっていたら
私もできそう

属人化している作業が
他にもあるかもしれない
ので、まずはその確認
からですね

危険のサイン「トラックナンバー=1」を避ける

トラックナンバー

特定のスキルが属人化し、ボトルネックとなってしまうことがあります。**属人化の度合いを示す表現としてよく使われるものに「トラックナンバー」**(※6-1) 6-4 **があります（図6-7)。これはチームメンバーのうち何人が欠けると開発の継続が困難になるかを示す数字です。**トラック係数やバス係数と呼ばれることもあります。例えば、開発作業において特定の作業が必須となっている場合、その作業を行える人が2人いるならトラックナンバーは「2」、1人しかいないのであれば「1」になります。もしその1人に何かあった場合、チーム内でその作業を誰も行えなくなり、開発を継続できなくなります。この数が少ないほど特定の個人にスキルが依存しており、リスクが高い状態です。

図6-7 トラックナンバー

属人化は気がつかないうちに広がり、
チームの問題になる

では属人化を減らしていくにはどうしたらよいでしょうか。よくある打ち手は、手順書の整備です。作業の手順を整理し文書化しておき、他の人が実行する際の手引きとするのです。アジャイルなプラクティスを積極的に活用するなら、モブプログラミングやモブワークも知識を伝達する手段として有効でしょう。属人化は気がつかないうちに進んでしまうため、次に紹介するスキルマップを作成し、トラックナンバーを可視化することが効果的です。

※6-1 トラックに轢かれることに由来した言葉ですが、不吉なためハネムーンナンバーという呼び名もあります。

スキルマップを作成し、属人化スキルを特定する

P スキルマップ

「スキルマップ」は開発に求められるスキルを列挙し、そのスキルに対する習熟度への自信を各自が回答したものです（図6-8）。

図6-8 スキルマップの例

	Git	React	CSS	Ruby on Rails	CI設定	インフラ設定	設計	障害対応
ユウさん	○			○	↑	△	○	◎
ベテランさん	○	△		◎	○	↑	○	
カタチくん	◎	△	↑	○	↑	◎	↑	△
ツールくん	◎			△	◎	○	↑	↑
ルーキーさん	△	○		↑				
1人でできる人数	4	1	1	3	2	2	2	1

作り方はとても簡単です。まず開発に必要なスキルを挙げていきます。スキルマップはすべてのスキルを網羅することが目的ではないので、チームの全員が習得している基礎知識は除外して構いません。チームメンバーで議論し、開発に必要なスキルがカバーされているかどうか、また、特定の誰かに依存しているようなスキルがないかどうかを確認します。

項目が固まったら、各メンバーが現時点での習熟度合いを記入します。スキルレベルの回答例としては次のようなものがあります。

- ◎（2重丸）：メンバーからの質問に答えられる
- ○（丸）：一人でできる
- △（三角）：助けがあればできる
- ↑（上向き矢印）：今後習得したい
- 空欄：できない

記入が終わったら全員が見えるところでマップを共有しましょう。このときトラックナンバーが少ない項目（1人でできる人数が少ない項目）は色をつけるなど目立つようにしておくと意識しやすくなります。

スキルマップを作成すると、トラックナンバーが1になっているスキルや、チームが保有するスキルのうち弱いところが一目でわかるようになります。属人化が進んだ項目は、何らかの対策を検討するとよいでしょう。また誰が何の領域に強いのかもわかるようになるため、互いに質問しやすくなるでしょう。習得したいスキルも明示してもらうことで、今後に向けてチーム内で誰がどのスキルを獲得するとよさそうか、話し合うきっかけにもなります。

このようにスキルマップは非常に簡単に作成／運用できますが、注意すべきこともあります。スキルレベルは主観的な基準のため、人によって回答の基準は異なります。あくまで自己申告とし、チームリーダーやマネージャーが微修正するぐらいの運用がよいでしょう。スキルレベルを厳密に管理したり、人事評価などに流用したりすることはやめ、あくまで現在のチームのスキルの保有状況を可視化して対策を打つための用途にとどめるのが重要です。またたくさん欄が埋まっていることがよいわけではありません。闇雲に空欄を埋めるのではなく、「△：助けがあればできる」を減らし「○：一人でできる」を増やしていくことを目指しましょう。

またスキルマップは作ることは簡単ですが、維持／運用がされず、気がついたら実態と合っていない陳腐化したものになってしまうケースが多いです。**作ったスキルマップは３ヶ月や半年など、一定期間が経ったら項目やレベルに変化がないか見直していきましょう。**長く維持するために、次のような工夫ができます。

- **チームの定期イベントに加え、見直す機会を設ける**
- **スキルマップを作成する対象範囲を広くしすぎない（全社共通スキルマップなど）**
- **異動／退職などで属人化が高まったときに見直す**

トラックナンバーが意識されるようになっても、さまざまな理由で作業の負担が特定の人に偏ってしまうことはあります。「他の人に教えることは時間がかかるので無理」「任せられる人がいない」「私が継続してやるので大丈夫」といった声を、筆者も過去に聞いたことがあります。「スキルを人に教えてほしい」「属人化を解消してほしい」といっても伝わりづらいときは、属人化を解消してどのようなチームの状態を作っていきたいのか、その具体的なイメージや得られる効果を伝えるようにしましょう。例えば、次のようなチームの状態が挙げられます。

- 急な休みから仕事に戻った後、自分がするはずだった仕事が進んでいる
- 担当するプロダクトや所属するチームが変わるときに、誰にも何も引き継ぐ必要がない

特に異動や退職時にたくさんの引き継ぎ事項があるのは属人化が強く、分担や育成ができていなかった証拠といえます。よくあることとして受け入れるのではなく、日々の活動で防止していきましょう。

●手順の引き継ぎとスキルの引き継ぎ

知識の引き継ぎにはさまざまな深さが存在します。例えば、サービスのデプロイ手順を伝えたい場合、最低限のコマンドや操作方法をドキュメントに記載すれば、読むだけで理解できるかもしれません。自動化を進めれば、コマンドや手順がシンプルになり、誰でも簡単に同じ作業ができるようになります。このような手順の引き継ぎは、その方法を比較的容易に検討できます。これが浅いタイプの引き継ぎです。

しかし、サービスのデプロイ手順を考案した自分自身のスキルを他の人に伝えるにはどうすればよいでしょうか。他のサービスでもデプロイが必要になる場合、スキルを引き継ぐことで効率的に対応ができるようになるでしょう。効率的でシンプルなデプロイ方法を考案したり、新しいソフトウェアを取り入れてさらなる改善を施したりすることができるようになるためには、どのような知識を身につけるべきでしょうか。このようなスキルの引き継ぎは、まず必要な知識を洗い出し、それらを身につける方法から検討しなければなりません。定義が難しく、深いタイプの引き継ぎといえます。

浅いタイプの引き継ぎ項目には、ドキュメント化や自動化が効果的です。一方、深いタイプの引き継ぎ項目には、一定の期間を共に作業し、考え方や行動を観察したり、書籍などで多くの基礎知識を学んだりすることが必要です。アジャイル開発がチームでの作業を推奨しているのはこのためです。頻繁な共同作業を通じて、開発や運用に必要なさまざまな知識や経験を互いに学び合い、仕事を通じて成長していくのです。

6-3 パフォーマンスの測定

そういえば
ベテランさんが
入ってくれたことで、
チームのパフォーマンスって
どのくらい
変わったんでしょう？

開発に関する
モヤモヤも晴れて
進めやすくなった気は
しています
開発が遅れて
バタバタすることも
減ったよね

アジャイルなゴールに
近づいてるかがわかる
ようなメトリクスって
あるんですか？
めとりくす？

いくつかありますが、
指標の意味するところを
取り違えると間違った
方向に進んでしまう
こともあります

本来のゴールに
近づくかどうかを
踏まえて、慎重に
選択する必要が
あります
詳しく教えて
ください！

メトリクスを最大化する力学を避ける

相関のあるメトリクスの組み合わせを複数見る

プラクティスを導入した後は、実際に改善できたのかを確認するため、客観的なメトリクスを選んで計測をすることが必要です。メトリクスは目的に叶ったものを選ぶ必要があります。プロダクトやチームに求めることは何か、維持、向上させたいことは何か。それはどのような形で確認することができるか。チームやステークホルダーで話し合って選ぶとよいでしょう。

しかしメトリクスの計測には負の側面があります。**特定のメトリクスを決めると「そのメトリクスを最大化しよう」という力学が働いてしまうのです。**これに注意をしないと手段が目的化し、メトリクスが改善されていく一方で、開発の実態は変わらない、もしくは悪化してしまうという事態が起こります。

例えば、よく選ばれるメトリクスには、次のようなものが挙げられますが、どれも簡単にごまかすことができます。

- **チームの開発速度向上をベロシティの高さとして求める**
  見積もりを水増しする
  自分のチームのみを考えて優先し、他チームから協力依頼があっても断ってしまう
- **システムの品質をカバレッジ率の高さとして求める**
  データの移し替えなど、単純で失敗することのない処理にテストを書く
- **システムの安定性を障害発生数の少なさとして求める**
  リリース頻度を抑え、発生機会を減らす

メトリクスは単体で存在しているのではなく、システム全体のある側面を切り出しただけのものです。システムの中では、複数の要素が相互にかつ複雑に作用し合っています。そのため、あるメトリクスが変化するときには、相関する別のメトリクスが変化することもあります。また、メトリクス単体のみに着目すると、システム全体の観点を見失うことがあります。そのため次項で紹介する「Four Keys Metrics」のような相関のある複数のメトリクスの組み合わせを選択して、システム全体の状態を把握するとよいでしょう。

“Four Keys Metrics”でチームのパフォーマンスを測る

Four Keys Metrics

デリバリーのパフォーマンスを測るメトリクスとして「Four Keys Metrics」があります。これはGoogle CloudのDevOps Research and Assessmentチームが研究から導いたもので、「Accelerate State of DevOps Report」という毎年公開される調査レポート 6-5 や『LeanとDevOpsの科学[Accelerate] テクノロジーの戦略的活用が組織変革を加速する』 6-6 で紹介されています。Four Keys Metricsの項目は次の4つです。

1. **リードタイム：コードコミットから本番環境稼働までに要する時間**
2. **デプロイの頻度：本番環境へのリリースの頻度**
3. **平均修復時間：本番環境で障害が復旧するのに要する時間の平均**
4. **変更失敗率：リリースが原因で本番環境に障害が発生する割合**

Four Keys Metricsは独立した指標ではなく、特定の指標を改善することで他の指標に影響を与えうるものが選ばれています。例えばデプロイ頻度を増やそうとして変更失敗率が増えたり、変更失敗率を減らそうとしてリードタイムが長くなったり、リードタイムが長くなることで障害発生時の調査が難航し、平均修復時間が長くなったりといった関係があります。

Accelerate State of DevOps Reportでは、チームをパフォーマンスに基づいて分類しています（図6-9）。2022年の調査はローパフォーマーからハイパフォーマーまでの3グループですが、2021年までの調査ではハイパフォーマーの上にエリートパフォーマーが位置する4グループの分類でした。下位グループから上位グルー

図6-9 Four Keys Metricsの数値と、チームパフォーマンスの関係図

	ハイパフォーマー	ミディアムパフォーマー	ローパフォーマー
リードタイム	1日から1週間	1週間から1ヶ月	1ヶ月から6ヶ月
デプロイの頻度	オンデマンド（1日複数回）	週に1回から月に1回	月に1回から6ヶ月に1回
平均修復時間	1日未満	1日から1週間	1週間から1ヶ月
変更失敗率	0-15%	16-30%	46-60%
2022年の分布	11%	69%	19%

プの間には非常に大きな差があります。この数値はあくまで統計的な集計結果であり、プロダクトの規模や、修復／変更失敗が意味する定義も異なる、複数の組織をまたがった調査の結果です。数字や分類だけを気にするのではなく、現在の自分たちを越えることを目標に、日々少しずつ改善する際の参考値として扱いましょう。

Four Keys Metrics はデプロイ／変更／インシデントなどのイベント情報を元に算出します。情報はスプレッドシートや継続的インテグレーションサービス、プロジェクト管理システムなど、別々のシステム内にあることが多く、どう収集して算出するかは現場ごとに工夫が必要になります。また長期的にメトリクスを追跡し有効に活用していくには、収集／蓄積／加工／可視化の工程を考え、自動化していく必要もあります。とはいえツール整備することを重視するよりは、手動であってもまずは計測を始めたほうがよいでしょう。

最近では、Four Keys Metrics を自動的に収集するなど、ダッシュボードの構築に役立つスクリプトや SaaS も公開されるようになってきているので、参考にしてください（図 6-10）。

図 6-10 GoogleCloudPlatform/fourkeys によるダッシュボードレイアウト例

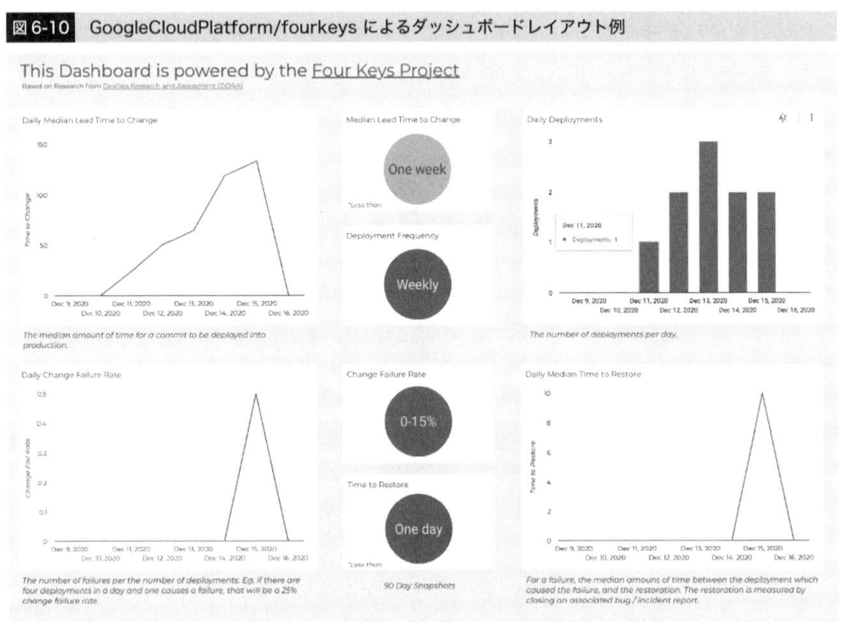

6-4 円滑なコミュニケーションのアイデア

向こうの開発は
順調なのかな？
必要だったら、
僕は助けに
入れますよ

ここはチワワチームと
連携するところですね
確かに

チワワチームは
リモートで働いている
人が多いから、
作業が見えづらいですね

向こうもこちらの
作業進捗が見えづらいと
感じているかもしれない
ですね
こまめに
コミュニケーションを
取って、作業状況を
わかりやすくしていきましょう

ここまでで、顧客価値のデリバリーに適したチームを組み、長期で属人化を解消し、チームのパフォーマンスを計測する準備が整いました。チームがうまく機能するには適切なコミュニケーション方法も取り入れる必要があります。ここでは円滑なコミュニケーションに役立つアイデアをいくつか紹介します。

必要なときに直接やりとりする

ただ話す

必要なときは、席を立って相手のところへ行き（リモートワークならテレビ会議システムをつないで）、相談を率直に持ちかけましょう 6-7。「こんな当たり前のこと」と感じるかもしれません。しかし、普段の業務を思い返してみてください。何か伝えるべきことがあったとき、定例会議の開催を待ったり、マネージャーを介在して橋渡ししてもらったり、話すために誰かの許可を取ったりしていないでしょうか。チーム内でもチーム間でも、仕事を前に進めるための最も優れたやり方は「ただ話す」ことです（図6-11）。実際に意識して取り組んでみると、こんなに当たり前で簡単なはずのことが、意外とできていなかったことに驚きます。

図6-11 ただ話す

トラベラーがチームを渡り歩く

トラベラー

フィーチャーチームの説明では「チームは長寿命であるべき」と解説しました。チームを構成するメンバーが頻繁に変わると、次のような困りごとが出てきます。

- チームとしての成長や成熟を妨げてしまう
- 互いの理解や構築してきた関係がリセットされる
- チームの開発速度が測りにくくなる
- チームに対して取った打ち手や改善の効果がわかりにくくなる

一方、固定メンバーで長く開発を続けていると、次のような別の問題も生じるようになります。

- マンネリ化を感じる
- 特定のメンバーにばかり、チームが頼るようになる
- 特定の技術や知識を持つ人が、一部に偏る

こうした場合に、問題の解消や緩和を図れるプラクティスとして「**トラベラー**」があります。トラベラーでは、スキルを持った者が、そのスキルを必要とするチームに一定期間移籍することで、知識や経験の移転を図ります。知識や経験の移転を図る際は、次のような活動が行われます 6-8 。

- ペアを組むか、モブワークにより業務知識／技術的知見を共有する
- チームが持っていないスキル／技術の教育を行う
- ワークショップを開催する。チームをコーチする
- トラベラー先チームの一員として開発する
- チームのよい文化や取り組みを伝える

一定の期間が終わると、旅人のようにまた次のチームへ移籍していくことから、トラベラーと呼ばれています。トラベラーがチームを渡り歩く流れや、別のチームへと移る際の理由はさまざまです。あるチームでしばらく過ごした後に、別のチームへと移っていくこともあれば、元々いたチームへと戻ることもあります。また、1つのチームの手に余る大きなユーザーストーリーや、詳しくないシステムにチームが携わ

図6-12 チームを渡り歩くトラベラー

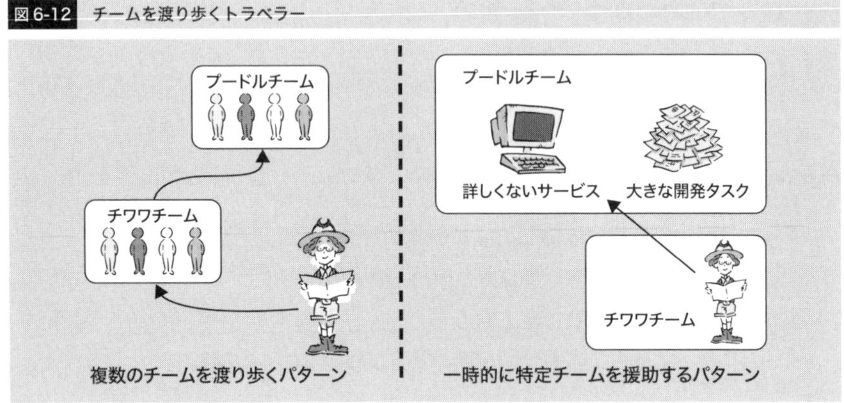

るときは、チーム側から要請を受けて参加したり、トラベラー自らが協力を申し出たりすることもあります。トラベラーの活用により、次のようなメリットが得られます。

1. 未知の情報を既知にでき、開発中のつまずきを防げる
2. 調査する時間を減らし、少ない工数で対応できる
3. ドメイン知識が共有され、属人化の解消につながる
4. 技術的知見が共有され、開発力向上につながる
5. チーム同士で調整できるようになる

トラベラーが複数のチームに入って助けることで、チーム同士が共通の知識や技術を持つようになります。知識や技術の水準が揃ったチームであれば、他のチームと自ら調整して開発を前にすすめることもできるでしょう。

開発内容によってチームメンバーを頻繁に入れ替えることには前述の問題がありますし、チーム人数をあらかじめ多くしておくのも、普段のコミュニケーションに時間がかかる要因となり、効果的でありません。期間限定でメンバーを応援に向かわせるトラベラーの形式は、開発内容に応じてメンバー構成を見直したいというニーズにうまくマッチします。トラベラーを利用する場合、闇雲に人を移動させるのではなく、将来的にどのような状態を目指すのかを確認してから行いましょう。

声に出して働く

Working Out Loud

人を巻き込むのが上手な人に心当たりはないでしょうか。その人をよく観察していると、**自分の状況や考えていること、困っていることを細かい単位で全員に見えるように発信している**ことに気がつくでしょう。このような仕事の進め方を「**Working Out Loud**」6-9 6-10 と呼びます。

Working Out Loud ＝ 仕事を観察できるように＋仕事を解説しながら
（Working Out Loud ＝ Observable Work ＋ Narrating Your Work）

Woking Out Loud の行動は「作業の開始／終了」「やっていることの共有」「困っていることの共有」「学んだことの共有」などに分類できます。実際の業務でありそうな例を次に示します（図 6-13）。

図 6-13 Working Out Loud の例

ルーキーさん 09：30
ユウさんから依頼があった不具合の調査、今から着手します

作業の開始／終了

ルーキーさん 12：30
CI でテストが落ちているのを調べています

やっていることの共有

ルーキーさん 15：00
手元の環境で決済サービスとの通信ができないのですが、一緒に調べてくれる方いませんか？

困っていることの共有

ルーキーさん 17：30
API の挙動が変わったことが原因でした。暫定対応は済んだので、根本対応の Issue 作成します

学んだことの共有

Working Out Loud を行うことのメリットには次のようなものがあります。

- **作業を可視化し、うまく運んでいるときもそうでないときも記録が残せる**
- **早い段階で他者の助言を受けられる可能性が高まる。おかしな挑戦をしていたら他者が止めてくれる**
- **抱えている課題を説明する能力が向上する。学びの過程を整理して発信する機会が増える**

ちょっとしたアドバイスが作業時間の短縮につながることはよくあります。アドバイスする側のメンバーは「そんなちょっとしたこと、すぐに聞いてくれたらよかったのに」と思いがちですが、実際にやっている本人は「もうちょっと自分で調べて解決したい」と思っていたり、「自分一人で調べ、自分で解決しなければいけない」と考えてしまったりして、時間を浪費しがちなものです。普段から自分の作業を見えるようにしておき、積極的に周囲を巻き込みながら業務を進めていきましょう。

Working Out Loud がうまく機能するようにするには、次に挙げるような工夫をし、常にメンバーがゆるくつながっている状態を作るのがよいでしょう。

- **個人的な投稿を気軽にできる場所として Slack に times チャンネルを作る**
- **常時会話ができるツール（Discord など）を導入し、そこですぐに話しかける／話しかけられるようにする**
- **困ったときに「ちょっと話せますか？」と短いテレビ会議（Quick Call）を持ちかける**

リモートワークを前提とした仕組み

リモートワークが普及した現代、遠隔地で一緒に働くチームやメンバーの存在を無視して、開発プロセスを考えることはできません。「地理的に分散した場所にいるから」「働き方に柔軟性を持たせたいから」など、さまざまな理由でリモートワークを取り入れている現場も多くなりました。しかし、リモートワークは最初からうまくいくものではありません。地理的に分散していたとしても、複数人で協力し合って働く上ではコミュニケーションが重要であることに変わりはありません。効果的にコミュニケーションが行えているかどうかを、都度見直して改めていく必要があります。**リモートワークで成果を出すには、リモート環境にあったコミュニケーションの練習や開発の仕組み作りが必要になります。**

P 同期コミュニケーションを柔軟に取り入れる

チームメンバーで作業を分担して進める場合、間違った方向に作業を進めてしまったり、作業が何かでブロックされたりすることがよく起こります。そのようなときはメンバー間で会話し、解決する必要がありますが、リモートワークでは会話の機会が

減ってしまいます。互いが担当する作業を最大限の速度で進められるよう、開発全体の流れや進め方の確認を念入りに行う必要があるでしょう。きちんと整備ができていれば、メンバーが途中離脱／復帰してもスムーズに開発に戻れます。リモートワークを取り入れるとすべてのやりとりを非同期に行うことを考えがちですが、同期コミュニケーションが取れる場面では柔軟に取り入れましょう。

P ワーキングアグリーメント

お互いに仕事を気持ちよく進めていく上で、相互の信頼関係は重要です。オンサイトで集まる場合であっても、リモートで離れつつ協力し合う場合でも変わりはありません。しかし初めてチームを組んだ場合や、新しく入ったメンバーがいる場合、当たり前だと思ってしまうようなこともきちんとすり合わせておかないと、ちょっとしたことで問題になります。

「ワーキングアグリーメント」とは、チームの全員が大切だと考えていることや、自分たちはこうすると合意した事項を明文化したものです。自分たち自身に対するチームの約束といってもよいでしょう（図6-14）。合意できた事項を見えるところに置いておくことで「チームが重視すること」を共有でき、マインドセットに沿った行動を引き出せます。また副次的な効果として、望ましくない動きがあったときの指摘がお互いにしやすくなります。「口頭で決めたことはチームに共有してくれないと困る！」と不満をぶつけても、協力の体制は作れません。「口頭で決めたこともテキストにしてチームに共有する」ことをワーキングアグリーメントに含めておけば、共有を忘れそうなときにも声をかけ合えるようになり、気持ちが楽になるでしょう。

ワーキングアグリーメントは完成版を一度に作り上げるのではなく、本当に合意できる僅かな事項から始め、数ヶ月に一度ぐらいのペースで少しずつ増やしていくのがおすすめです。チームの定期イベントとして見直しの機会を設けましょう。

P オンサイトをリモートと同じ条件にする

環境をどんなに整備しても、オンサイトで得られる情報量をリモートワークで再現することはできません。生身で顔を合わせた環境では、言葉以外の仕草や態度なども含め、大量の情報を短時間でやりとりすることが可能です。隣の席に座っている人にちょっとした相談を持ちかけたり、オフィスの立ち話で方針を確認したりといったことも簡単にできます。しかし、リモートワークのメンバーは、そのようなオフライン

図6-14 ワーキングアグリーメントの例

プードルチーム
ワーキングアグリーメント

・わからないことがあったら10分で質問する
・会議では声を出してリアクションする
・出社／リモート問わず、勤怠をチームに共有する
・個人宛のメッセージを使わず、チームチャンネルで質問する

の場で何が起きているのかを把握できません。このような状況が長く続くほど、リモートワークのメンバーとオンサイトのメンバーとの間に知識や認識の差が生まれ、コミュニケーションを取ることが難しくなっていきます。場合によっては「自分の意見が通りにくい」といった不満の形になって現れることもあるでしょう。**リモートワークをしているメンバーが一人でもいるなら、リモートワーク側の条件に合わせましょう。**次のような観点で条件を揃えれば、リモートワーク側が不利になる問題を回避できます（図6-15）。

- テレビ会議には各々がログインする
- マイク／スピーカーを共用せず、各々がヘッドセット／イヤホンマイクを使う
- 画面を共有して議論を進める
- いつ／どこで／何の話をしたのか、決定したことは何かを、全員に見える場所と方式で共有する

図 6-15 オンサイトをリモートと同じ条件にする

コラボレーションツールの活用

コラボレーションツールの高機能化が進み、リモートワークであってもオンサイトでの協働と変わらない生産性が期待できるようになってきました。共同作業を支えるコラボレーションツールには次のようなものがあります（表 6-2）。

表 6-2 共同作業を支えるコラボレーションツール

種類・用途	ツール例
ドキュメントの共同編集	Google ドキュメント／Office 365／Confluence／Notion／esa／Kibela／Scrapbox／HackMD など
プロジェクト管理 課題管理	GitHub Issues／Jira／Azure DevOps／asana／Backlog／Trello など
ビジネスチャット	Slack／Microsoft Teams／Chatwork など
テレビ会議	Zoom／Google Meet／Microsoft Teams など
オンラインホワイトボード	Miro／Mural／Figjam など
コードの共同編集	Visual Studio LiveShare／Code With Me（IntelliJ Idea）
常時接続による会話	Slack ハドルミーティング／Discord／Gather など

ツールの進化により、これまでできなかった仕事のやり方が当たり前にできるようになりました。次にその一例を挙げます。

- 場所を選ばず仕事ができる
- 議事録を全員で書ける
- 会話とテキストチャットを同時進行できる
- 会議や打ち合わせを録画でき、その内容を自動で文字に起こせる

一方で、ツールにはそれぞれ独自の設計思想や想定された使い方があるため、特定のツールを採用すると、そのツールの考え方にチーム／メンバーの行動が影響を受けることがあります。「有名なツールだから」「広く使われているから」「以前に使ったことがあるから」という理由で決めるのではなく、いろいろと試して自分たちの状況や行いたいことに合ったものを選ぶとよいでしょう。すぐに導入する必要がなければ、ツールを使わないという選択肢も考えつつ、自分たちが何を必要としているのか、求める要件が明確になってから選定するのがおすすめです。

新しいツールを積極的に試す

ツールの持つ考え方を知るために普段から触っておくのも大事ですよね？

その通りです。ツールの進化も速いので、試してみて既存のツールと何が違ってどこが新しいのか勘所を日頃から養っておきましょう

6-5 認識を揃えるワークショップ

メルマガプロジェクトですが、スケジュールの検討依頼がきました。まだ要件もよくわからないんですが

後で要件の漏れが見つかると大変ですね。どこかで整理したほうがよさそうだ

最初のリリースが3ヶ月後なのは確定で、残りは後から対応予定みたいです
となると、ざっくりでも開発規模の見積もりもあったほうがいいですね

前のプロジェクトと同じメンバーですが、当時は企画が決まるまでに時間がかかりましたね
企画書

スムーズに決められるように、メンバーに声をかけて相談の場を設けてみます！
いいですね！

関係者と認識を短期間で揃えるために有用なのがワークショップです。書籍やWebサイト、カンファレンスや勉強会でさまざまなワークショップが紹介されています。アイスブレイク、チームビルディング、ふりかえり、コミュニケーション、顧客／プロダクトの理解、プロダクト開発などのジャンルごとに、複数の選択肢があります。

ワークショップは常にこれだけやっていればよいという正解はありません。状況に応じてよりよいやり方を選択していく必要があります。本書では特に押さえておきたい、顧客／プロダクトの理解、プロダクト開発に関する3つのプラクティスに絞って紹介します。

ユーザー目線で優先順位を確認する

P ユーザーストーリーマッピング

「ユーザーストーリーマッピング」 6-11 **を行うと、ユーザー目線でユースケースの優先順位を整理できます**（図6-16）。ただ単に要求を列挙するだけでは「あれも欲しい、これも欲しい、全部欲しい」と欲しい機能のリストになりがちです。ユーザーストーリーマッピングは、最初のリリースに含める機能を絞り込むことにも、中長期で目指す方向性の認識をステークホルダーと揃えていくことにも使えます。また開発

図6-16　ユーザーストーリーマッピングの完成図

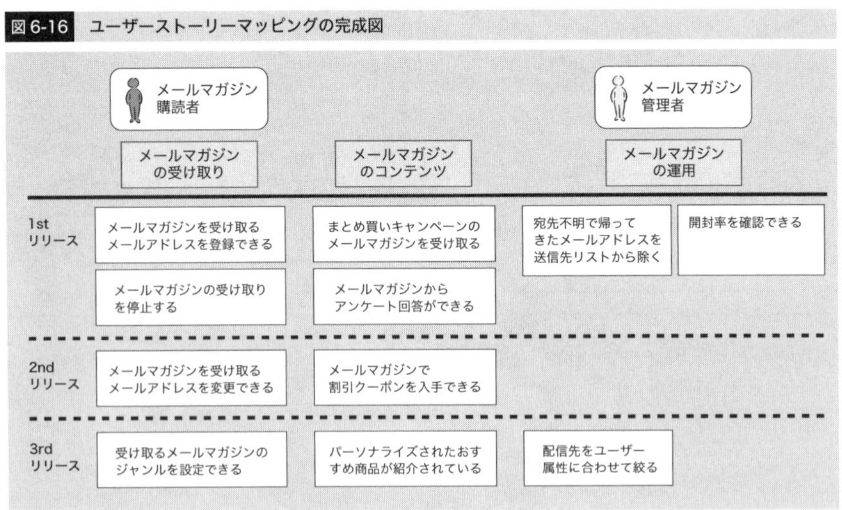

が必要な項目の漏れを発見したり、リリース計画を表現したりすることにも活用できます。プロジェクトの開始時や、複数のチームが開発に合流したときに取り組んでおくのがおすすめです。

ユーザーストーリーマッピングの実施手順は以下の通りです。

1. **ユーザーを選択する**
2. **ユーザーのタスク（行動や課題）を書き出す**
3. **ユーザー体験を踏まえカードを並び替える**
4. **体験ごとに実現時期を検討する**
5. **実現時期で区切る**

では、ここから手順を1つずつ詳しく解説していきます。

1. ユーザーを選択する

顧客やユーザーを挙げ、どのユーザーの体験を考えるかを決めます（図6-17）。ユーザーが複数いても一連の体験であれば1枚のマップに収められるでしょう。難しい場合はマップを分けて書いたほうがうまく書けるかもしれません。ここで「想定ユーザーはいません」「想定ユーザーは全ユーザーです」といった会話が出てくると、ユーザーを理解できていないことを示す黄色信号のサインです。対象となるユーザーがどういった人々であるのか、ステークホルダーと認識を揃えましょう。

図6-17 ユーザーを選択する

2. ユーザーのタスク（行動や課題）を書き出す

次にユーザーのタスク（行動や課題）を書き出します。要件や機能ではなく、ユーザーが取りたい行動や、抱えている課題目線で書くことがポイントです。書くことが難しい場合、ユーザーストーリーとしてよく使われるテンプレートに当てはめて考えてみましょう（図6-18）。このユーザーストーリーは全員が議論するときのきっかけとして使用されます。

図6-18　ユーザーのタスク（行動や課題）を書き出す

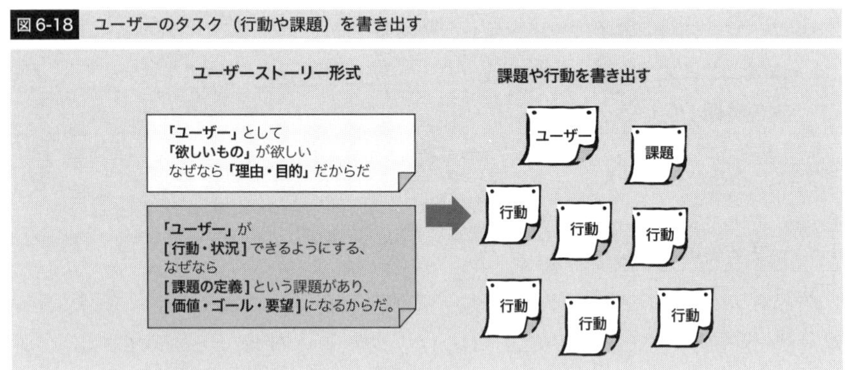

3. ユーザー体験を踏まえカードを並び替える

ユーザーストーリーをカードに書き出したら、ユーザーが体験する順番を踏まえて並べます。先に体験するものを左に、後に体験するものを右に置きます（図6-19）。

図6-19　ユーザー体験を踏まえカードを並び替える

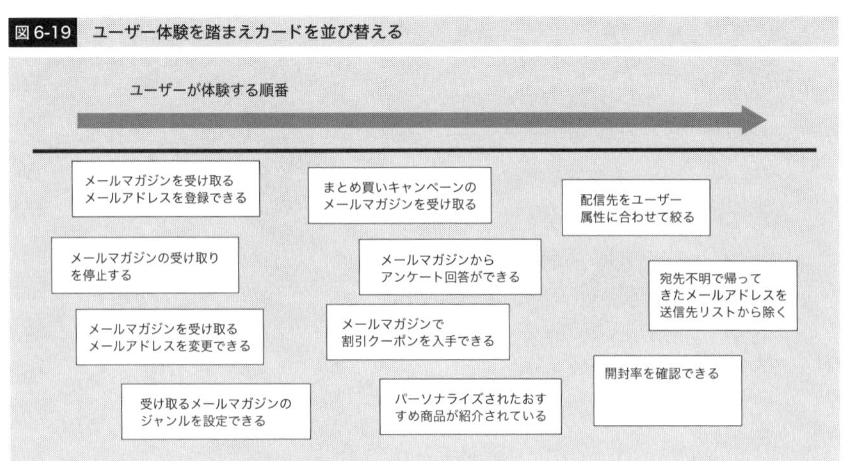

並べて比べるとユーザーストーリーに大小があり、粒度が揃っていないことに気がつきます。粒度が揃っているほうが並び替えや議論がしやすいため、ユーザーストーリーを分割する、まとめるなどして書き換えてください。

体験時期が近いユーザーストーリーは縦方向に並びますが、類似するユーザーストーリーをまとめた上位の概念としてアクティビティを追加します（図 6-20）。例えば「メールマガジンを受け取るメールアドレスを登録できる」「受け取るメールマガジンのジャンルを設定できる」といった活動は「メールマガジンの受け取り」というアクティビティにまとめられます。作成するマップに複数のユーザーが登場する場合、アクティビティの上部に体験の主体となるユーザーを記載します。アクティビティは共通の目標に向かうユーザーストーリーの集約となります。

アクティビティ単位でユーザー体験の流れに抜け漏れや違和感がないかを確認し、修正していきましょう。最初に挙げたユーザーストーリーが機能一覧に近しいほど、ユーザー体験ベースで整理した際に、項目の抜け漏れが多いことを痛感するかもしれません。

図 6-20　上位の概念としてアクティビティを追加する

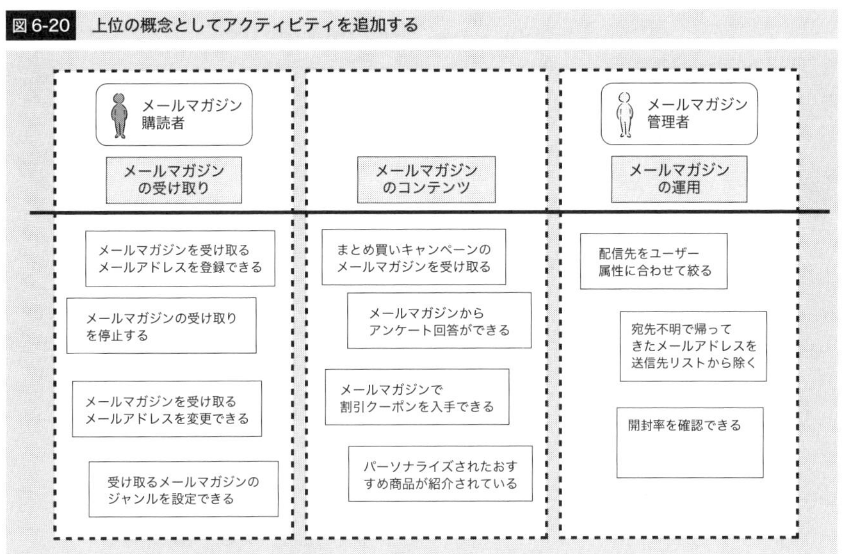

4. 体験ごとに実現時期を検討する

アクティビティに属するユーザーストーリーは時期を考慮して縦方向に並び替え

ます（図6-21）。ユーザー体験として基本的なものや早期に提供すべきものを上に、付加的な機能や後回しでよいものは下に置きます。

図6-21　実現時期で並び替えする

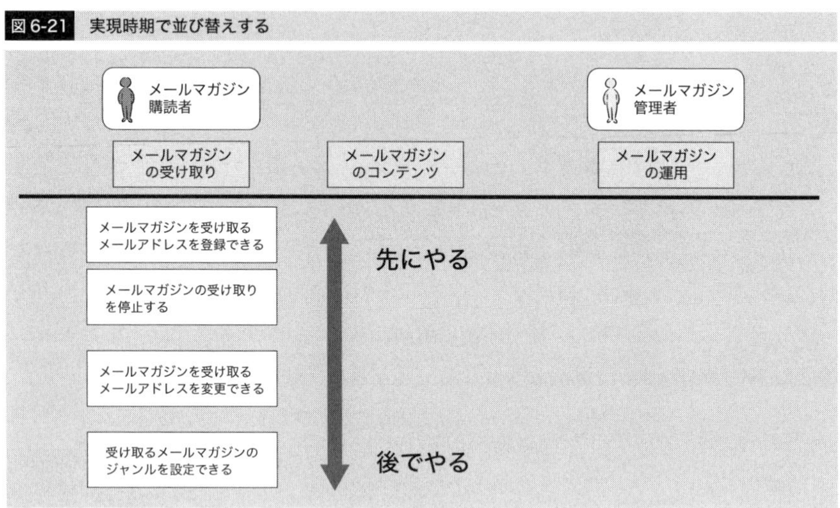

5. 実現時期で区切る

最後に実現時期でユーザーストーリーを区切ります（図6-22）。

図6-22　実現時期で区切る

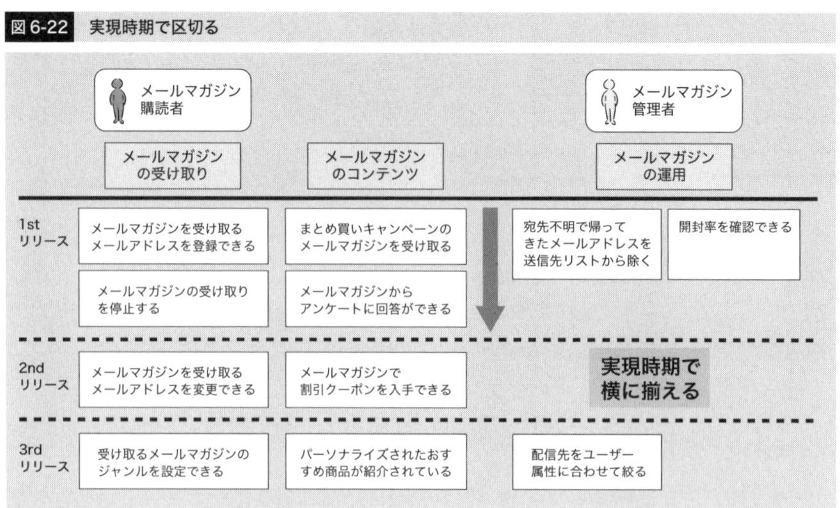

以下のような戦略で区切ることで、マイルストーンやリリースと紐づけができるでしょう。

1. 学習戦略：「ここまでできたらユーザーはXXXができる」
2. リリース戦略：「ここまでのストーリーを2023年XX月までに提供したい」
3. 開発戦略：後の実現でもよいものを見極め、開発するものを絞る／減らす

同じ実現時期に含まれる他のストーリーと比べて、ユーザー体験として違和感がないかを確認するウォークスルーを行いましょう。あるリリースで実現される機能を横方向に並べて、何らかのゴールを満たすために必要な機能がきちんと入っているかを確かめます。特定のアクティビティだけストーリーが過剰だったり、体験全体で考えるとストーリーが不足していたりすることがよくあります。

以上でユーザーストーリーマップの完成です（図6-23）。最初のマイルストーンやリリースに含まれたユーザーストーリーから開発に着手しましょう。マップ作成前に考えていた開発の順番と、最初のマイルストーンやリリースに含まれているユーザーストーリーが異なる場合、ユーザーストーリーマッピングを実施したメリットが出ます。これはユーザー体験をベースに考え、学びを最大化できるように開発の順番を整理できたからこその成果です。

図6-23　完成したユーザーストーリーマップ

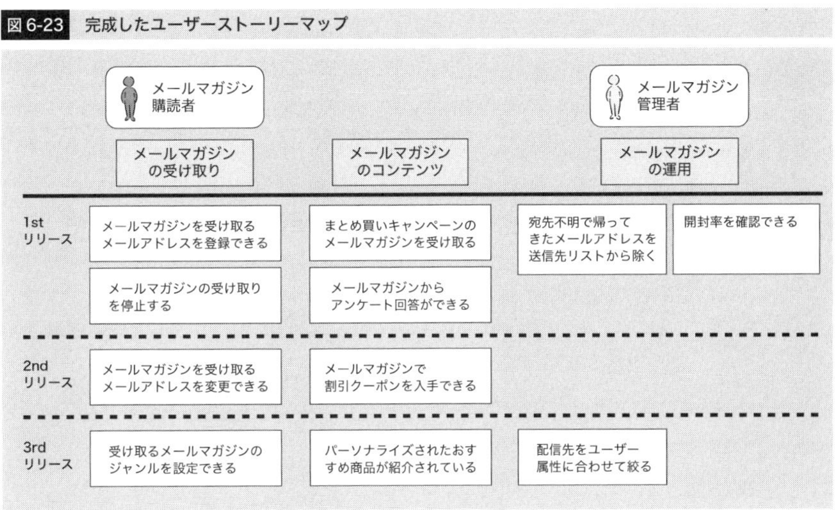

またマップ自体を完成させることだけでなく、マップを作る過程でステークホルダーを含めて議論することにも意味があります。作成したマップは完成版とするのではなく、リリースして学んだことを踏まえ、都度更新していくと長く活用できます。

短時間で見積もり、実績に基づいた進捗を示す

プロジェクトの初期に、どのくらい開発工数がかかるのか、見積もりたいことがよくあります。一つ一つの要件について丁寧に作業の規模を見積もることもできますが、開発に着手した時点では対象の知見や経験がまったくない状態なので、どんなに時間をかけても正確にはわかりません。見積もりを依頼する側も、正確なものが必要というよりは、ざっくりとした予定を知りたいだけかも知れません。そんなときに短時間で見積もりを行う方法として、サイレントグルーピングを紹介します。

サイレントグルーピング

「サイレントグルーピング」 6-12 **は集められたユーザーストーリーを並び替え、工数の大きさが変わる境界でグループを区切り、同一グループのものに同じ見積もり値を適用する手法です**（図6-24）。物理的な付箋で並び替えをしてもよいですし、Excelやスプレッドシートを使ってもよいです。ユーザーストーリーの規模を絶対値

図6-24 サイレントグルーピング

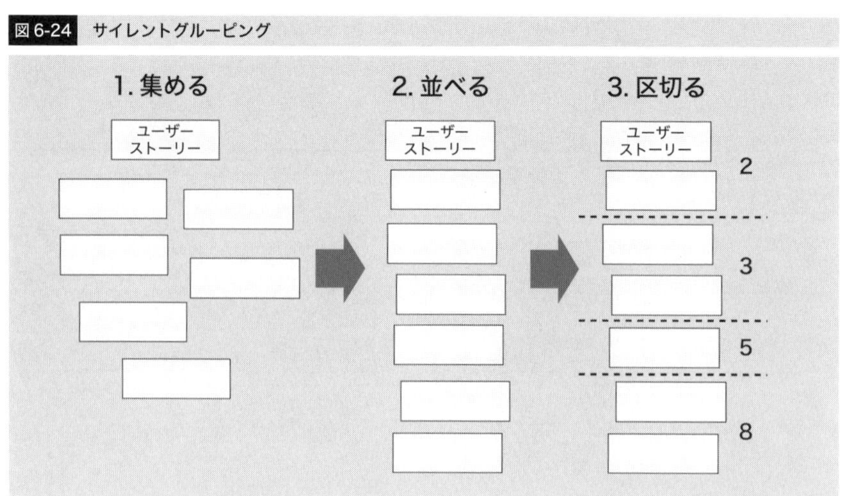

で見積もることは非常に困難ですが、2つのユーザーストーリーを並べて「どっちのほうが大きいか」と判断するのはずっと簡単です。一度に全部を整理しようとすると混乱するため、5つずつ程度でユーザーストーリーを追加し、見積もりの規模感について共通の理解を作りながら並び替えを行うとよいでしょう。

ざっくりグループ分けを行って短時間で見積もりを行うプラクティスは、他にもJames Grenning氏が提唱するプランニングポーカーパーティーもあります 6-13。

P バーンアップチャート

作業の進捗状況を可視化するやり方の1つに、進み具合を0〜100%の数値で表した進捗率があります。進捗率を報告者の主観で決めていると、作業の後半になるに従って数値の増加が鈍化し、「進捗80%」から進まなくなるといった問題が起きます。これは開発速度の実績や要件の変更による工数の増加をうまく把握できていないことに起因しています。そこで**作業規模の見積もりに使った単位で期間ごとの完了実績を合計し、「バーンアップチャート」を描くことで、実績に基づいた進捗状況の可視化と今後の予測ができます**（図6-25）。

図6-25 バーンアップチャート

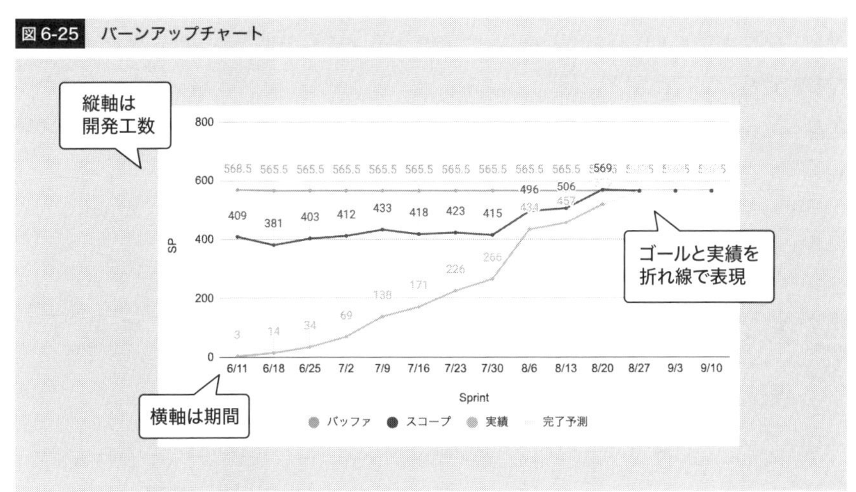

バーンアップチャートの描き方は次の通りです。

1. 必要なユーザーストーリーをすべて見積もり、数字を合計する（＝スコープ）
2. 初期スコープを 1.5 倍した数字を固定値のバッファとして、要件が増えすぎたときの目安とする（＝バッファ）
3. 進捗報告時点で完了したタスクの数字を合計する（＝実績）
4. スコープ／バッファ／実績を折れ線グラフに表現する

開発の進捗は実績の傾きで表現できます。実績線とスコープが交わった点が「開発完了」を指します。このままのペースで進むと、いつごろ開発が終わりそうかは、実績線の先を見ることで簡単に推測できます。早く開発を終えるには実績値の上昇幅を向上させるか、スコープを絞ることになります。実際にはスコープは広がることのほうが多く、バーンアップチャートは徐々にスコープの線がバッファの線に近づいていきます。スコープを削るのは利害関係が絡んで難しいことですが、要件が元々想定していたスコープの 1.5 倍を超えてしまいそうになったら、膨らみすぎている兆候といえます。

最初の見積もりが当たっておらず、実際の開発に着手した後で値をつけ直したい誘惑に駆られることがあります。しかし、見積もりし直すことにはあまり意味がありません。予想よりも大きいものと小さいものがあるはずなので、長期的に見ればずれを打ち消し合ってくれるでしょう。または全体的に見積もりが大きかったり、小さかったりしても、実績線を元に開発完了時期を推測するため、大きく外すようなことはないでしょう。

見積もりはただの推測で約束ではありません。進捗が順調なときも、思わしくないときも、正直に向き合いましょう。

アイデアが生まれてからデリバリーまでを短くする

P バリューストリームマッピング

開発期間を短くできても、「アイデアが生まれて」から「デリバリーされるまで」は長いままということがあります。**「バリューストリームマップ」** 6-14 6-15 **を描くことで、業務全体の流れを可視化でき、全員で改善点を議論できるようになります。**

バリューストリームマッピングの実施手順は次の通りです。

1. 参加者を集める
2. 価値提供の流れのうち、どこからどこまでの範囲を対象にするか決める
3. 工程を挙げる
4. アイデアと顧客を記載し、工程を並べて、線でつなげる
5. 工程ごとに要した時間と実際に作業に使った時間を記載する
6. 複数の工程をグルーピングして整理する
7. ムダを分析する
8. 改善後のリードタイムを記入する

では、手順を1つずつ解説していきます。

1. 参加者を集める

まずは参加者を集めましょう。ステークホルダー含め、広く関係者に声をかけます。**バリューストリームマップを描く過程では、現状の業務プロセスの課題を改善するための議論が起こることがあるので、裁量や権限を持つ人に参加してもらう必要があります。**バリューストリームマッピングの効果を大きく引き出す上で、最も重要でかつ難しい工程です。

2. 価値提供の流れのうち、どこからどこまでの範囲を対象にするか決める

次にバリューストリームマップを描く対象を何にするかを決めます。大きめのプロジェクトや、直近で問題があった開発を題材に挙げるとよいでしょう。ここでは例としてメールマガジンキャンペーンを取り上げます。

3. 工程を挙げる

プロジェクトの始まりから終わりまでを思い出しながら、作業や工程を列挙します(図6-26)。

4. アイデアと顧客を記載し、工程を並べて、線でつなげる

左上にアイデア、右上に顧客を置き、先ほど挙げた工程を線でつなぎます(図6-27)。工程の下には担当者や担当チームを記載します。担当が同じときは実線、異なるときは点線を使い分けると工程の受け渡しがあることが表現できます。列挙し

図 6-26　メルマガキャンペーンの開発工程

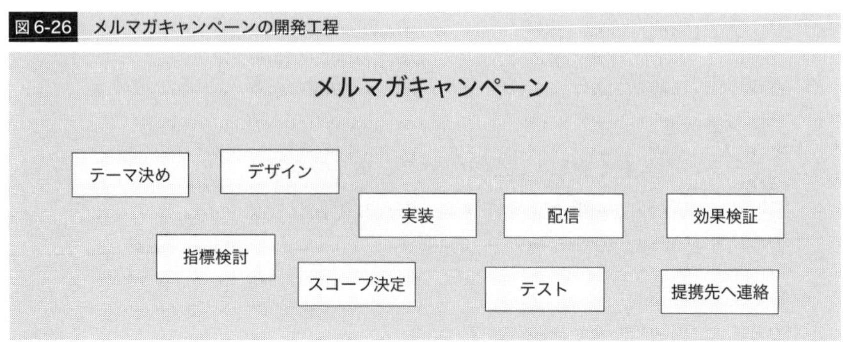

図 6-27　アイデアから顧客まで開発工程を線でつなぐ

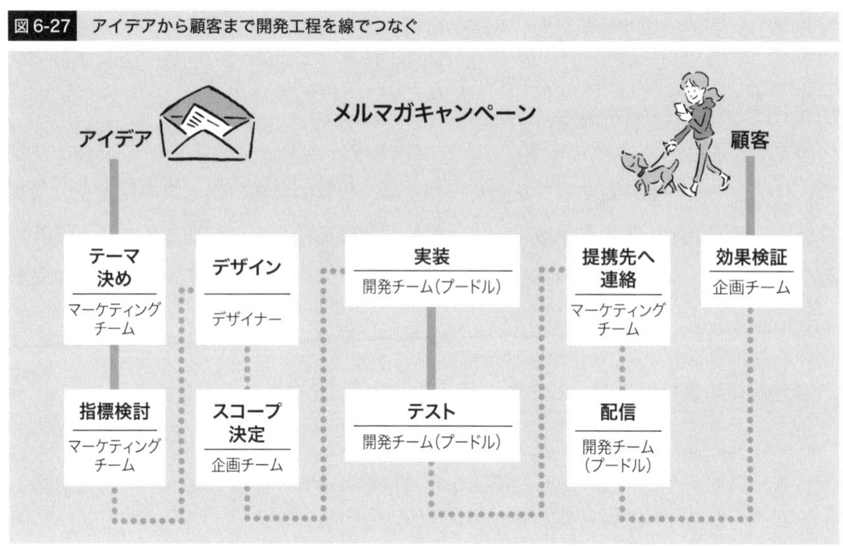

た工程に抜け漏れがある場合もあるので、ゴールとなる顧客から起点となるアイデアに向かって、工程を逆順につないでいくと漏れがあることに気がつきやすいです。

バリューストリームは1本の線になるとは限りません。川へ支流が流れ込み河口へ向かっていくように、価値提供につながるいくつもの流れが合わさっていることがあります。

5. 工程ごとに要した時間と実際に作業に使った時間を記載する

次に工程ごとに作業時間を記入します（図 6-28）。作業時間は実行時間と、待ち

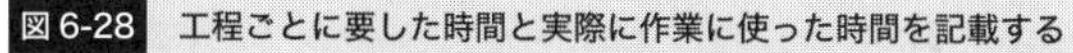

図6-28 工程ごとに要した時間と実際に作業に使った時間を記載する

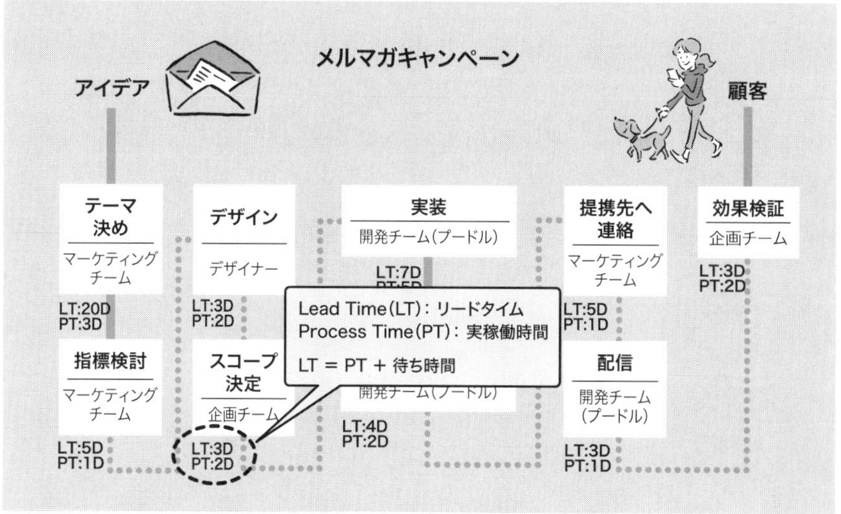

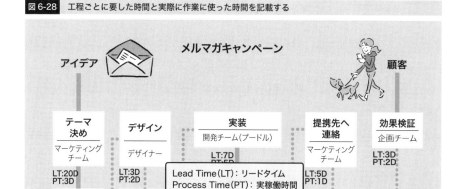

時間も含めたリードタイムの両方を記入します。例では日(Day)で数値を記入しましたが、時間(Hour)や週(Week)、月(Month)など、スコープや工程の大きさに応じて扱いやすい単位を選んでください。

6. 複数の工程をグルーピングして整理する

複数の工程をまとめることで、もう少し俯瞰した目線でボトルネックを見つけられます。グループ単位でも実行時間やリードタイムを記入してみましょう。また全体の実行時間やリードタイムも集計します。図6-29を見ると、メルマガキャンペーンはアイデアが生まれてからデリバリーされるまで53日を要していますが、実際の作業時間は19日しかなく、倍以上の時間が待ち時間に費やされていることがわかります。特に企画/リリースの待ち時間が長かったようです。

7. ムダを分析する

開発プロセスの認識が揃ったところで、ステークホルダーを含めた全員で改善点を議論して探します。改善のきっかけとなる「ムダ」には次のようなものが考えられます(表6-3)。

図6-29　複数の工程をまとめて整理する

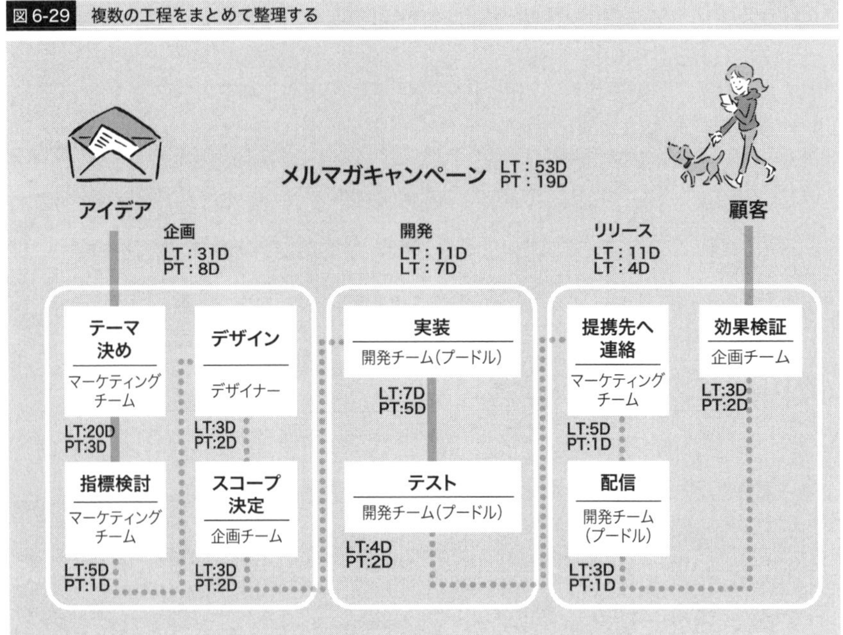

表6-3　ムダの種類

ムダの種類	マーク	定義	例
欠陥のムダ（Defects）	D	誤り、抜け、不透明な部分がある情報や成果物。システムを破壊し、解決するのに時間と労力が必要	壊れたビルド、不正確な設定、不正確な要求
マニュアル／モーション（Manual/Motion、Handoffs）	M	オーバーヘッド、コーディネーション、作業引き渡し、またはセットアップや仕事の実行に関する非効率性	ミーティング、手動デプロイ、チーム間の作業引き渡し
手待ちのムダ（Waiting）	W	次の価値のあるステップを開始、または終了することの遅れ	承認待ち、リソースの待ち、予定されたミーティング待ち
未完了の作業（Partially Done）	PD	未完了の作業、何らかの操作。他者からの入力やアクションが必要となる。欠陥とタスク切り替え、待ちを招く	デプロイされていないコード、不完全な環境設定、実行中バッチ
タスクの切り替え（Task Switching）	TS	タスクの切り替えは、高価なコンテキストスイッチを招き、エラーが発生しやすくなる	進捗上限によるムダ作業、障害による中断、アドホックなリクエスト
余分なプロセス（Extra Process）	EP	価値のないステップやプロセス。たいていは、公式、非公式な標準作業に含まれる	不要な承認、不要なドキュメント、ムダなレビュー

（次ページへ続く）

ムダの種類	マーク	定義	例
余分な機能（Extra Feature）	EF	機能、たいていは実装フェーズで追加されたもの。リクエストされていない、ビジネスに沿っていない、顧客価値がない	"次に必要かもしれない"、不要なアップデートや要求、望んでいない
ヒーローまたはヒロイン（Heroics）	H	仕事を完了させる、または顧客を満足させるために、ある人に大変な負荷がかかっている状態。ボトルネック	数日必要なデプロイ、長年の知識が必要、極端な調整が必要

※ 6-15 を元にした表ですが、バリューストリームマッピングの由来となっているリーンおよびトヨタ生産方式の用語に合わせ、一部の表現を変更しています。

例としたメルマガキャンペーンには以下の改善点があったことがわかりました（図 6-30）。

図 6-30 ムダを分析する

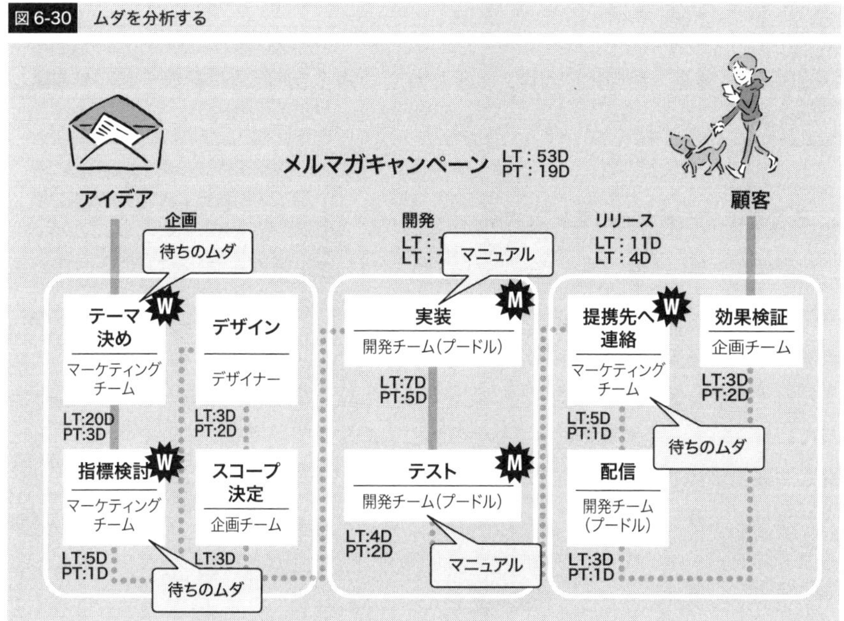

- 待ちのムダ：テーマ決めを週 1 回の定期会議で行っていたため、3 週間を要した
- 待ちのムダ：指標検討で上位役職者の確認／承認が必要で、承認まで後続する作業を止めていた
- マニュアル：メルマガのデザイン時にデザイナーとチームが会話できておらず、デザインの手戻りが実装時に発生していた

- マニュアル：メルマガ配信のテスト方法がまとめられておらず、今回担当したメンバーが自分で調べながら作業を進めていた
- 待ちのムダ：開発が完全に完了してから外部の連携先に連絡を入れていたため、連携先の準備ができるまで３日間の待ちが生じた

例えば以下のような工夫をすることで、ムダを改善できます。

- テーマ決め：定例だけで議論するのではなく、別途会議を開催する
- 指標検討：上位役職者不在時の代理確認フローを決めておく。後続作業に影響しない確認であれば先に進めておいてもらう
- 実装：デザイン検討時にデザイナーとチームが実装イメージを会話しておく
- テスト：メルマガのテスト手順をドキュメントにまとめておく
- 提携先へ連絡：開発完了が見えてきた時点で外部の連携先に配信予定日を連絡しておく

8. 改善後のリードタイムを記入する

改善案が出揃ったら、各工程がどのくらい短縮できそうか予想を記入し、時間を集計し直します。以上でバリューストリームマップの完成です（図 6-31）。予想通りに進行するかはわかりませんが、メルマガキャンペーンでは 13 日ほどリードタイムを削減できそうな目処がつきました。デリバリーに要する時間の短縮を、開発工程のみで行った場合、頑張ったとしても２日程度の短縮が限界ですがステークホルダーを交えて業務全体として見直しを行えば、改善の芽をあちこちに見つけられます。

バリューストリームマップを描く過程で、アイデアが生まれてからデリバリーされるまでの流れ、ボトルネックの箇所と改善アプローチの認識を関係者含めて揃えられているので、実行にあたって邪魔をする人は出てこないでしょう。後は次の開発で改善点を実施するだけです。バリューストリームマップの前提条件は変わることもあります。一度描いたからといって固執せず、見直しをしていきましょう。

図6-31 改善後のリードタイムを記入する

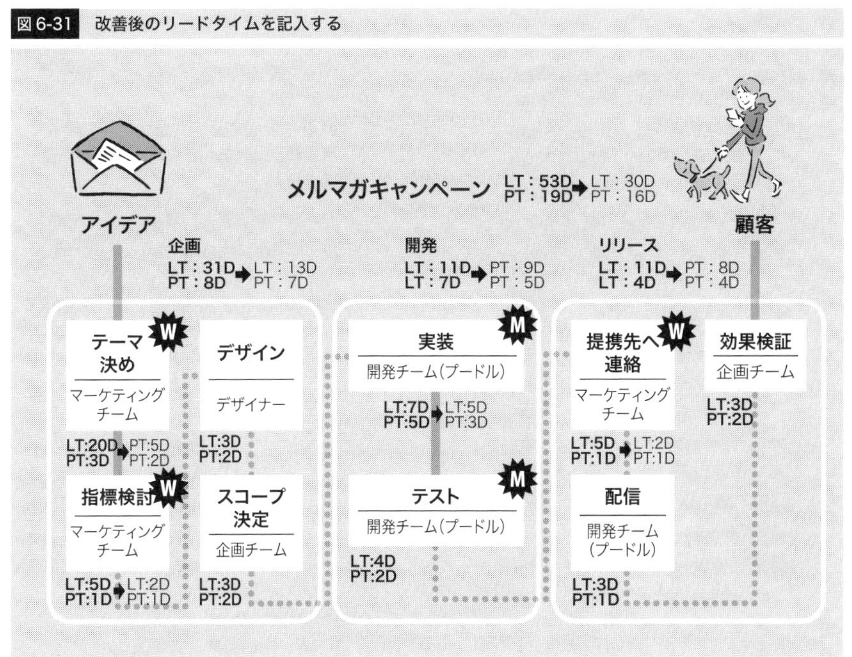

ここまで読んでいただいた読者の方は、アジャイル開発を支える技術プラクティス、およびその応用について理解し、自分の現場で取り入れる力が身についたことでしょう。もっといろんなプラクティス、その種を見つけられるよう、いくつかの情報源を最後に紹介します。

References

6-1 「フィーチャーチーム」Bas Vodde（江端一将 訳、featureteamprimer）
https://featureteamprimer.org/jp/

6-2 「フィーチャーチーム入門」Craig Larman・Bas Vodde（2010、江端一将 訳）
https://featureteams.org/jp/feature_team_primer_ja.pdf

6-3 『大規模スクラム Large-Scale Scrum(LeSS) アジャイルとスクラムを大規模に実装する方法』Craig Larman・Bas Vodde（2019、榎本明仁 監修、榎本明仁・木村卓央・高江洲睦・荒瀬中人・水野正隆・守田憲司 訳、丸善出版）

6-4 『組織パターン』James O. Coplien・Neil B.Harrison（2013、和智右桂 訳、翔泳社）

6-5 「Explore DORA's research program」（2020、DORA's research program）
https://www.devops-research.com/research.html

6-6 『Lean と DevOps の科学 [Accelerate] テクノロジーの戦略的活用が組織変革を加速する』Nicole Forsgren Ph.D.・Jez Humble・Gene Kim（2018、武舎広幸・武舎るみ 訳、インプレス）

6-7 「調整と統合 - ただ話す」（LeSS）
https://less.works/jp/less/framework/coordination-and-integration

6-8 「調整と統合 - トラベラーを活用してボトルネックを解消し、スキルを伸ばす」（LeSS）
https://less.works/jp/less/framework/coordination-and-integration

6-9 『Working Out Loud: For a better career and life』John Stepper（2015、Ikigai Press）

6-10 「Working Out Loud 大声作業（しなさい）、チームメンバー同士でのトレーニング文化の醸成」Masato Ohba（2018、スタディサプリ）
https://blog.studysapuri.jp/entry/2018/11/14/working-out-loud

6-11 『ユーザーストーリーマッピング』JeffPtton（2015、川口恭伸・長尾高弘 訳、オライリージャパン）

6-12 「Using Silent Grouping to Size User Stories 」Ken Power（2011、slidshare）
https://www.slideshare.net/kenpower/using-silent-grouping-to-size-user-stories-xp2011

6-13 「プランニングポーカー・オブジェクトゲームでアジャイルゲーム！～ Agile 2011 Conference」藤原大（2011、EnterpriseZine）
https://enterprisezine.jp/article/detail/3385

6-14 『トヨタ生産方式にもとづく「モノ」と「情報」の流れ図で現場の見方を変えよう !!』Mike Rother・John Shook（2001、成沢俊子 訳、日刊工業新聞社）

6-15 「ここはあえて紙とペン！ Value Stream Mapping で開発サイクルの無駄を炙り出せ！」小塚大介（2017、slideshare）
https://www.slideshare.net/TechSummit2016/app013

たくさんの
アジャイルプラクティスが
学べて、本当に勉強に
なりました！
いえいえ、
私も楽しく仕事が
できました

ところでベテランさんは
どこでプラクティスを
学んだんですか？

他現場での事例を
聞くこともありますが、
Web サイトや書籍を
確認していますよ

まだまだ知らない
ことがありそうなので、
みんなで一緒に
勉強会やりませんか？
いいですね！
チームで取り入れられる新しい
アジャイルプラクティスが
ないか探しましょう。

おわりに

本書では、読者の現場でもすぐに役立つと思えるプラクティスを選んで紹介していますが、プラクティスとされるものは本書で扱った以外にもたくさん存在し、技術の進展に伴って新たなプラクティスも日々生まれています。

ここでは、そうしたアジャイル開発で役に立つプラクティスや、プラクティスの元となる考え方をキャッチアップしていくために役立つサイトを紹介します。

プラクティスの探し方

アジャイル開発のプラクティスを紹介するサイトには次のようなものがあります。

Subway Map to Agile Practices

プラクティスを地下鉄の駅に見立て、ルーツや相互の関係性を地下鉄の路線図のように表現した図です。2016年の Agile Japan で印刷物として配布する目的のため、日本語での翻訳版も作られています。

URL https://www.agilealliance.org/agile101/subway-map-to-agile-practices/

URL https://2016.agilejapan.jp/image/AgileJapan2016-pre-0-0-MetroMap.pdf（日本語版）

図　Subway Map to Agile Practices

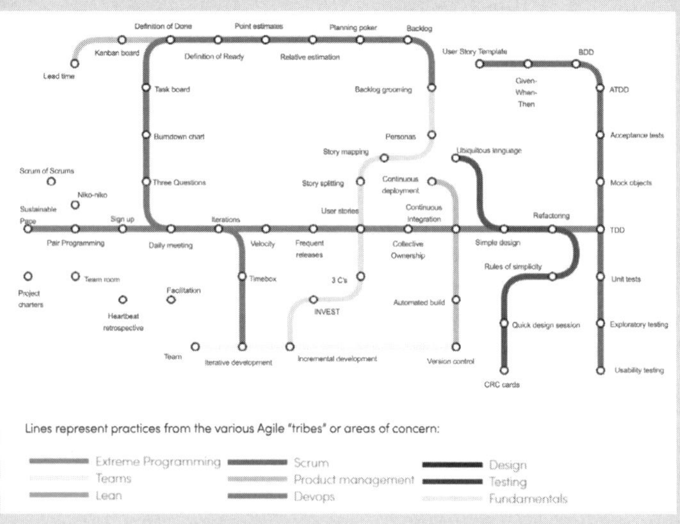

Technology Radar

Thoughtworks 社が数ある技術やプラクティスについて見解をまとめたレポートです。「Techniques」「Tools」「Platforms」「Languages & Framework」の４つのジャンルごとに、個々の技術やプラクティスが「Hold（待ち）」「Assess（評価すべき）」「Trial（試してみるべき）」「Adopt（取り入れるべき）」の４段階で分類されています。取り上げられる項目は入れ替わったり、そのときの流行に影響されたりするものの、知らない技術に触れられ、自分以外の見解を知ることができる点で有用です。

URL https://www.thoughtworks.com/radar

図 Technology Radar

Open Practice Library

RedHat Open Innovation Labs が運営する Web サイトです。本書の執筆時点（2023 年 6 月）で 124 人の貢献者により、200 のプラクティスが紹介されています。

URL https://openpracticelibrary.com/

図 Open Practice Library

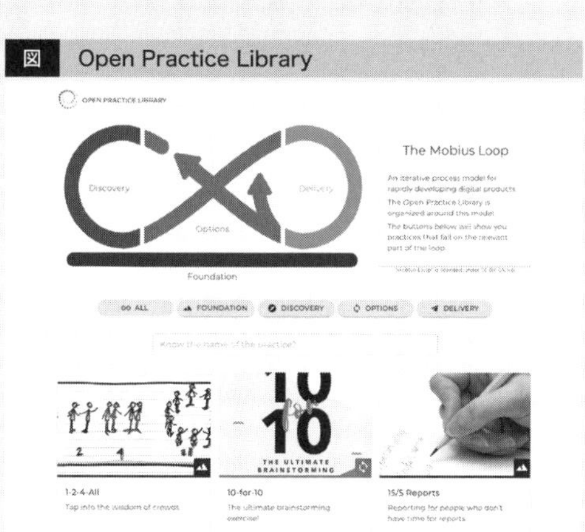

101 ideas for agile teams

アジャイル開発で使える改善アイデアがまとめられたブログです。

URL https://medium.com/101ideasforagileteams

図 101 ideas for agile teams

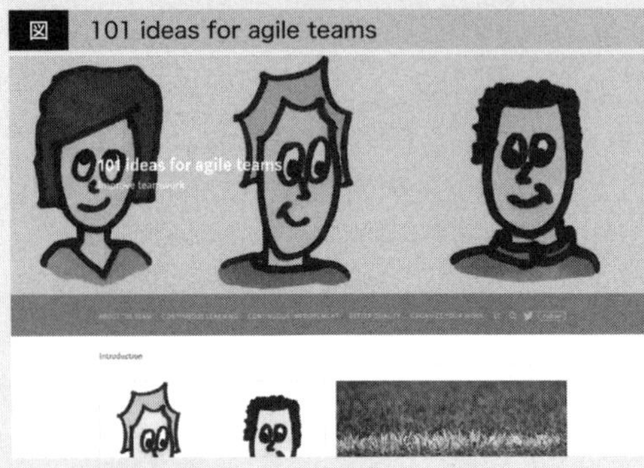

DevOps の能力

DevOps Research and Assessment（DORA）チームが、デリバリーと組織のパフォーマンスを改善するための能力を調査し、検証したものです。

URL https://cloud.google.com/architecture/devops?hl=ja

図 DevOps の能力

技術に関する能力

- クラウド インフラストラクチャ
- コードの保守性
- 継続的デリバリー
- 継続的インテグレーション
- 継続的なテスト
- データベースのチェンジ マネジメント
- デプロイの自動化
- チームのツール選択をサポート
- 疎結合アーキテクチャ
- モニタリングとオブザーバビリティ
- セキュリティのシフトレフト
- テストデータ管理
- トランクベース開発
- バージョン管理

プロセスに関する能力

- お客様のフィードバック
- システムをモニタリングして的確な判断
- 障害の予兆通知
- 変更承認の効率化
- チームのテスト
- バリュー ストリームでの作業の可視性
- ビジュアル管理機能
- 仕掛り制限
- 小さいバッチ単位の作業

文化に関する能力

- 創造的な組織文化
- 仕事の満足度
- 学習文化
- 変革型リーダーシップ

Scrum Patterns

スクラムを機能させるためのパターン集（ある文脈において、繰り返し起きる問題を解決する方法を集めたもの）です。『A Scrum Book: The Spirit of the Game』として書籍化もされています。

URL https://scrumbook.org/

図 Scrum Patterns

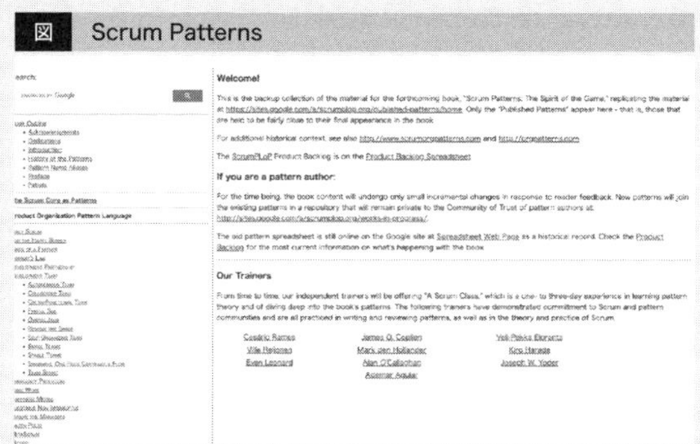

Martin Fowler's Bliki

アジャイルソフトウェア開発宣言に署名した1人であり、『リファクタリング』などの著書でも知られるMartin Fowler氏のサイトです。アジャイルなプラクティス以外にもソフトウェア開発やアーキテクチャなど広範な話題に関するトピックが取り上げられています。有志による日本語での翻訳サイトもあります。

図 Martin Fowler's Bliki

URL https://martinfowler.com/bliki/

URL https://bliki-ja.github.io/（日本語版）

企業によるまとめ

クラウドプラットフォームや開発ツールを提供、運営している企業がまとめているサイトです。

[Google / Google Cloud]

・DevOps とは : 研究とソリューション Google Cloud

URL https://cloud.google.com/devops?hl=ja

・Google Engineering Practices Documentation

URL https://google.github.io/eng-practices/

[Microsoft]

・ISE Code-With Customer/Partner Engineering Playbook

URL https://github.com/microsoft/code-with-engineering-playbook

[Atlassian]

・ソフトウェア開発の主要部分について学ぶ

URL https://www.atlassian.com/ja/software-development

awesome-XXX

“awesome-” から始まる、特定のテーマを扱ったキュレーションリストです。GitHub で管理した Markdown ファイルでリンクリストをまとめ、プルリクエストによる追加を受けつけているのが一般的です。調べたいトピックに “awesome” をキーワードにつけて検索すると見つけられます。あまりに数が多いため awesome リストをまとめたページもあります。

URL https://github.com/sindresorhus/awesome

URL https://github.com/topics/awesome（awesome リストのまとめ）

●プラクティスを探求する旅

この書籍で紹介したプラクティスは必ずしも新しいものばかりではありません。10年以上前から提唱されているものもあります。プラクティスは、多くの現場で試行されることでその効果が知られるようになり、周辺ツールの進化もあって定着していきます。今はまだ一部の現場でのみ使われているやり方が、数年後にはさらに洗練され、広く普及する可能性もあります。

アジャイルプラクティスを多く活用した、生産性の高い開発現場は確かに存在します。上を見るとキリがありません。しかしどの現場でもはじめからうまくできていたわけではないでしょう。少しずつプラクティスを試行し、プラクティスがうまく機能する方法を見つけ、自分たちの開発スキルも向上させていった結果です。

本書の内容が将来の開発をよりよいものにするための一歩につながれば幸いです。読者のみなさんが、現場の課題に向き合うことができ、よりよいプラクティスを発見していけることを願っています。

グラデーションで考える 12年間のアジャイル実践

デロイトトーマツ
コンサルティング 合同会社
執行役員
きょん
Kyon

私たちのチームでは、12 年間にわたって Scrum や DevOps の実践を行いながら、さまざまな独自のアプローチや工夫を取り入れてきました。その中で、グラデーションや全体と部分の関係の重要性を認識し、組織デザインやルール、啓蒙活動を行ってきました。ここでは、その重要性と事例を紹介します。

まず私が観測できる範囲は常に何らかの部分でしかありません。そして、それは何らかの全体でもあります。例えば、あるプログラム、テスト、UI、タスク、スプリント、ゴール、チーム、ビジネス、業界動向、別部署、役員、同僚。すべては何らかの部分であり、何らかの全体を示しています。つまり、私が「全体を認識できた」というのは常に「ある部分」でしかありません。そしてこの「ある部分」の隣接領域にはなにか別の部分がつながっていて、お互いに影響し合っています。そこには力関係や位置関係で表現できるものが存在します。

ある部分しか見えていないのに、全体を予測できるようになっているようなデザインというのは非常にスケールしやすいです。ある種の一貫性に関するデザインです。これはコーディング規約、命名規則、チームの原則などが身近でしょう。本書でもそういった事例は多数出てきています。仕事における予測可能性を高めることは、チーム内外の属人化を下げたり、新しいアイデアを創出しやすくなったりといった効果が見られました。

その上で大事なのは、一貫性は完全ではなく一貫性自体にもグラデーションがあるのが自然という考え方です。一貫性を担保するように努力することは大事な一方で、一貫性にはグラデーションがある前提で思考することが全体の質を高めます。そして、グラデーションを許容するほうが人々は自然に振る舞えます。

この全体と部分の関係を意識できるようなグラデーションのあるデザインをするというのが、この 12 年間で私が実践 してきたことの 1 つです。その事例となるプラクティスをいくつか紹介します。

1. チームメンバーのスキルレベルの違いを認識する

アジャイルプラクティス、ツール、ルール、マインドセット、プログラミング、インフラなどを導入しやすくすることはできますが、全員が同じレベルになることはありません。グラデーションがない状態を想定している場合には、考慮漏れが多く、後でうまくいかないことが多くありました。このような振る舞いになっているはずと思い込んで、実はそうではないということが起きてしまうと、ある種の思考停止や苛立ちが起きてしまうことを多数見てきました。このようなスキルなどのグラデーションを理解し、美しいグラデーションになるような組織デザインやルールを整えることで、チームはうまく機能してきました。

2. フラクタル構造を取り入れたスプリント

チームでは、スプリントをフラクタル構造にしています（図 A)。1ヶ月スプリントに対して 1 週間スプリントが 3 つ、1 週間スプリ

ントに対して1日スプリントが4つ、1日スプリントに対して1時間スプリントが6つ、1時間スプリントに対して15分スプリントが3つ。 これにより、大きなタスクを小さなサブタスクに分解し、チームメンバーが効率的に取り組むことができます。また、各サブタスクが完了するたびに成果物を統合することで、よりスムーズな開発プロセスが実現できます。そして、該当のスプリントに対するスクラムイベントをやっているときには、必ず自分より大きなスプリントと小さなスプリントに対して考える時間を持ちやすくなります。

1週間スプリントは5日あるのに、その中に1日スプリントを4日しか入れていない理由は、プロセスにおける余白の実現です。美しいもの、いきいきとしているものの多くは、その構成要素のすべてが合理的に目的に沿っているのではなく、目的がない部分や、何もない部分を持っています。Webページなどでも「余白」の大切さがあるように、バッファではなく、その余白があるからこそ目的に従っている部分がより強くなります。

3. 執行役員を含めたScrum of Scrums（SoS）の実践

チームでは、執行役員を含めたScrum of Scrums（SoS）を実践しています。これにより、チーム間のコミュニケーションが向上し、組織全体での課題や目標の共有が容易になります。また、執行役員が参加することで、意思決定の迅速化や、さまざまな組織レイヤーの意見が組織内でスムーズに届きます。

これらの独自のアプローチや工夫を生かし、私たちのチームはScrumやDevOpsの原則に基づいて柔軟かつ効率的な開発プロセスを実現しています。グラデーションの重要性を認識し、美しいグラデーションになるような組織デザインやルール、啓蒙活動を行うことで、チームはより一層の成功を収めることができました。アジャイル開発に取り組むすべてのチームメンバーにとって、このコラムが成功への道標となることを期待しています。

図A　スプリントのフラクタル構造

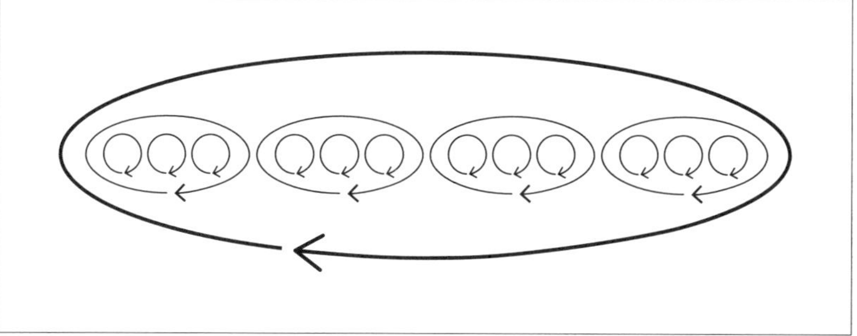

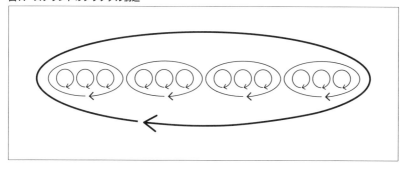

コラム執筆者プロフィール

椎葉光行 MITSUYUKI SHIIBA

株式会社カケハシ ソフトウェアエンジニア

フルスタックなソフトウェアエンジニアとして、株式会社カケハシで自社プロダクトの開発に取り組んでいる。これまで、ECサービスの開発をリードしたり、改善エンジニアとしてチームをサポートしたり、CIサービスの開発をしたりしてきた。その一方で、アジャイルな開発や組織改善にも取り組み、スクラムフェス大阪2021ではキーノートを務めた。著書『Jestではじめるテスト入門』(PEAKS)。
Twitter：@bufferings

安井 力 TSUTOMU YASUI

合同会社やっとむ屋代表

フリーランスのアジャイルコーチとして、開発の現場をプロセス面と技術面から支援している。ワークショップの設計と提供、特にゲームを用いた気づきや学びの工夫を凝らしている。著書／訳書に『アジャイルな見積りと計画づくり』（共訳）、『テスト駆動Python』（監修）など。ゲームは『心理的安全性ゲーム』『宝探しアジャイルゲーム』『チームで勝て！』などを提供。

大谷和紀 KAZUNORI OTANI

Splunk　Senior Sales Engineer, Observability

Splunk Observabilityの導入支援の業務に従事。業務システム業界でパッケージ導入や、旧VOYAGEGROUP（現CARTA HOLDINGS）の広告配信子会社におけるCTOとしての業務、NewRelicでのカスタマーサクセス業務などを務めてきた。
『オブザーバビリティ・エンジニアリング』の共訳者。好きなビルドツールはMake。
Twitter：@katzchang

吉羽龍太郎 RYUTARO YOSHIBA

株式会社アトラクタ 取締役CTO／アジャイルコーチ

アジャイル開発、DevOps、プロダクトマネジメント、組織改革などの領域のコンサルティングとトレーニングに従事。Scrum Alliance認定スクラムトレーナー（CST-R）、認定チームコーチ（CTC）。
著書に『SCRUM BOOT CAMP THE BOOK』、訳書に『エンジニアリングマネージャーのしごと』『チームトポロジー』『プロダクトマネジメント』など多数。
Twitter：@ryuzee　　ブログ：https://www.ryuzee.com

牛尾 剛 TSUYOSHI USHIO

Microsoft Senior Software Engineer

日本でSlerを経て、アジャイル開発、DevOpsのコンサルタントとして独立後、Microsoftに入社しエヴァンジェリストとして活躍。現在はアメリカのシアトルに在住し Microsoft の クラウドサー

ビス Azure のサーバーレスプラットフォーム Azure Functions を開発している。特に才能のあるわけでもない「普通プログラマ」。世界一流のエンジニアに囲まれ仕事ができる幸せな環境の中、日々彼らを観察して学んで自らもいつか一流のエンジニアになれることを夢見て毎日をエンジョイしている。

服部佑樹 YUUKI HATTORI

GitHub Customer Success Architect

主に GitHub の企業向けの技術的な支援を実施。オープンソースの文化やプラクティスを企業内に導入し、企業のサイロを解消する「インナーソース」の普及にも力を入れている。
この活動を通じて、非営利団体である InnerSource Commons ファンデーションのボードメンバーを務めており、インナーソースの世界的な発展に貢献している。

河野通宗 MICHIMUNE KOHNO

Microsoft Senior Software Engineer

ソニーコンピュータサイエンス研究所で研究者として勤務後、日本のマイクロソフトにソフトウェアエンジニアとして転職し、Windows7 の開発に従事。その後アメリカのマイクロソフト本社に移り、以後ずっと Azure の開発グループでエンジニアとして勤務中。マイクロソフトにおける 15 年以上の開発プロセスの変遷の歴史を体験。App Service のチーム設立時からのメンバー。博士 (工学)。

天野祐介 YUSUKE AMANO

サイボウズ株式会社　シニアスクラムマスター、アジャイルコーチ
スクラムフェス仙台実行委員会

2009 年新卒入社後、エンジニアとして kintone の開発に参画。チームリーダー経験を経て、2016 年にはスクラムマスターとしてサイボウズにスクラムを持ち込み定着。現在は週 3 日勤務でスクラムマスターのマネージャーとして活動しながら、個人事業主のアジャイルコーチとしても活動。2021 年に東京から仙台へ移住し、2022 年よりスクラムフェス仙台実行委員、すくすくスクラム仙台運営。書籍『プロダクトマネジメント』翻訳レビュアー、『SCRUMMASTER THE BOOK』翻訳レビュアー。

きょん KYON

デロイトトーマツコンサルティング 合同会社 執行役員

2015 年頃から 47 機関というチームでアジャイル開発を本格的に導入し、いくつかのプラクティスを発見してきた。2023 年現在では経営陣とチームをセミラティス構造でマネジメントしていく Living Management という手法でチームを率いる。また新規事業や大規模開発などでアジャイルコーチ、アーキテクチャ設計支援、テスト自動化支援などに携わっている。
2017 年からは文科省産学連携プロジェクト enPiT にて筑波大学、産業技術大学院大学にて非常勤講師をつとめ、学部 3 年生、修士 1 年生にアジャイル開発のコーチングをしてきた。共著に『システムテスト標準化ガイド』がある。

監修者プロフィール

川口恭伸 YASUNOBU KAWAGUTI

YesNoBut 株式会社 代表取締役社長
アギレルゴコンサルティング株式会社 シニアアジャイルコーチ
株式会社ホロラボ シニアアジャイルコーチ
一般社団法人スクラムギャザリング東京実行委員会 代表理事
一般社団法人 DevOpsDays Tokyo 代表理事

北陸先端科学技術大学院大学修了ののち、金融情報サービスベンダー（株）QUICK にてデータメンテナンス／システム開発、プロダクト／サービス企画開発、仮想化インフラ構築などを担当。

2008 年スクラムに出会い、パイロットプロジェクトを始める。2011 年イノベーションスプリント実行委員長、2011 年からスクラムギャザリング東京実行委員。2012-2018 年楽天にてアジャイルコーチ。楽天テクノロジーカンファレンス 2012-2017 実行委員。

『Fearless Change』監訳、『ユーザーストーリーマッピング』監訳、『ジョイ・インク（Joy, inc）』共訳、『SCRUMMASTER THE BOOK』共訳、『アジャイルエンタープライズ』監修。認定スクラムプロフェッショナル。ジム・コプリエン、ジェフ・パットン、ケン・ルービンなど、認定スクラムトレーニングの共同講師経験多数。

松元健 KEN MATSUMOTO

アギレルゴコンサルティング株式会社　シニアアジャイルコーチ
個人事業主 / 中小企業診断士

株式会社ナムコ（現バンダイナムコエンターテインメント）にて業務用アミューズメント機器や家庭用／モバイル用デジタルコンテンツの開発に約 14 年間従事。同社主要製品にてエンジニアを務めつつ、大小さまざまなプロジェクトへ技術面・チーム運営面の支援を行う。スクラムへの取り組みは 2008 年頃より。

その後経営企画へ転向し、適応的な人材や組織作りのために、スクラムの実践や適応に関する組織的な支援の提供を担当し、その後独立。現在はスクラムマスターならびに中小企業診断士として、個人やチーム、事業や組織の適応に向け伴走型の支援を提供している。

『SCRUMMASTER THE BOOK』共訳、『ジョイ・インク（Joy, inc）』翻訳レビュアー、『SCRUM BOOT CAMP THE BOOK』レビュアー、一般社団法人アジャイルチームを支える会 理事。

著者プロフィール

常松祐一 YUICHI TSUNEMATSU

Retty 株式会社 プロダクト部門 執行役員 VPoE

エンジニアリング組織のマネジメント・プロダクト開発プロセスのアジャイル変革を通じ、「顧客にとって価値のあるプロダクトを、チーム一丸となって協力し、短期間にリリースする開発体制のあり方」を模索している。

レビューにご協力いただいたみなさま（敬称略）

小田中育生
藤原 大
大金 慧
石毛琴恵
粕谷大輔
守田憲司
岩瀬義昌
粉川貴至
森田和則
伊藤潤平
山口鉄平
半谷充生
飯田意己
今給黎隆
木本悠斗
渡辺涼太
小迫明弘
池田直弥
今井貴明
角 征典
（133 ページのコラムのみ）

索引

数字

101 ideas for agile teams …… 288

A/B/C

Amazon CloudWatch Logs …… 184
AngularJS プロジェクト …… 62
awesome-XXX …… 290
AWS AppConfig …… 56
Bucketeer …… 56
ChatBot フレームワーク …… 179
ChatOps …… 179
CI/CD …… 147
CI/CD パイプライン …… 148
Commitizen …… 63

D/E/F

Danger JS …… 81
Datadog …… 184
Dependabot …… 129
Design Doc …… 225
　～に含める項目 …… 226
DevOps の能力 …… 288
Diátaxis …… 196
E2E テスト …… 149
E2E テストの自動化 …… 162
EditorConfig …… 81
Elasticsearch …… 184
Firebase Remote Config …… 56
Firebase Crashlytics …… 184
Fluentd …… 184
formatter …… 78
Four Keys Metrics …… 255

G/I/J

git-cz …… 63
git-flow …… 50
GitHub Codespaces …… 76
GitHub Flow …… 51
gitmoji …… 63
Git ホスティングサービス …… 85
Google Jamboard …… 99
INVEST …… 229
JSON フォーマット …… 188
JSTQB …… 108

K/L/M

Kibana …… 184
LaunchDarkly …… 56
linter …… 78
Logstash …… 184
LTSV フォーマット …… 189
Martin Fowler's Bliki …… 289
miro …… 99
MURAL …… 99

O/P/R

Open Practice Library …… 287
Playbook …… 194
　主な記載内容 …… 195
README ファイル …… 194
　主な構成内容 …… 194
Renovate …… 129
Reviewdog …… 81
Runbook …… 194

S/T/U/W

SaaS …… 56
Scrum Patterns …… 289
Subway Map to Agile Practices …… 286
superlinter …… 78
Technology Radar …… 287
Unleash …… 56
WIP 制限 …… 17, 38
Working Out Loud …… 261

あ

アーティファクト生成 …… 139
アイスクリームコーン …… 161
イテレーティブ …… 22
インクリメンタル …… 21
インクリメント …… 12
インプレースデプロイ …… 173
受け入れ基準 …… 44
エクストリームプログラミング …… 13
オブザーバビリティ …… 185

か

開発環境 150
開発者 12
開発ブランチ 50
カナリア環境 151
カナリアリリース 176
カバレッジ 117
完成の定義 43
ガントチャート 217
カンバン 14, 36
カンバンシステム 14
完了基準 42
企業によるまとめ 290
疑似コードプログラミング 46
議論の場作り 214
継続的インテグレーション 139
継続的テスト 165
継続的デリバリー 147
継続的に見直す 10
検証 108
コードオーナー 77
コードレビュー 74
　～が長期化している兆候 87
　注意すべきコスト 76
コミット 60
コミットメッセージ 60
コミット履歴 64
　～の書き換え 66
　直前のコミットを修正 65
　任意のコミットに修正を追加 68
コラボレーションツール 265
コンポーネント vii
コンポーネントチーム 241
コンポーネントメンター 245

さ

サービス vii
サイレントグルーピング 274
システム vi
実装時のガイドラインとなるコメント 46
自動テスト 110
準備完了の定義 42
職能別チーム 240
スイムレーン 36
スウォーミング 92
スキルの引き継ぎ 252
スキルマップ 250
スクラム 12
スクラムガイド 12
スクラムマスター 12
スタブ 109
ステージング環境 151
ストーリーポイント 217
スパイク調査 223
スプリント 13
スプリントバックログ 12
スプリントプランニング 13
スプリントレトロスペクティブ 13
スプリントレビュー 13
ソースコードの共同所有 74
ソフトウェアの依存関係 127
ソフトウェアのビルド 139

た

タスク vii
タスク数の制限 18
タスク分解 36
ダッシュボード 186
妥当性確認 108
小さい単位で完成させる 9
長命ブランチ 57
デイリースクラム 13
データ駆動テスト 115
データベーススキーマ 176
テーブル駆動テスト 115
手順の引き継ぎ 252
テスト環境 151
テスト駆動開発 113
テストコード 114
　アンチパターン 116
　必要十分な～ 117
テストピラミッド 160
テストファースト 112
デプロイ vii
デプロイ戦略 173
デプロイツール 178
デプロイメントサーキットブレーカー 175
デリバリー vii
ドキュメント 193

ドキュメント自動生成ツール 144
ドライバー 95
トラックナンバー 249
トラベラー 259
トランクベース開発 52
トレース 184

な

ナビゲーター 95

は

バーンアップチャート 275
早く気がつく 9
パラメータ化テスト 115
バリューストリームマップ 276
非機能要件 193
フィーチャースイッチ 56
フィーチャーチーム 239, 242
フィーチャートグル 56
フィーチャーフラグ 55
フィーチャーブランチ 50
フックスクリプト 141
　自動設定を行うツール 142
ブランチ戦略 49
ブランチ保護 156
ブルーグリーンデプロイメント 176
プルリクエスト 33, 82
プルリクエストテンプレート 85
プレフィックス 62
フロー効率 18
プロダクト vi
プロダクトオーナー 12
プロダクトバックログ 12
ペアプログラミング 95
ベースブランチ 58
方法論としてのカンバン 14
ボーイスカウトルール 126
ホットフィックスブランチ 50
本番環境 151

ま

マイグレーションツール 177
未完了作業 44
ミューテーションテスト 119
メインブランチ 23, 50
メトリクス 183
　ごまかしやすい～ 254
メトリクスの計測 254
目的別チーム 240
モック 109
モニタリング 185
モブプログラミング 100
モブワーク 103

や

ユーザーストーリー vii, 35
ユーザーストーリーの分割 228
　アンチパターン 229
ユーザーストーリーマッピング 268
ユースケース 211
ユビキタス言語 210

ら

ライトウィング 5
ライブラリ vii
リアーキテクチャ 125
リードタイム 19
リグレッションテスト 161
リソース効率 18
リファクタリング 71, 125
リベース処理 66
リモートワーク側の条件に合わせるポイント 264
リリース vii
リリーストレイン 180
リリースブランチ 50
レビュアー 84
　～が避けるべき行動 86
レビュイー 84
レフトウィング 5
ローカル開発環境 150
ローリングアップデート 174
ロールバック 174
ログ 183
　～に含める内容 187
　出力フォーマット 188
ログレベル 187

わ

ワーキングアグリーメント 263
ワークショップ 268

本書内容に関するお問い合わせについて

このたびは翔泳社の書籍をお買い上げいただき、誠にありがとうございます。弊社では、読者の皆様からのお問い合わせに適切に対応させていただくため、以下のガイドラインへのご協力をお願い致しております。下記項目をお読みいただき、手順に従ってお問い合わせください。

●ご質問される前に

弊社 Web サイトの「正誤表」をご参照ください。これまでに判明した正誤や追加情報を掲載しています。

正誤表　https://www.shoeisha.co.jp/book/errata/

●ご質問方法

弊社 Web サイトの「刊行物 Q&A」をご利用ください。

刊行物 Q&A　https://www.shoeisha.co.jp/book/qa/

インターネットをご利用でない場合は、FAX または郵便にて、下記 " 翔泳社 愛読者サービスセンター " までお問い合わせください。
電話でのご質問は、お受けしておりません。

●回答について

回答は、ご質問いただいた手段によってご返事申し上げます。ご質問の内容によっては、回答に数日ないしはそれ以上の期間を要する場合があります。

●ご質問に際してのご注意

本書の対象を越えるもの、記述個所を特定されないもの、また読者固有の環境に起因するご質問等にはお答えできませんので、予めご了承ください。

●郵便物送付先および FAX 番号

送付先住所　〒 160-0006　東京都新宿区舟町 5
FAX 番号　03-5362-3818
宛　先　（株）翔泳社 愛読者サービスセンター

※本書の出版にあたっては正確な記述につとめましたが、著者や出版社などのいずれも、本書の内容に対してなんらかの保証をするものではなく、内容やサンプルに基づくいかなる運用結果に関してもいっさいの責任を負いません。

アジャイルプラクティスガイドブック
チームで成果を出すための開発技術の実践知

2023 年 7 月 20 日 初版第 1 刷発行

著者	常松祐一（つねまつ・ゆういち）
監修	川口恭伸（かわぐち・やすのぶ）
	松元健（まつもと・けん）
発行人	佐々木幹夫
発行所	株式会社翔泳社（https://www.shoeisha.co.jp）
印刷・製本	日経印刷株式会社

本書へのお問い合わせについては、301 ページに記載の内容をお読みください。
造本には細心の注意を払っておりますが、
万一、乱丁（ページの順序違い）や落丁（ページ の抜け）がございましたら、
お取り替えいたします。
03-5362-3705 までご連絡ください。

ISBN978-4-7981-7672-7
Printed in Japan

装丁・本文デザイン：和田奈加子
DTP：山口良二
イラストレーション：亀倉秀人